普通高等教育"新工科"系列精品教材

—— 智能制造领域 ——

工程制图及CAD

胡建生　刘胜永　主编

田婷婷　付正江　参编

史彦敏　主审

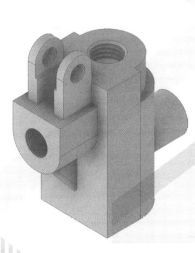

U0359532

化学工业出版社

·北京·

内 容 简 介

本书主要介绍制图的基本知识和技能、图样的表达方法，涵盖金属焊接图、零件图、装配图等内容，突出对工业界成熟设计软件 AutoCAD Mechanical 和 Inventor 的介绍，旨在提高学生扎实的软件应用能力，以满足智能制造行业对毕业生制图能力的要求。本书配套资源丰富实用，全部开放式免费提供给任课教师，是真正意义的立体化教材。教辅资源"（本科智造）工程制图及 CAD 教学软件"包括：PDF 格式的习题答案，所有习题答案的二维码，PDF 格式的电子教案等。本书全面采用现行的制图国家标准。

本书按 60～70 学时编写，可作为高等院校智能制造及相关专业的制图课教材，亦可供相关工程技术人员参考使用。

图书在版编目（CIP）数据

工程制图及 CAD / 胡建生，刘胜永主编. -- 北京：化学工业出版社，2025. 3. --（普通高等教育"新工科"系列精品教材）. -- ISBN 978-7-122-47614-2

Ⅰ. TB237

中国国家版本馆 CIP 数据核字第 2025YE1233 号

责任编辑：葛瑞祎　刘　哲　　　　　文字编辑：杨　琪
责任校对：王　静　　　　　　　　　装帧设计：张　辉

出版发行：化学工业出版社
　　　　　（北京市东城区青年湖南街 13 号　邮政编码 100011）
印　　装：北京云浩印刷有限责任公司
787mm×1092mm　1/16　印张 17　字数 425 千字
2025 年 6 月北京第 1 版第 1 次印刷

购书咨询：010-64518888　　　　　售后服务：010-64518899
网　　址：http://www.cip.com.cn

前　　言

本书针对高等院校智能制造专业应用型、技能型人才培养需求而编写，侧重实用性，旨在夯实学生制图基本技能和提高学生熟练应用工业软件的能力。本着精益求精的原则，本书高度重视内容质量，配有丰富的数字化教学资源，充分发挥教材铸魂育人的作用。同时，我们还编写了《工程制图及 CAD 习题集》，与本书配套使用。

本书按 60～70 学时编写，可作为高等院校智能制造类专业的制图课教材，亦可供高职本科、高职专科的相关专业使用或参考。

本书编写着重考虑了以下几点：

（1）**在教材中融入工匠精神**。为扎实推进习近平新时代中国特色社会主义思想进课程、进教材，落实立德树人根本任务，在章首利用二维码添加"素养提升"环节，提升教材铸魂育人的功能。

（2）**教材内容与制图课在培养人才中的作用、地位相适应**。教材体系的确立和教学内容的选取，与智能制造相关专业的培养目标和毕业生应具有的基础理论相适应。内容简明易懂，篇幅适当，重点内容紧密联系工程实际，强化应用性、实用性技能的训练；突出读图能力和软件应用设计能力的培养，具有较强的实用性、可读性。

（3）**全面贯彻制图国家标准**。《技术制图》和《机械制图》国家标准是制图教学内容的根本依据。本书全面贯彻现行的制图国家标准，充分体现了内容的先进性。

（4）**配有实体模型与视频微课**。在教材中对不易理解的一些例题或图例，配置了97 个三维实体模型，精心制作了 71 节微课；将计算机操作的 28 个实例录像并配音，形成了 28 节微课，方便教师和学生的教与学，有利于学生理解课堂上讲授的内容。

（5）**设计三种习题答案**。为配套的《工程制图及 CAD 习题集》设计了三种习题答案：

① 教师备课用习题答案。部分习题的答案不是唯一的。根据教学需求，为任课教师编写了 PDF 格式的教学参考资料，即包含所有题目的"习题答案"，以方便教师备课。

② 教师讲解习题用答案。根据不同题型，将每道题的答案，分别处理成单独答案、包含解题步骤的答案、附加配置 264 个三维实体模型、轴测图等多种形式，教师可任意打开某道题，结合三维模型进行讲解、答疑。

③ 学生用习题答案。习题集中 440 余道习题均给出了单独的答案并对应一个二维码，共配置 422 个由教师掌控的二维码。任课教师根据教学的实际状况，可随时选择某道题的二维码发送给任课班级的群或某个学生，学生通过扫描二维码，即可看到解题步骤或答案。需用计算机完成的习题，已录制成 11 个微课视频，并将其二维码印在习题

集中，方便学生随时查看作图过程。

（6）**配套立体化的教学软件**。本书配套"（本科智造）工程制图及 CAD 教学软件"，包含 PDF 格式的"习题答案"和所有习题答案的二维码。教学软件是按照讲课思路为任课教师设计的，其中的内容与教材无缝对接，完全可以取代教学模型和挂图，彻底摒弃黑板、粉笔等传统的教学工具。教学软件具备以下主要功能：

① "死图"变"活图"。将本书中的平面图形，按 1∶1 的比例建立精确的三维实体模型。通过 eDrawings 公共平台，可实现对三维实体模型不同角度的观看，六个基本视图和轴测图之间的转换，三维实体模型的剖切，三维实体模型和线条图之间的转换，装配体的爆炸、装配、运动仿真、透明显示等功能，将书中的"死图"变成了可由教师控制的"活图"。

② 调用绘图软件边讲边画，实现师生互动。对教材中需要讲解的例题，已预先链接在教学软件中，任课教师可根据自己的实际情况，通过教学软件边讲、边画，进行正确与错误的对比分析等，彻底摆脱画板图的烦恼。

③ 讲解习题。将《工程制图及 CAD 习题集》中的所有答案，按照不同题型，处理成单独结果、包含解题步骤、增配轴测图、配置三维实体模型等多种形式，方便教师在课堂上任选某道题进行讲解、答疑，减轻任课教师的教学负担。

④ 调阅本书附录。将本书中需查表的附录逐项分解，分别链接在教学软件的相关部位，任课教师可直观地带领学生查阅本书附录。

（7）**提供备课用电子教案**。将"（本科智造）工程制图及 CAD 教学软件"PDF 格式的全部内容作为电子教案，可供任课教师截选、打印，方便教师备课和教学检查。

所有配套资源都在"（本科智造）工程制图及 CAD 教学软件"压缩文件包内。凡使用本书作为教材的教师，请加责任编辑 QQ：455590372，然后加入化工制图 QQ 群，从群文件中免费下载教学软件。

教材由教学软件支撑，配套习题集由各种习题答案支撑，进而形成一套完整的立体化制图教材，改变了传统的教学模式，把教师的传授、教师与学生的交流、学生的自学、学生之间的交流放到一个立体化的教学系统中，为减轻教与学的负担创造了条件。

参加本书编写的有：胡建生（编写绪论、第一章、第二章、第三章、第四章、第五章），田婷婷（编写第六章、第七章及附录），付正江（编写第八章、第九章），刘胜永（编写第十章、第十一章）。全书由胡建生教授统稿。"（本科智造）工程制图及 CAD 教学软件"由胡建生、刘胜永、田婷婷、付正江设计制作。

本书由史彦敏教授主审。参加审稿的还有陈清胜教授、汪正俊副教授。参加审稿的各位老师对书稿进行了认真、细致的审查，提出了许多宝贵意见和修改建议，在此表示衷心感谢。

欢迎广大读者特别是任课教师提出意见或建议，并及时反馈给我们（主编 QQ：1075185975）。

编　者

目　　录

绪　　论

一、图样及其在生产中的作用

根据投影原理、制图标准或有关规定，表示工程对象并有必要技术说明的图，称为图样。

图样与文字、语言一样，是人类表达和交流技术思想的工具。在现代生产中，无论是机器设备的设计、制造、安装、维修，还是土木工程施工，都要根据图样进行。因此，图样是传递和交流技术信息与技术思想的媒介和工具，是工程界通用的技术语言，所有从事工程技术工作的人员都必须学习和掌握这门语言。

工程制图及CAD是普通本科、应用型本科、职业本科智能制造专业必修的技术基础课。注重培养空间思维能力，掌握手工绘图和计算机绘图的基本技能，是学习后续课程必不可少的基础。

二、本课程的主要任务

工程制图及CAD是专门研究工程图样的绘制和识读规律的一门课程，其主要任务是：

① 掌握正投影法的基本原理及其应用，培养空间想象能力和思维能力。

② 学习制图国家标准及相关的行业标准，掌握并正确运用各种表示法，具备绘制和识读中等复杂程度工程图样的能力，初步具备查阅标准和技术资料的能力。

③ 通过教学实践环节，对本课程的基本知识、原理和技能进行综合运用和全面训练。掌握手工绘图的基本技能，初步具备计算机绘图和实体造型的能力。

④ 通过本课程的学习，培养认真负责的工作态度和一丝不苟的工作作风。

三、学习本课程的注意事项

本课程是一门既有理论又注重实践的课程，学习时应注意以下几点：

① 在听课和复习过程中，要重点掌握正投影法的基本理论和基本方法，学习时不能死记硬背，要通过由空间到平面、由平面到空间的一系列循序渐进的练习，不断提高空间思维能力和表达能力。

② 本课程的特点是实践性较强，其主要内容需要通过一系列的练习和作业才能掌握。因此，及时完成指定的练习和作业，是学好本课程的重要环节。只有通过反复实践，才能不断提高画图与读图的能力。

③ 要重视学习和严格遵守制图方面的国家标准和行业标准，对常用的标准应该牢记并能熟练地运用。

素养提升

第一章　制图的基本知识和技能

第一节　制图国家标准简介

图样作为技术交流的共同语言，必须有统一的规范，否则会带来生产过程和技术交流中的混乱和障碍。中国国家标准化管理委员会发布了《技术制图》《机械制图》《建筑制图》《电气制图》等一系列制图国家标准。国家标准《技术制图》是一项基础技术标准，在技术内容上具有统一性、通用性和通则性，在制图标准体系中处于最高层次。国家标准《机械制图》《建筑制图》《电气制图》等是专业制图标准，是按照专业要求进行补充的，其技术内容是专业性和具体性的。它们都是绘制与使用工程图样的准绳。

在标准代号"GB/T 4457.4－2002"中，"GB/T"称为"推荐性国家标准"，简称"国标"。G是"国家"一词汉语拼音的第一个字母，B是"标准"一词汉语拼音的第一个字母，T是"推"字汉语拼音的第一个字母。"4457.4"是标准顺序号，"2002"是标准发布的年份号。

> 提示：国家标准规定，机械图样中的尺寸以毫米（mm）为单位时，不需标注单位符号（或名称）。如采用其他单位，则必须注明相应的单位符号。本书文字叙述和图例中的尺寸单位均为 mm。

一、图纸幅面和格式（GB/T 14689－2008）

1. 图纸幅面

图纸宽度与长度组成的图面，称为图纸幅面。基本幅面共有五种，其代号由"A"和相应的幅面号组成，见表 1-1。基本幅面的尺寸关系如图 1-1 所示，绘图时优先采用表 1-1 中的基本幅面。

表 1-1　图纸的基本幅面（摘自 GB/T 14689－2008）　　　　　mm

幅面代号	A0	A1	A2	A3	A4
（短边×长边）$B \times L$	841×1189	594×841	420×594	297×420	210×297
（无装订边的留边宽度）e	20			10	
（有装订边的留边宽度）c	10			5	
（装订边的宽度）a	25				

幅面代号的几何含义，实际上就是对 0 号幅面的对开次数。如 A1 中的"1"，表示将整张纸（A0 幅面）长边对折裁切一次所得的幅面；A4 中的"4"，表示将全张纸长边对折裁切四次所得的幅面。

必要时，允许选用加长幅面，但加长后幅面的尺寸，必须由基本幅面的短边成整数倍增加后得出。

2. 图框格式

图框是图纸上限定绘图区域的线框，如图 1-2、图 1-3 所示。在图纸上必须用粗实线画出图框，其格式分为不留装订边和留装订边两种，但同一产品的图样只能采用一种格式。

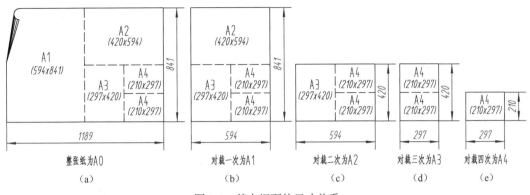

图 1-1　基本幅面的尺寸关系

不留装订边的图纸，其图框格式如图 1-2 所示。留有装订边的图纸，其图框格式如图 1-3 所示，其尺寸按表 1-1 的规定。

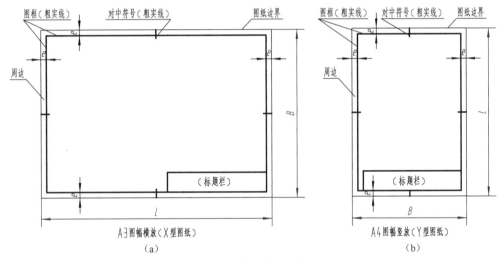

图 1-2　不留装订边的图框格式

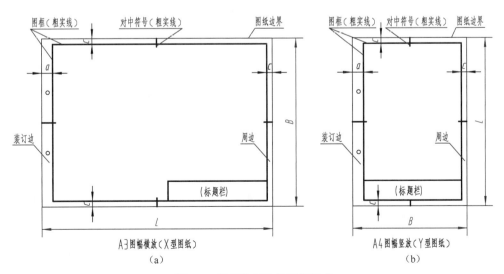

图 1-3　留有装订边的图框格式

3

3．标题栏格式及方位

每张图样都必须画出标题栏。绘制工程图样时，国家标准规定的标题栏格式和尺寸应按 GB/T 10609.1－2008《技术制图　标题栏》中的规定绘制。在装配图中一般应有明细栏。明细栏一般配置在装配图中标题栏的上方。明细栏的内容、格式和尺寸应按 GB/T 10609.2－2009《技术制图　明细栏》的规定绘制。

在学校的制图作业中，为了简化作图，建议采用图1-4所示的简化标题栏和明细栏。

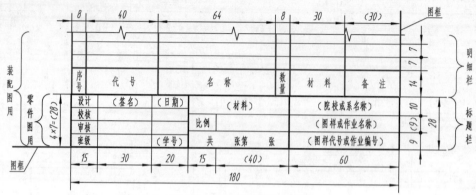

图1-4　简化标题栏的格式

基本幅面的看图方向规定之一　标题栏一般应置于图样的右下角。若标题栏的长边置于水平方向并与图纸的长边平行时，则构成 X 型图纸，如图 1-5（a）所示；若标题栏的长边与图纸的长边垂直时，则构成 Y 型图纸，如图 1-5（b）所示。在此情况下，标题栏中的文

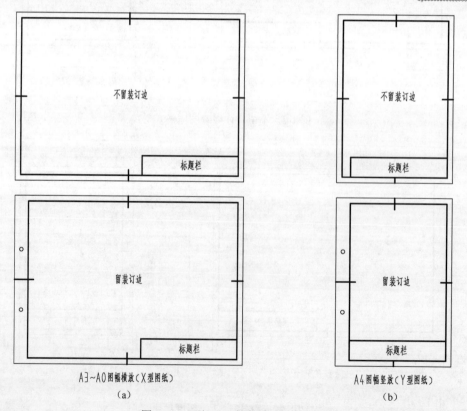

图1-5　X 型、Y 型图纸标题栏位置

字方向为看图方向。

基本幅面的看图方向规定之二　允许将 X 型图纸的短边置于水平位置使用,如图 1-6(a)所示;或将 Y 型图纸的长边置于水平位置使用,如图 1-6（b）所示。这是指 A4 图纸横放,其他基本幅面图纸竖放,即将 X 型图纸和 Y 型图纸逆时针旋转 90°,旋转后的标题栏均位于图纸的右上角,标题栏中的长边均置于铅垂方向,方向符号画在图纸下方。此时,按方向符号指示的方向看图。

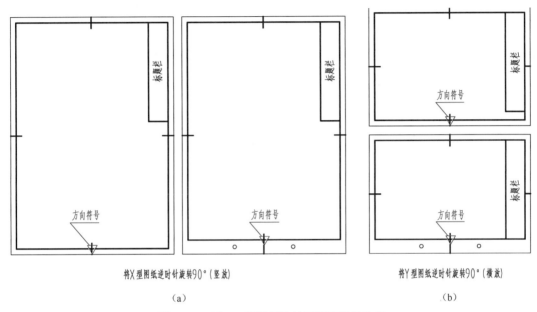

将X型图纸逆时针旋转90°（竖放）　　　　将Y型图纸逆时针旋转90°（横放）

　　　　　　（a）　　　　　　　　　　　　　　　　（b）

图 1-6　X 型、Y 型图纸旋转后标题栏的位置

4．附加符号

（1）对中符号　对中符号是从图纸四边的中点画入图框内约 5mm 的粗实线,通常作为缩微摄影和复制的定位基准标记。对中符号用粗实线绘制,线宽不小于 0.5mm,如图 1-5、图 1-6 所示。当对中符号处在标题栏范围内时,则伸入标题栏部分省略不画。

（2）方向符号　若采用 X 型图纸竖放或 Y 型图纸横放时,应在图纸下方的对中符号处画出一个方向符号,以表明绘图与看图时的方向,如图 1-6 所示。方向符号是用细实线绘制的等边三角形,其大小和所处的位置如图 1-7 所示。

二、比例（GB/T 14690－1993）

图中图形与其实物相应要素的线性尺寸之比,称为比例。简单说来,就是"图:物"。绘图比例可以随便确定吗?当然不行。

绘制图样时,应由表 1-2"优先选择系列"中选取适当的绘图比例。必要时,从表 1-2"允许选择系列"中选取。为了直接反映出实物的大小,绘图时应尽量采用原值比例。

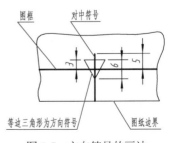

图 1-7　方向符号的画法

表1-2　比例系列（摘自 GB/T 14690－1993）

种　类	定　义	优先选择系列			允许选择系列		
原值比例	比值为 1 的比例	1：1			—		
放大比例	比值大于 1 的比例	5：1　2：1 $5 \times 10^n：1$　$2 \times 10^n：1$　$1 \times 10^n：1$			4：1　2.5：1 $4 \times 10^n：1$　$2.5 \times 10^n：1$		
缩小比例	比值小于 1 的比例	1：2　1：5　1：10 $1：2 \times 10^n$　$1：5 \times 10^n$　$1：1 \times 10^n$			1：1.5　1：2.5　1：3　1：4　1：6 $1：1.5 \times 10^n$　$1：2.5 \times 10^n$　$1：3 \times 10^n$ $1：4 \times 10^n$　$1：6 \times 10^n$		

注：n 为正整数。

　　比例符号用"："表示。比例一般应标注在标题栏中的"比例"栏内。不论采用何种比例，图中所标注的尺寸数值必须是实物的实际大小，与图形的绘图比例无关，如图1-8所示。

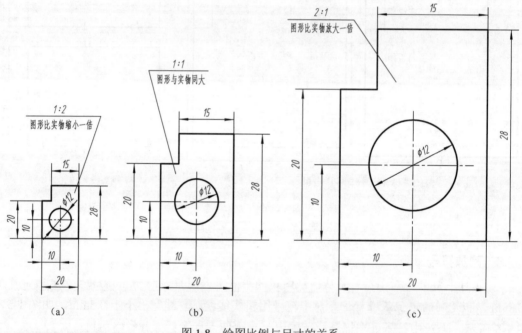

图1-8　绘图比例与尺寸的关系

三、字体（GB/T 14691－1993）

1．基本要求

　　① 在图样中书写的汉字、数字和字母，要尽量做到"字体工整、笔画清楚、间隔均匀、排列整齐"。

　　② 字体高度（用 h 表示）代表字体的号数。字体高度的公称尺寸系列为：1.8mm，2.5mm，3.5mm，5mm，7mm，10mm，14mm，20mm。如需要书写更大的字，其字体高度应按 $\sqrt{2}$ 的比率递增。

　　③ 汉字应写成长仿宋体字，并应采用国家正式公布的简化字。汉字的高度 h 不应小于 3.5mm，其字宽=$h/\sqrt{2}$。书写长仿宋体字的要领是：横平竖直、注意起落、结构匀称、填满方格。

　　④ 字母和数字分 A 型和 B 型。A 型字体的笔画宽度 $d=h/14$，B 型字体的笔画宽度 $d=h/10$。

在同一张图样上，只允许选用一种型式的字体。

⑤ 字母和数字可写成斜体或直体。斜体字字头向右倾斜，与水平线成75°。

> 提示：用计算机绘图时，汉字、数字、字母一般应以直体输出。

2. 字体示例

汉字、数字和字母的示例，见表1-3。

表1-3　字体示例

字　体		示　　　　　　　　　　例
长仿宋体汉字	5号	学好工程制图，培养和发展空间想象能力
	3.5号	计算机绘图是工程技术人员必须具备的技能之一
拉丁字母	大写	ABCDEFGHIJKLMNOPQRSTUVWXYZ　*ABCDEFGHIJKLMNOPQRSTUVWXYZ*
	小写	abcdefghijklmnopqrstuvwxyz　*abcdefghijklmnopqrstuvwxyz*
阿拉伯数字	直体	0123456789
	斜体	*0123456789*
字体应用示例		*10JS5(±0.003) M24-6h ⌀35 R8 10³ S⁻¹ 5% D₁ Tₐ 380kPa m/kg* *⌀20₋₀.₀₂₃⁺⁰·⁰¹⁰ ⌀25 H6/f5 II/1:2 3/5 A/5:1 ∨ Ra 6.3 460r/min 220V l/mm*

四、图线（GB/T 4457.4－2002）

图中所采用各种型式的线，称为图线。图线是组成图形的基本要素，由点、短间隔、画、长画、间隔等线素构成。国家标准GB/T 4457.4－2002《机械制图　图样画法　图线》规定了常用的9种图线，其名称、型式、线宽，见表1-4。图线的应用示例，如图1-9所示。

表1-4　线型及应用（摘自GB/T 4457.4－2002）

名　称	线　　型	线宽	一　般　应　用
粗实线	————————————	d	可见棱边线、可见轮廓线、相贯线、螺纹牙顶线、螺纹终止线、齿顶圆（线）、表格图和流程图中的主要表示线、系统结构线（金属结构工程）、模样分型线、剖切符号用线
细实线	————————————	$d/2$	过渡线、尺寸线、尺寸界线、指引线和基准线、剖面线、重合断面的轮廓线、短中心线、螺纹牙底线、尺寸线的起止线、表示平面的对角线、零件成形前的弯折线、范围线及分界线、重复要素表示线、锥形结构的基面位置线、叠片结构位置线、辅助线、不连续同一表面连线、成规律分布的相同要素连线、投射线、网格线

续表

名 称	线 型	线宽	一 般 应 用
细虚线	12d · · 3d	$d/2$	不可见棱边线、不可见轮廓线
细点画线	6d · 24d	$d/2$	轴线、对称中心线、分度圆（线）、孔系分布的中心线、剖切线
波浪线	～～～	$d/2$	断裂处边界线、视图与剖视图的分界线
双折线	(7.5d) 14d 30°	$d/2$	
粗虚线	▬ ▬ ▬ ▬	d	允许表面处理的表示线
粗点画线	▬ · ▬ · ▬	d	限定范围表示线
细双点画线	9d · 24d	$d/2$	相邻辅助零件的轮廓线、可动零件的极限位置的轮廓线、重心线、成形前轮廓线、剖切面前的结构轮廓线、轨迹线、毛坯图中制成品的轮廓线、特定区域线、延伸公差带表示线、工艺用结构的轮廓线、中断线

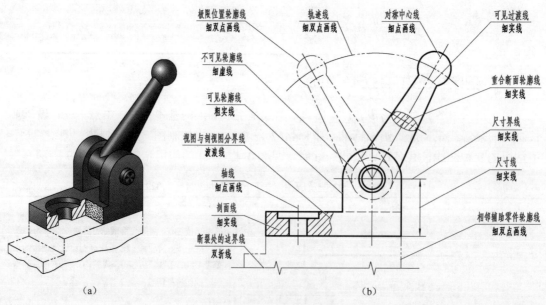

图 1-9　图线的应用示例

在机械图样中采用粗、细两种线宽，线宽的比例关系为 2∶1。图线的宽度应按图样的类型和大小，在下列数系中选取：0.13mm、0.18mm、0.25mm、0.35mm、0.5mm、0.7mm、1.0mm、1.4mm、2mm。

粗实线（包括粗虚线、粗点画线）的宽度通常采用 0.7mm，与之对应的细实线（包括波浪线、双折线、细虚线、细点画线、细双点画线）的宽度为 0.35mm。

手工绘图时，同类图线的宽度应保持基本一致。细（粗）虚线、细（粗）点画线及细双点画线的线段长度和间隔应各自大致相等。当两条以上不同类型的图线重合时，应遵守以下优先顺序：

可见轮廓线和棱线（粗实线）→不可见轮廓线和棱线（细虚线）→剖切线（细点画线）→轴线和对称中心线（细点画线）→假想轮廓线（细双点画线）→尺寸界线和分界线（细实线）。

第二节　标注尺寸的基本规则

图形及图样中的尺寸，是加工制造零件的主要依据。如果尺寸标注错误、不完整或不合理，将给生产带来困难，甚至生产出废品而造成浪费。本节只介绍国家标准关于尺寸注法中的基本要求，其他内容将在后续章节中逐步介绍。

一、基本规则

尺寸是用特定长度或角度单位表示的数值，并在技术图样上用图线、符号和技术要求表示出来。标注尺寸的基本规则如下：

① 零件的真实大小应以图样上所注的尺寸数值为依据，与图形的大小及绘图的准确度无关。

② 图样中所标注的尺寸，为该图样所示零件的最后完工尺寸，否则应另加说明。

③ 零件的每一尺寸，一般只标注一次，并应标注在反映该结构最清晰的图形上。

二、尺寸的构成

每个完整的尺寸，一般由尺寸界线、尺寸线和尺寸数字组成，通常称为尺寸三要素，如图 1-10 所示。

1. 尺寸界线

尺寸界线表示尺寸的度量范围。

尺寸界线用细实线绘制，由图形的轮廓线、轴线或对称中心线处引出，也可利用这些线作为尺寸界线。尺寸界线一般应与尺寸线垂直，且超过尺寸线箭头 2～5mm，必要时也允许倾斜，如图 1-11 所示。

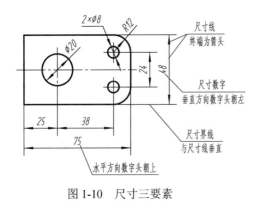

图 1-10　尺寸三要素

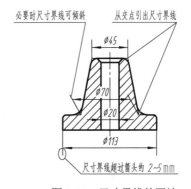

图 1-11　尺寸界线的画法

2. 尺寸线

尺寸线表示尺寸的度量方向。

尺寸线必须用细实线单独绘制，而不能用图中的任何图线来代替，也不得画在其他图线的延长线上。

线性尺寸的尺寸线应与所标注的线段平行；尺寸线与尺寸线之间、尺寸线与尺寸界线之间应尽量避免相交。因此，在标注尺寸时，应将小尺寸放在里面，大尺寸放在外面，如图1-12 所示。

在机械图样中，尺寸线终端一般采用箭头的形式，如图1-13 所示。

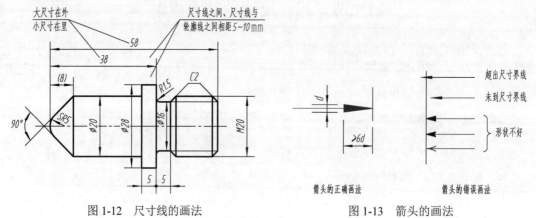

图 1-12　尺寸线的画法　　　　　　图 1-13　箭头的画法

3．尺寸数字

尺寸数字表示零件的实际大小。

尺寸数字一般用 3.5 号标准字体书写。线性尺寸的尺寸数字，一般应填写在尺寸线的上方或中断处，如图 1-14（a）所示；线性尺寸数字的水平书写方向字头朝上、竖直方向字头朝左（倾斜方向要有向上的趋势），并应尽量避免在 30°（网格线）范围内标注尺寸，如图 1-14（b）所示；当无法避免时，可采用引出线的形式标注，如图 1-14（c）所示。

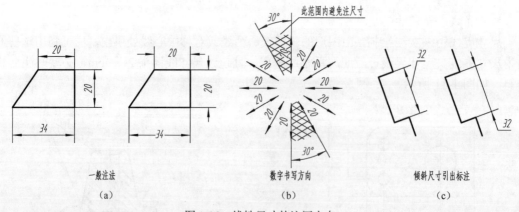

图 1-14　线性尺寸的注写方向

尺寸数字不允许被任何图线所通过，当不可避免时，必须把图线断开，如图 1-15 所示。

三、常用的尺寸注法

1．圆、圆弧及球面尺寸的注法

① 标注整圆的直径尺寸时，以圆周为尺寸界线，尺寸线通过圆心，并在尺寸数字前加

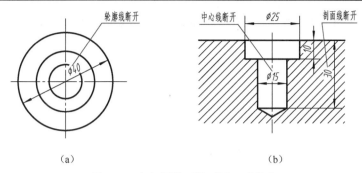

图 1-15　任何图线不能通过尺寸数字

注直径符号"ϕ"，如图 1-16（a）所示。标注大于半圆的圆弧直径，其尺寸线应画至略超过圆心，只在尺寸线一端画箭头指向圆弧，如图 1-16（b）所示。

② 标注小于或等于半圆的圆弧半径时，尺寸线应从圆心出发引向圆弧，只画一个箭头，并在尺寸数字前加注半径符号"R"，且尺寸线必须通过圆心，如图 1-16（c）所示。

③ 当圆弧的半径过大或在图纸范围内无法标出圆心位置时，可采用折线的形式标注，如图 1-16（d）所示。当不需标出圆心位置时，则尺寸线只画靠近箭头的一段，如图 1-16（e）所示。

④ 标注球面的直径或半径时，应在尺寸数字前加注球直径符号"$S\phi$"或球半径符号"SR"，如图 1-16（f）所示。

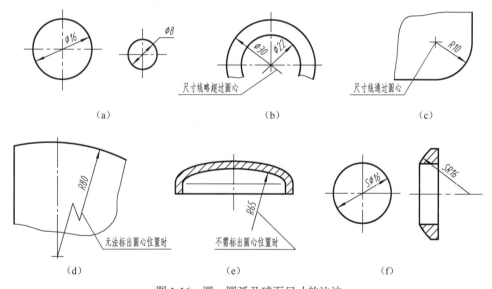

图 1-16　圆、圆弧及球面尺寸的注法

2. 小尺寸的注法

标注一连串的小尺寸时，可用小圆点代替箭头，但最外两端箭头仍应画出。当直径或半径尺寸较小时，箭头和数字都可以布置在外面，如图 1-17 所示。

3. 角度尺寸注法

标注角度尺寸的尺寸界线，应沿径向引出，尺寸线是以角度顶点为圆心的圆弧。角度的数字，一律写成水平方向，角度尺寸一般注在尺寸线的中断处，如图 1-18（a）所示。必要时可以写在尺寸线的上方或外面，也可引出标注，如图1-18（b）所示。

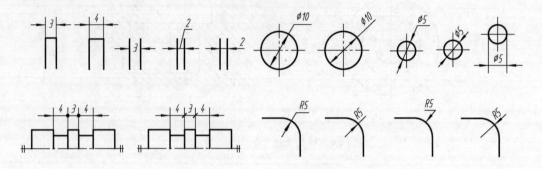

图1-17　小尺寸的注法

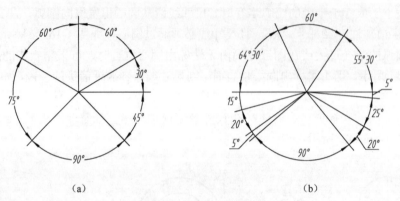

（a）　　　　　　　　　　　　　　（b）

图1-18　角度尺寸的标注

4．对称图形的尺寸注法

对于对称图形，应把尺寸标注为对称分布，如图1-19（a）中的尺寸22、14；当对称图形只画出一半或略大于一半时，尺寸线应略超过对称中心线或断裂处的边界线，此时仅在尺寸线的一端画出箭头，如图1-19（a）中的尺寸36、44、ϕ10。

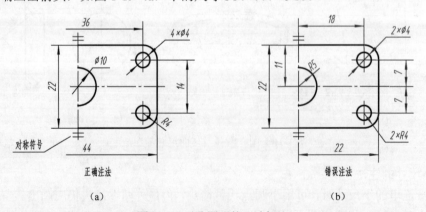

正确注法　　　　　　　　　　　　　　错误注法

（a）　　　　　　　　　　　　　　（b）

图1-19　对称图形的尺寸标注

5．常用的符号和缩写词

标注尺寸时，应尽可能使用符号和缩写词。常用的符号和缩写词见表1-5。

表 1-5 常用的符号和缩写词（摘自 GB/T 4458.4－2003）

名　　称	符号和缩写词	名　　称	符号和缩写词	名　　称	符号和缩写词
直径	ϕ	厚度	t	沉孔或锪平	⊔
半径	R	正方形	□	埋头孔	∨
球直径	$S\phi$	45°倒角	C	均布	EQS
球半径	SR	深度	↧	弧长	⌒

注：正方形符号、深度符号、沉孔或锪平符号、埋头孔符号、弧长符号的线宽为 $h/10$（h 为图样中字体高度）。

第三节　几何作图

物体的轮廓形状是多种多样的，但它们基本上是由直线、圆、圆弧及其他平面曲线所组成的几何图形。掌握几何图形的作图方法，是手工绘制工程图样的重要技能之一。

一、等分圆周及作正多边形

1．三角板与丁字尺配合作正六边形

【例 1-1】　用 30°～60°三角板和丁字尺配合，作圆的内接正六边形。

作图

① 过点 A，用 60°三角板画斜边 AB；过点 D，画斜边 DE，如图 1-20（a）所示。

② 翻转三角板，过点 D 画斜边 CD；过点 A 画斜边 AF，如图 1-20（b）所示。

③ 用丁字尺连接两水平边 BC、FE，即得圆的内接正六边形，如图 1-20（c）、（d）所示。

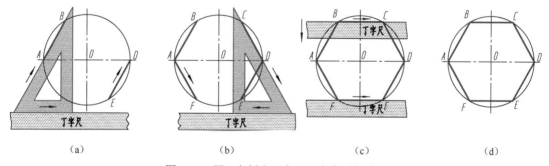

（a）　　　　　　　　（b）　　　　　　　　（c）　　　　　　　　（d）

图 1-20　用三角板和丁字尺配合作正六边形

2．用圆规作圆的内接正三（六）边形

【例 1-2】　用圆规作圆的内接正六边形。

作图

① 以点 B 为圆心，R 为半径作弧，交圆周得 E、F 两点，如图 1-21（a）所示。

② 依次连接 $D→E→F→D$ 各点，即得到圆的内接正三边形，如图 1-21（b）所示。

③ 若作圆的内接正六边形，则再以点 D 为圆心、R 为半径画弧，交圆周得 H、G 两点，如图 1-21（c）所示。

④ 依次连接 $D→H→E→B→F→G→D$ 各点，即得到圆的内接正六边形，如图 1-21（d）所示。

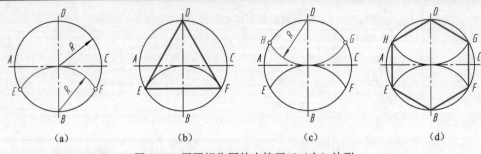

图 1-21 用圆规作圆的内接正三（六）边形

二、圆弧连接

用一已知半径的圆弧，光滑的连接相邻两线段（直线或圆弧），称为圆弧连接。要使连接是"光滑"的连接，就必须使线段与线段在连接处相切。因此，作图时必须先求出连接圆弧的圆心和确定切点的位置。

1．圆与直线相切的作图原理

若半径为 R 的圆，与已知直线 AB 相切，其圆心轨迹是与 AB 直线相距 R 的一条平行线；自圆心 O 向 AB 直线所作垂线的垂足即切点，如图 1-22 所示。

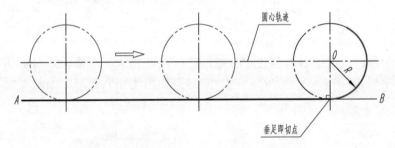

图 1-22 圆与直线相切

2．圆与圆相切的作图原理

若半径为 R 的圆，与已知圆（圆心为 O_1，半径为 R_1）相切，其圆心 O 的轨迹是已知圆的同心圆。同心圆的半径根据相切情况分为：

——两圆外切时，为两圆半径之和（R_1+R），如图 1-23（a）所示；

——两圆内切时，为两圆半径之差 $|R_1-R|$，如图 1-23（b）所示。

两圆相切的切点，为两圆的圆心连线与已知圆弧的交点。

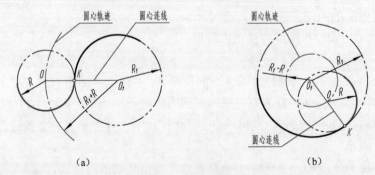

图 1-23 圆与圆相切

3．圆弧连接的作图步骤

根据圆弧连接的作图原理可知，圆弧连接的作图步骤如下：

① 求连接弧的圆心；

② 定出切点的位置；

③ 准确地画出连接圆弧。

【例1-3】 用半径为 R 的圆弧，分别连接不同交角的已知直线（图1-24）。

作图

① 求圆心。作与已知角两边分别相距为 R 的平行线，交点 O 即为连接弧圆心，如图1-24（b）、（f）所示。

② 定切点。自点 O 分别向已知角两边作垂线，垂足 M、N 即为切点，如图1-24（c）、（g）所示。

③ 画连接弧。以 O 为圆心、R 为半径，在两切点 M、N 之间画连接圆弧，即完成作图，如图1-24（d）、（h）所示。

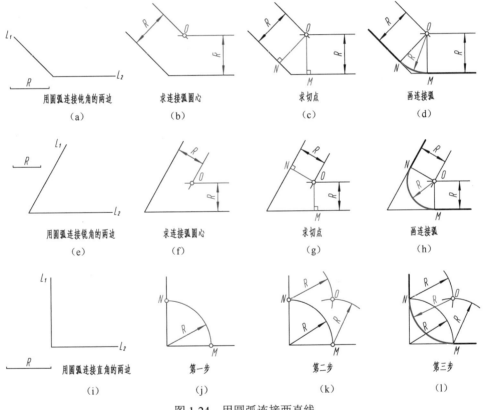

图1-24 用圆弧连接两直线

"用圆弧连接直角的两边"作图情况略有不同，请读者自行分析。

【例1-4】 如图1-25（a）所示，用圆弧连接直线和圆弧。

作图

① 求圆心。作直线 L_2 平行于直线 L_1（其间距为 R）；再作已知圆弧的同心圆（半径为 R_1+R）与直线 L_2 相交于点 O，点 O 即为连接弧圆心，如图1-25（b）所示。

② 定切点。作 OM 垂直于直线 L_1；连 OO_1 与已知圆弧交于点 N，M、N 即为切点，如图

15

1-25（c）所示。

③ 画连接弧。以点 O 为圆心、R 为半径画圆弧，连接直线 L_1 和圆弧 O_1 于 M、N 即完成作图，如图 1-25（d）所示。

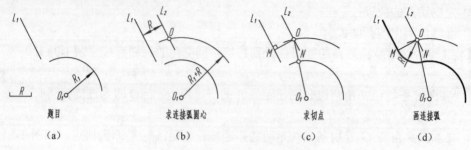

题目	求连接弧圆心	求切点	画连接弧
（a）	（b）	（c）	（d）

图 1-25　用圆弧连接直线和圆弧

【例 1-5】　如图 1-26（a）所示，用半径为 R 的圆弧，与两已知圆弧同时外切。

作图

① 求圆心。分别以 O_1、O_2 为圆心，R_1+R 和 R_2+R 为半径画弧，得交点 O，即为连接弧的圆心，如图 1-26（b）所示。

② 定切点。作两圆心连线 O_1O、O_2O，与两已知圆弧分别交于点 K_1、K_2，则 K_1、K_2 即为切点，如图 1-26（c）所示。

③ 画连接弧。以 O 为圆心，R 为半径，自点 K_1 至 K_2 画圆弧，即完成作图，如图 1-26（d）所示。

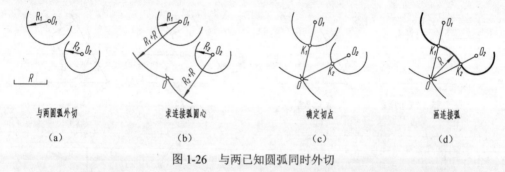

与两圆弧外切	求连接弧圆心	确定切点	画连接弧
（a）	（b）	（c）	（d）

图 1-26　与两已知圆弧同时外切

【例 1-6】　如图 1-27（a）所示，用半径为 R 的圆弧，与两已知圆弧同时内切。

作图

① 求圆心。分别以 O_1、O_2 为圆心，$|R-R_1|$ 和 $|R-R_2|$ 为半径画弧，得交点 O，即为连接弧的圆心，如图 1-27（b）所示。

② 定切点。作 OO_1、OO_2 的延长线，与两已知圆弧分别交于点 K_1、K_2，则 K_1、K_2 即为

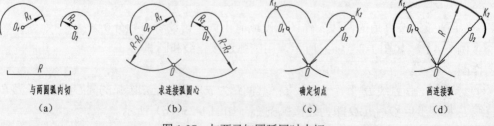

与两圆弧内切	求连接弧圆心	确定切点	画连接弧
（a）	（b）	（c）	（d）

图 1-27　与两已知圆弧同时内切

切点，如图 1-27（c）所示。

③ 画连接弧。以 O 为圆心，R 为半径，自点 K_1 至 K_2 画圆弧，即完成作图，如图 1-27（d）所示。

【例 1-7】 如图 1-28（a）所示，用半径为 R 的圆弧，与两已知圆弧同时内、外切。

作图

① 求圆心。分别以 O_1、O_2 为圆心、$|R_1-R|$ 和 R_2+R 为半径画弧，得交点 O，即为连接弧，如图 1-28（b）所示。

② 定切点。作两圆心连线 O_2O 和 O_1O 的延长线，与两已知圆弧分别交于点 K_1、K_2，则 K_1、K_2 即为切点，如图 1-28（c）所示。

③ 画连接弧。以 O 为圆心，R 为半径，自点 K_1 至 K_2 画圆弧，即完成作图，如图 1-28（d）所示。

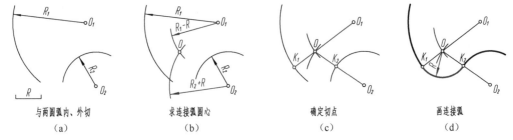

与两圆弧内、外切	求连接弧圆心	确定切点	画连接弧
（a）	（b）	（c）	（d）

图 1-28 与两已知圆弧同时内、外切

三、椭圆的近似画法

椭圆是常见的非圆曲线。已知椭圆长轴和短轴，可用四心近似画法画出椭圆。

【例 1-8】 已知椭圆长轴 AB 和短轴 CD，用四心近似画法画椭圆。

作图

① 连接 AC；以 O 为圆心，OA 为半径画弧得点 E；再以 C 为圆心，CE 为半径画弧得点 F，如图 1-29（a）所示。

② 作 AF 的垂直平分线，与 AB 交于点 1，与 CD 交于点 2；量取 1、2 两点的对称点 3 和 4（点 1、点 2、点 3、点 4 即圆心），如图 1-29（b）所示。

③ 连接点 12、点 23、点 43、点 41 并延长，得到一菱形，如图 1-29（c）所示。

④ 分别以点 2、点 4 为圆心，R（$R=2C=4D$）为半径画弧，与菱形的延长线相交，即得两条大圆弧；分别以点 1、点 3 为圆心，r（$r=1A=3B$）为半径画弧，与所画的大圆弧连接，

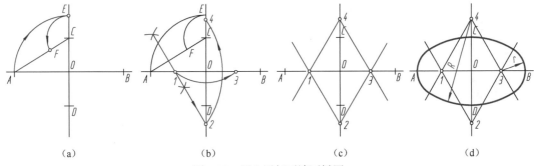

（a）	（b）	（c）	（d）

图 1-29 四心近似画法画椭圆

即得到椭圆，如图 1-29（d）所示。

第四节　手工绘图技术

对于工程技术人员来说，要熟练地掌握相应的绘图技术。这里所说的绘图技术，包括尺规绘图技术（借助于绘图工具和仪器绘图）和计算机绘图技术。本节主要介绍手工绘图（即尺规绘图）的基本方法。

一、常用的绘图工具及使用方法

1．图板、丁字尺、三角板

图板是用作画图的垫板，表面平整光洁，棱边光滑平直。左、右两侧为工作导边。丁字尺由尺头和尺身组成，尺身上有刻度的一边为工作边，用于绘制水平线。使用时，将尺头内侧紧靠图板的左侧导边上下移动，沿尺身上边可画出一系列水平线，如图 1-30 所示。

三角板由 45°和 30°～60°的两块组成一副。将三角板和丁字尺配合使用，可画垂直线和与水平线成特殊角度的倾斜线，如图 1-31 所示。

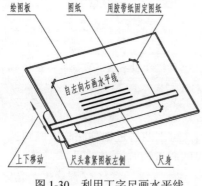

图 1-30　利用丁字尺画水平线

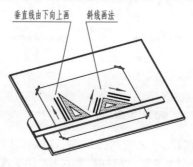

图 1-31　三角板和丁字尺配合使用

2．圆规和分规

圆规是画圆及圆弧的工具。使用前应先调整针脚，使针尖稍长于铅芯，如图 1-32（a）所示；根据不同的需要，将铅芯修成不同的形状，如图 1-32（b）所示；画图时，先将两腿分开至所需的半径尺寸，借左手食指把针尖放在圆心位置，如图 1-32（c）所示；转动时用的力和速度都要均匀，并使圆规向转动方向稍微倾斜，如图 1-32（d）所示。

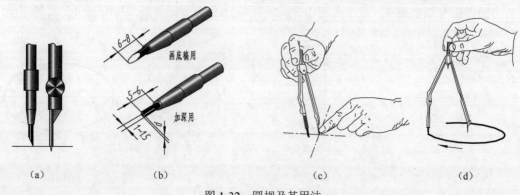

（a）　　　　　　　　（b）　　　　　　　　（c）　　　　　　　　（d）

图 1-32　圆规及其用法

分规是量取尺寸和等分线段的工具。分规两针尖的调整方法，如图 1-33（a）所示；分规的使用方法，如图 1-33（b）、（c）所示。

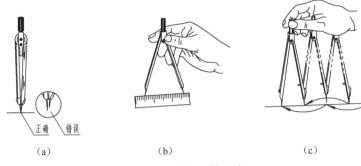

（a）　　　　　　　　　（b）　　　　　　　　　（c）

图 1-33　分规及其用法

3．铅笔

代号 H、B、HB 表示铅芯的软硬程度。B 前的数字愈大，表示铅芯愈软，绘出的图线颜色愈深；H 前的数字愈大，表示铅芯愈硬；HB 表示软硬适中。

画粗实线常用 2B 或 B 的铅笔；画细实线、细虚线、细点画线和写字时，常用 H 或 HB 的铅笔；画底稿时常用 2H 的铅笔。

铅笔应从没有标号的一端开始使用，以便保留铅芯软硬的标号。画粗实线时，应将铅芯磨成铲形（扁平四棱柱），如图 1-34（a）所示。画其余的线型时应将铅芯磨成圆锥形，如图 1-34（b）所示。

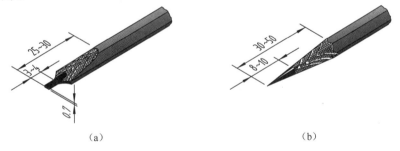

（a）　　　　　　　　　　　　　　（b）

图 1-34　铅笔的削法

二、尺规图的绘图方法

图样中的图形都是由各种线段连接而成的，这些线段之间的相对位置和连接关系，靠给定的尺寸来确定。借助于绘图工具绘图时，首先要分析尺寸和线段之间的关系，然后才能顺利地完成作图。尺规作图的方法和步骤如下。

1．尺寸分析

平面图形中的尺寸，按其作用可分为两类。

（1）定形尺寸　确定平面图形上几何元素形状大小的尺寸称为定形尺寸。例如，线段长度、圆及圆弧的直径和半径、角度大小等。如

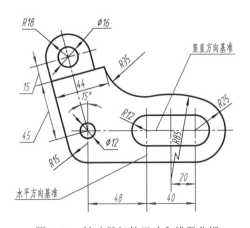

图 1-35　转动导架的尺寸和线段分析

图 1-35 中的（黑色尺寸）$\phi16$、$R18$、$R35$、44、$R12$、$R25$、$R85$、$R18$、$\phi12$、$R15$ 等，均属于定形尺寸。

（2）定位尺寸 确定几何元素位置的尺寸称为定位尺寸。如图 1-35 中的（红色尺寸）20、40、48、15°、45、15 等，均属于定位尺寸。

（3）尺寸基准 标注定位尺寸时的起点，称为尺寸基准。平面图形有长和高两个方向，每个方向至少应有一个尺寸基准。通常以图形的对称中心线、较长的底线或边线作为尺寸基准。如图 1-35 中注有 $R12$ 长圆形的一对对称中心线，分别是水平方向和竖直方向的尺寸基准。

2. 线段分析

平面图形中的线段（这里只讲圆弧），根据其定位尺寸的完整与否，可分为以下三类：

（1）已知弧 给出半径大小及圆心在两个方向定位尺寸的圆弧，称为已知弧。如图 1-35 中的 $\phi16$、$\phi12$ 圆和 $R12$、$R25$、$R18$ 圆弧。

（2）中间弧 给出半径大小及圆心一个方向定位尺寸的圆弧，称为中间弧。如图 1-35 中的 $R85$ 圆弧。

（3）连接弧 已知圆弧半径而无圆心定位尺寸的圆弧，称为连接弧。如图 1-35 中的 $R15$、$R35$ 的圆弧。

在作图时，由于已知弧有两个定位尺寸，故可直接画出；而中间弧虽然缺少一个定位尺寸，但它总是和一个已知线段相连接，利用相切的条件便可画出；连接弧则由于缺少两个定位尺寸，因此，唯有借助于它和已经画出的两条线段的相切条件才能画出来。

画图时，应先画已知弧，再画中间弧，最后画连接弧。

3. 绘图步骤

（1）绘图准备 确定比例→选择图幅→固定图纸→画出图框、对中符号和标题栏。

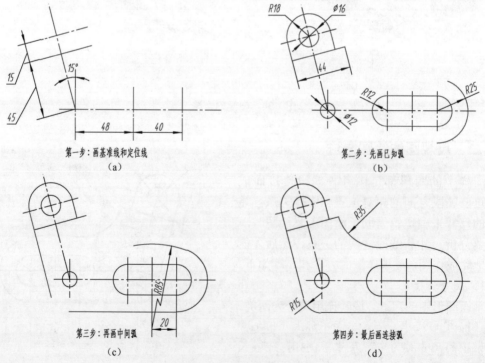

图 1-36　画底稿的步骤

（2）绘制底稿 合理、匀称地布图，画出基准线和定位线→先画已知弧→再画中间弧→最后画连接弧，如图 1-36 所示。

绘制底稿时，图线要尽量清淡、准确，并保持图面整洁。

（3）加深描粗 加深描粗前，要全面检查底稿，修正错误，擦去画错的线条及作图辅助线。加深描粗要注意以下几点：

① 先粗后细。先加深全部粗实线，再加深全部细虚线、细点画线及细实线等。

② 先曲后直。在加深同一种线（特别是粗实线）时，应先画圆弧或圆，后画直线。

③ 先水平、后垂斜。先用丁字尺自上而下画出水平线，再用三角板自左向右画出垂直线，最后画倾斜的直线。

（4）标注尺寸、填写标题栏 此步骤可将图纸从图板上取下来进行。

加深描粗时，应尽量使同类图线粗细、浓淡一致，连接光滑，字体工整，图面整洁。

素养提升

第二章　投影基础

第一节　投影法和视图的基本概念

在日常生活中，常见到物体被阳光或灯光照射后，会在地面或墙壁上留下一个灰黑的影子，如图 2-1（a）所示。这个影子只能反映物体的轮廓，却无法表达物体的形状和大小。人们将这种现象进行科学的抽象，总结出了影子与物体之间的几何关系，进而形成了投影法，使在图纸上表达物体形状和大小的要求得以实现。

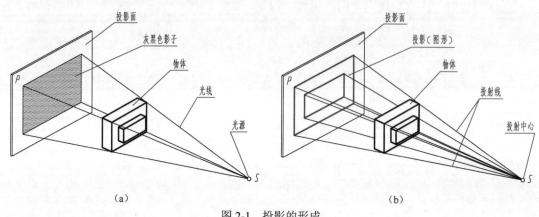

（a）　　　　　　　　　　　　（b）

图 2-1　投影的形成

一、投影法

投影法中，得到投影的面称为投影面。所有投射线的起源点，称为投射中心。发自投射中心且通过被表示物体上各点的直线，称为投射线。如图 2-1（b）所示，平面 P 为投影面，S 为投射中心。将物体放在投影面 P 和投射中心 S 之间，自 S 分别引投射线并延长，使之与投影面 P 相交，即得到物体的投影。

投射线通过物体，向选定的面投射，并在该面上得到图形的方法称为投影法。根据投影法所得到的图形，称为投影。

由此可以看出，要获得投影，必须具备投射中心、物体、投影面这三个基本条件。根据投射线的类型（平行或汇交），投影法可分为以下两类：

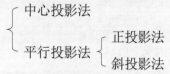

1．中心投影法

投射线汇交一点的投影法，称为中心投影法，如图 2-1（b）所示。

用中心投影法所得的投影大小，随着投影面、物体、投射中心三者之间距离的变化而变化。建筑工程上常用中心投影法绘制建筑物的透视图，如图 2-2 所示。用中心投影法绘制的图样具有较强的立体感，但不能反映物体的真实形状和大小，且度量性差，作图比较复杂，在机械图样中很少采用。

图 2-2 建筑物的透视图

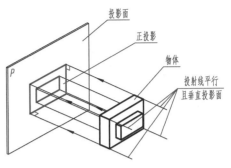

图 2-3 投射线垂直投影面的平行投影法

2. 平行投影法

假设将投射中心 S 移至无限远处，则投射线相互平行，如图 2-3 所示。这种投射线相互平行的投影法，称为平行投影法。

根据投射线与投影面是否垂直，又可将平行投影法分为正投影法和斜投影法两种。

（1）正投影法 投射线与投影面相垂直的平行投影法，称为正投影法。根据正投影法所得到的图形，称为正投影（正投影图），如图 2-3、图 2-4（a）所示。

（2）斜投影法 投射线与投影面相倾斜的平行投影法，称为斜投影法。根据斜投影法所得到的图形，称为斜投影（斜投影图），如图 2-4（b）所示。

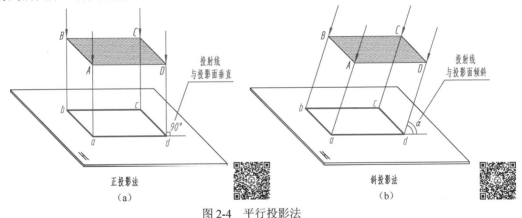

图 2-4 平行投影法

由于正投影法能反映物体的真实形状和大小，度量性好，作图简便，所以在工程上应用得十分广泛。机械图样都是采用正投影法绘制的，正投影法是机械制图的理论基础。

二、正投影的基本性质

（1）真实性 平面（直线）平行于投影面，投影反映实形（实长），这种性质称为真实性，如图 2-5（a）所示。

（2）积聚性 平面（直线）垂直于投影面，投影积聚成直线（一点），这种性质称为积聚性，如图 2-5（b）所示。

（3）类似性 平面（直线）倾斜于投影面，投影变小（短），这种性质称为类似性，如

图 2-5（c）所示。

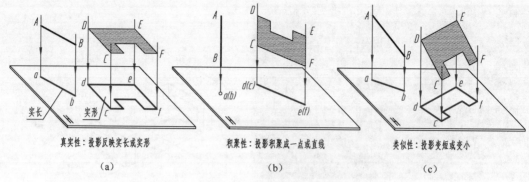

真实性：投影反映实长或实形 （a）　　　积聚性：投影积聚成一点或直线 （b）　　　类似性：投影变短或变小 （c）

图 2-5　正投影的基本性质

三、视图的基本概念

用正投影法绘制物体的图形时，可把人的视线假想成相互平行且垂直于投影面的一组投射线。根据有关标准和规定，用正投影法所绘制出物体的图形称为视图，如图 2-6 所示。

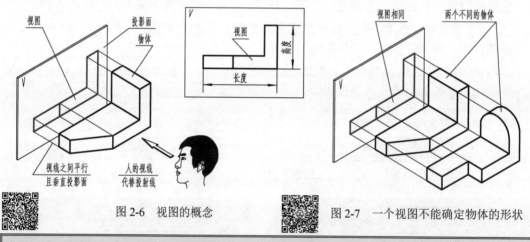

图 2-6　视图的概念　　　　图 2-7　一个视图不能确定物体的形状

> 提示：绘制视图时，可见的棱线和轮廓线用粗实线绘制，不可见的棱线和轮廓线用细虚线绘制。

一般情况下，一个视图不能完整地表达物体的形状。由图 2-6 可以看出，这个视图只反映物体的长度和高度，而没有反映物体的宽度。如图 2-7 所示，两个不同的物体，在同一投影面上的投影却相同。因此，要反映物体的完整形状，常需要从几个不同方向进行投射，获得多面正投影，以表示物体各个方向的形状，综合起来反映物体的完整形状。

第二节　三视图的形成及其对应关系

一、三投影面体系的建立

在多面正投影中，相互垂直的三个投影面构成三投影面体系，分别称为正立投影面（简称正面或 V 面）、水平投影面（简称水平面或 H 面）和侧立投影面（简称侧面或 W 面），如图 2-8 所示。

三投影面体系中，相互垂直的投影面之间的交线，称为投影轴，它们分别是：

OX 轴（简称 X 轴），是 V 面与 H 面的交线，代表左右即长度方向。

OY 轴（简称 Y 轴），是 H 面与 W 面的交线，代表前后即宽度方向。

OZ 轴（简称 Z 轴），是 V 面与 W 面的交线，代表上下即高度方向。

三条投影轴相互垂直，其交点称为原点，用 O 表示。

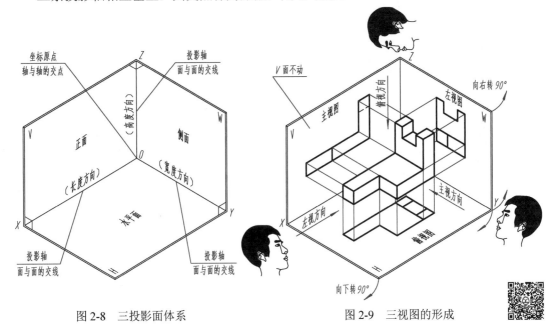

图 2-8 三投影面体系   图 2-9 三视图的形成

二、三视图的形成

将物体置于三投影面体系内，然后从物体的三个方向进行观察，就可以在三个投影面上得到三个视图，如图 2-9 所示。规定的三个视图名称是：

主视图——由前向后投射所得的视图。

左视图——由左向右投射所得的视图。   （这三个视图统称为三视图）

俯视图——由上向下投射所得的视图。

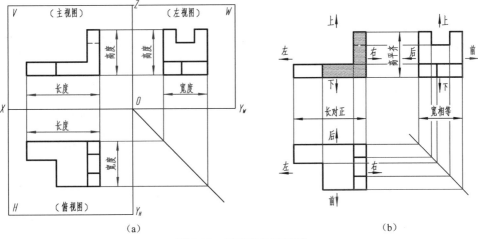

（a）   （b）

图 2-10 展开后的三视图

为把三个视图画在同一张图纸上，必须将相互垂直的三个投影面展开在同一个平面上。展开方法如图 2-9 所示，规定：V 面保持不动，将 H 面绕 X 轴向下旋转 90°，将 W 面绕 Z 轴向右旋转 90°，就得到展开后的三视图，如图 2-10（a）所示。实际绘图时，应去掉投影面边框和投影轴，如图 2-10（b）所示。

三、三视图之间的对应关系及投影规律

由三视图的形成过程可以总结出三视图之间的位置关系、投影规律及方位关系。

1．位置关系

由三视图的展开过程可知，三视图之间的相对位置是固定的，即主视图定位后，左视图在主视图的右方，俯视图在主视图的下方。各视图的名称不需标注。

2．投影规律

规定：物体左右之间的距离（X 轴方向）为长度，物体前后之间的距离（Y 轴方向）为宽度，物体上下之间的距离（Z 轴方向）为高度。从图 2-10（a）中可以看出，每一个视图只能反映物体两个方向的尺度，即

主视图——反映物体的长度（X 轴方向尺寸）和高度（Z 轴方向尺寸）。

左视图——反映物体的高度（Z 轴方向尺寸）和宽度（Y 轴方向尺寸）。

俯视图——反映物体的长度（X 轴方向尺寸）和宽度（Y 轴方向尺寸）。

由此可得出三视图之间的投影规律，即

主俯"长对正"；
主左"高平齐"； ｝（简称"三等规律"）
左俯"宽相等"。

三视图之间的三等规律，不仅反映在物体的整体上，也反映在物体的任意一个局部结构上，如图 2-10（b）所示。这一规律是画图和看图的依据，必须深刻理解和熟练运用。

3．方位关系

物体有左右、前后、上下六个方位，搞清楚三视图的六个方位关系，对画图、看图是十分重要的。从图 2-10（b）可以看出，每一个视图只能反映物体两个方向的位置关系，即

主视图反映物体的左、右和上、下位置关系（前、后重叠）。

左视图反映物体的上、下和前、后位置关系（左、右重叠）。

俯视图反映物体的左、右和前、后位置关系（上、下重叠）。

> 提示：画图与看图时，要特别注意俯视图和左视图的前、后对应关系。在三个投影面的展开过程中，由于水平面向下旋转，俯视图的下方表示物体的前面，俯视图的上方表示物体的后面；当侧面向右旋转后，左视图的右方表示物体的前面，左视图的左方表示物体的后面。即俯、左视图远离主视图的一边，表示物体的前面；靠近主视图的一边，表示物体的后面。物体的俯、左视图不仅宽相等，还应保持前、后位置的对应关系。

四、三视图的画图步骤

根据物体（或轴测图）画三视图时，应先选定主视图的投射方向，然后将物体摆正（使物体的主要表面平行于投影面）。

【例 2-1】 根据图 2-11（a）所示组合体的轴测图，画出其三视图。

分析

图 2-11（a）所示支座的下方为一长方形底板，底板后部有一块立板，立板前方中间有一块三角形肋板。根据支座的形状特征，使支座的后壁与正面平行，底面与水平面平行，由前向后为主视图投射方向。三视图的具体作图步骤如图 2-11（b）～（f）所示。

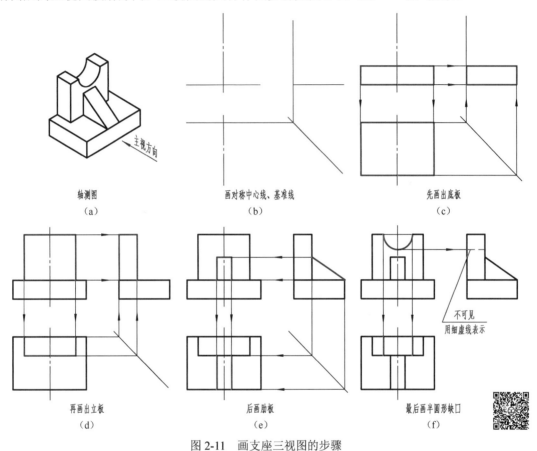

轴测图
（a）

画对称中心线、基准线
（b）

先画出底板
（c）

再画出立板
（d）

后画肋板
（e）

不可见
用细虚线表示

最后画半圆形缺口
（f）

图 2-11　画支座三视图的步骤

> 提示：画三视图时，物体的每一组成部分，最好是三个视图配合着画。不要先把一个视图画完后再画另一个视图。这样，不但可以提高绘图速度，还能避免漏线、多线。画物体某一部分的三视图时，应先画反映形状特征的视图，再按投影关系画出其他视图。

第三节　几何体的投影

几何体分为平面立体和曲面立体。表面均为平面的立体，称为平面立体；表面由曲面、或曲面与平面组成的立体，称为曲面立体。

本节重点讨论上述两类立体的三视图画法，以及在立体表面上取点的作图问题。

一、平面立体

1. 棱柱

（1）三棱柱的三视图　图 2-12（a）表示一个正三棱柱的投影。它的顶面和底面为水平面，三个矩形侧面中，后面是正平面，左右两面为铅垂面，三条侧棱为铅垂线。

画三棱柱的三视图时，先画顶面和底面的投影，在水平投影中，它们均反映实形（等边三角形）且重影；其正面和侧面投影都有积聚性，分别为平行于 X 轴和 Y 轴的直线；三条侧棱的水平投影都有积聚性，为三角形的三个顶点，它们的正面和侧面投影，均平行于 Z 轴且反映了棱柱的高。画完这些面和棱线的投影，即得到三棱柱的三视图，如图 2-12（b）所示。

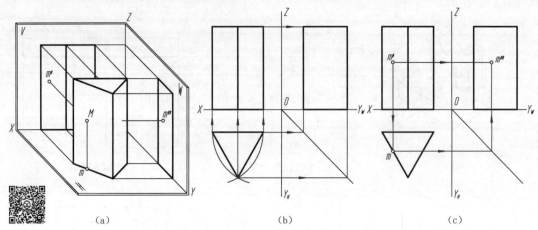

（a）　　　　　　　　　　　（b）　　　　　　　　　　　（c）

图 2-12　正三棱柱的三视图及其表面上点的求法

（2）棱柱表面上的点　求体表面上点的投影，应依据在平面上取点的方法作图。但需判别点的投影的可见性：若点所在表面的投影可见，则点的同面投影也可见；反之为不可见。对不可见的点的投影，需加圆括号表示。

如图 2-12（c）所示，已知三棱柱上一点 M 的正面投影 m'，求 m 和 m'' 的方法是：按 m' 的位置和可见性，可判定点 M 在三棱柱的左侧面上。因点 M 所在平面为铅垂面，因此，其水平投影 m 必落在该平面有积聚性的水平投影上。于是，根据 m' 和 m 即可求出侧面投影 m''。由于点 M 在三棱柱的左侧面上，该棱面的侧面投影可见，故 m'' 可见（不加圆括号）。

> 提示：对不可见的点的投影，需加圆括号表示；具有积聚性平面上的点，在其积聚性投影中视为可见的。

2. 棱锥

（1）棱锥的三视图　图 2-13（a）表示正三棱锥的投影。它由底面 $\triangle ABC$ 和三个棱面 $\triangle SAB$、$\triangle SBC$ 和 $\triangle SAC$ 所组成。底面为水平面，其水平投影反映实形，正面和侧面投影积聚成直线。棱面 $\triangle SAC$ 为侧垂面，侧面投影积聚成直线，水平面投影和正面投影都是类似形。棱面 $\triangle SAB$ 和 $\triangle SBC$ 为一般位置平面，其三面投影均为类似形。棱线 SB 为侧平线，棱线 SA、SC 为一般位置直线，棱线 AC 为侧垂线，棱线 AB、AC 为水平线。它们的投影特性读者可自行分析。

画正三棱锥的三视图时，先画出底面 $\triangle ABC$ 的各面投影，如图 2-13（b）所示；再画出锥顶 S 的各面投影，连接各顶点的同面投影，即为正三棱锥的三视图，如图 2-13（c）所示。

> 提示：正三棱锥的左视图并不是等腰三角形，如图 2-13（c）所示。

（2）棱锥表面上的点　正三棱锥的表面有特殊位置平面，也有一般位置平面。特殊位置平面上的点的投影，可利用该平面投影的积聚性直接作图；一般位置平面上点的投影，可通过在平面上作辅助线的方法求得。

如图 2-13（d）所示，已知棱面△SAB上点 M 的正面投影 m'，求点 M 的其他两面投影。棱面△SAB是一般位置平面，先过锥顶 S 及点 M 作一辅助线，求出辅助线的其他两面投影 s1 和 s″1″，如图 2-13（e）所示；然后根据点在直线上的投影特性，由 m'求出其水平投影 m 和侧面投影 m″，如图 2-13（f）所示。

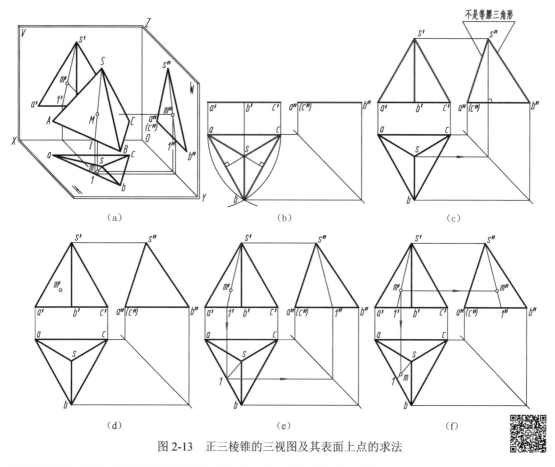

图 2-13 正三棱锥的三视图及其表面上点的求法

提示：若过点 M 作一水平辅助线，同样可求得点 M 的其他两面投影。

二、曲面立体

1. 圆柱

（1）圆柱面的形成 如图 2-14（a）所示，圆柱面可看作一条直线 AB 围绕与它平行的轴线 OO 回转而成。OO 称为轴线，直线 AB 称为母线，母线转至任一位置时称为素线。这种由一条母线绕轴线回转而形成的表面称为回转面，由回转面构成的立体称为回转体。

（2）圆柱的三视图 由图 2-14（b）可以看出，圆柱的主视图为一个矩形线框。其中左右两轮廓线是两组由投射线组成（和圆柱面相切）的平面与 V 面的交线。这两条交线也正是圆柱面上最左、最右素线的投影，它们把圆柱面分为前后两部分，其投影前半部分可见，后半部分不可见，而这两条素线是可见与不可见的分界线。最左、最右素线的侧面投影和轴线的侧面投影重合（不需画出其投影），水平投影在横向对称中心线和圆周的交点处。矩形线框的上、下两边分别为圆柱顶面、底面的积聚性投影。

图 2-14（c）为圆柱的三视图。俯视图为一圆形线框。由于圆柱轴线是铅垂线，圆柱表面所有素线都是铅垂线，因此，圆柱面的水平投影积聚成一个圆。同时，圆柱顶面、底面的投影（反映实形），也与该圆相重合。画圆柱的三视图时，一般先画投影具有积聚性的圆，再根据投影规律和圆柱的高度完成其他两个视图。

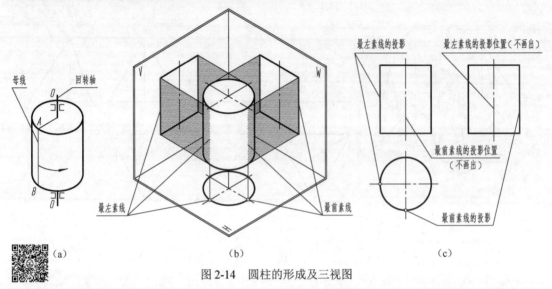

图 2-14　圆柱的形成及三视图

（3）圆柱表面上的点　如图 2-15（a）所示，已知圆柱面上点 M 的正面投影 m'，求另两面投影 m 和 m''。根据给定的 m' 的位置，可判定点 M 在前半圆柱面的左半部分；因圆柱面的水平投影有积聚性，故 m 必在前半圆周的左部，m'' 可根据 m' 和 m 求得，如图 2-15（b）所示；又知圆柱面上点 N 的侧面投影 n''，其他两面投影 n 和 n' 的求法和可见性，如图 2-15（c）所示。

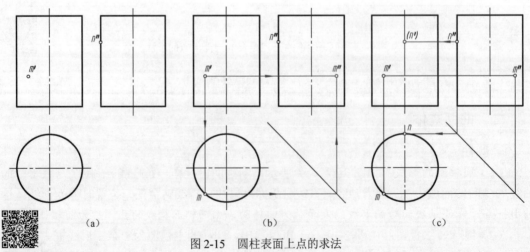

图 2-15　圆柱表面上点的求法

2. 圆锥

（1）圆锥面的形成　圆锥面可看作由一条直母线 SA 围绕和它相交的轴线回转而成，如图 2-16（a）所示。

（2）圆锥的三视图　图2-16（b）为圆锥的三视图。俯视图的圆形，反映圆锥底面的实形，同时也表示圆锥面的投影。主、左视图的等腰三角形线框，其下边为圆锥底面的积聚性投影。主视图中三角形的左、右两边，分别表示圆锥面最左素线 SA 和最右素线 SB（反映实长）的投影，它们是圆锥面正面投影可见与不可见部分的分界线；左视图中三角形的两边，分别表示圆锥面最前、最后素线 SC、SD 的投影（反映实长），它们是圆锥面侧面投影可见与不可见的分界线。

画圆锥的三视图时，先画出圆锥底面的各个投影，再画出锥顶点的投影，然后分别画出特殊位置素线的投影，即完成圆锥的三视图。

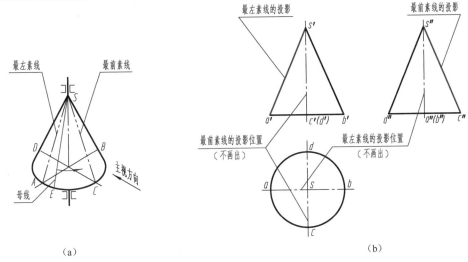

（a）　　　　　　　　　　　　　　（b）

图2-16　圆锥的形成、视图及其分析

（3）圆锥表面上的点　如图2-17（a）、（d）所示，已知圆锥面上的点 M 的正面投影 m′，在圆锥表面作辅助线或辅助圆，都可求出 m 和 m″。根据 M 的位置和可见性，可判定点 M 在前、左圆锥面上，点 M 的三面投影均可见。作图可采用如下两种方法。

第一种方法——辅助素线法

① 过锥顶 S 和点 M 作一辅助线 S Ⅰ，即连接 s′m′，并延长到与底面的正面投影相交于 1′，求得 s1 和 s″1″，如图2-17（b）所示。

② 根据点在直线上的投影规律作出 m 和 m″，如图2-17（c）所示。

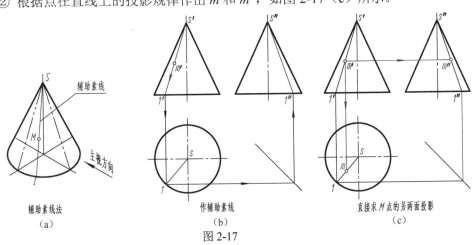

辅助素线法　　　　　　　　作辅助素线　　　　　直接求 M 点的另两面投影
（a）　　　　　　　　　　　（b）　　　　　　　　　　　（c）

图2-17

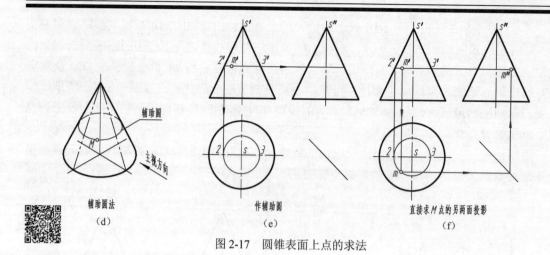

辅助圆法
（d）

作辅助圆
（e）

直接求 M 点的另两面投影
（f）

图 2-17　圆锥表面上点的求法

第二种方法——辅助面法

① 过点 M 在圆锥面上作垂直于圆锥轴线的水平辅助圆（该圆的正面投影积聚为一直线），即过 m' 所作的 $2'3'$；它的水平投影为一直径等于 $2'3'$ 的圆，圆心为 s，如图 2-17（e）所示。

② 由 m' 作 X 轴的垂线，与辅助圆的交点即为 m。再根据 m' 和 m 求出 m''，如图 2-17（f）所示。

3．圆球

（1）圆球面的形成　如图 2-18（a）所示，圆球面可看作一个圆（母线），围绕它的直径回转而成。

（2）圆球的三视图　图 2-18（b）为圆球的三视图。它们都是与圆球直径相等的圆，均表示圆球面的投影。球的各个投影虽然都是圆形，但各个圆的意义不同。正面投影的圆是平行于正面的圆素线（前、后两半球的分界线，圆球正面投影可见与不可见的分界线）的投影；按此做类似的分析，水平投影的圆，是平行于水平面的圆素线的投影；侧面投影的圆，是平行于侧面的圆素线的投影。这三条圆素线的其他两面投影，都与圆的相应中心线重合。

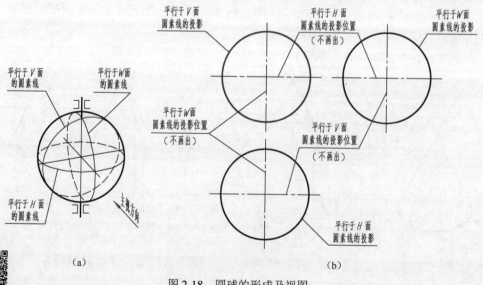

（a）　　　　　　　　　　　　（b）

图 2-18　圆球的形成及视图

（3）圆球表面上的点 如图 2-19（a）所示，已知圆球面上点 M 的水平投影 m 和点 N 的正面投影 n'，求其他两面投影。

根据点的位置和可见性，可判定：点 N 在前、后两半球的分界线上（点 N 在右半球，其侧面投影不可见），n 和 n'' 可直接求出，如图 2-19（b）所示。

点 M 在前、左、上半球（点 M 的三面投影均为可见），需采用辅助圆法求 m' 和 m''，即过点 m 在球面上作一平行于水平面的辅助圆（也可作平行于正面或侧面的圆）。因点在辅助圆上，故点的投影必在辅助圆的同面投影上。作图时，先在水平投影中过 m 作 X 轴的平行线 ef（ef 为辅助圆在水平投影面上的积聚性投影），其正面投影为直径等于 ef 的圆，由 m 作 X 轴的垂线，与辅助圆正面投影的交点即为 m'，再由 m' 求得 m''，如图 2-19（c）所示。

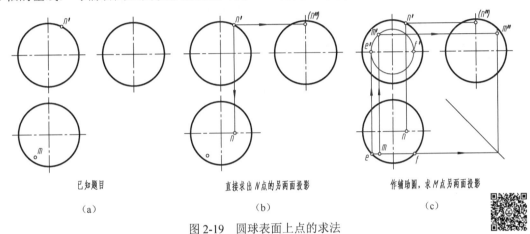

已知题目	直接求出 N 点的另两面投影	作辅助圆，求 M 点另两面投影
（a）	（b）	（c）

图 2-19 圆球表面上点的求法

三、几何体的尺寸注法

几何体的尺寸注法，是组合体尺寸标注的基础。几何体的大小通常是由长、宽、高三个方向的尺寸来确定的。

1. 平面立体的尺寸注法

棱柱、棱锥及棱台，除了标注确定其顶面和底面形状大小的尺寸外，还要标注高度尺寸。为了便于看图，确定顶面和底面形状大小的尺寸，宜标注在反映其实形的视图上，如图 2-20 所示。标注正方形尺寸时，在正方形边长尺寸数字前，加注正方形符号 "□"，如图 2-20（b）所示的正四棱台。

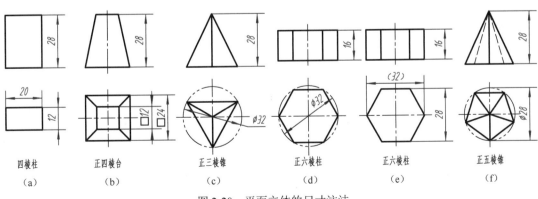

四棱柱	正四棱台	正三棱锥	正六棱柱	正六棱柱	正五棱锥
（a）	（b）	（c）	（d）	（e）	（f）

图 2-20 平面立体的尺寸注法

2. 曲面立体的尺寸注法

圆柱、圆锥、圆台和圆环，应标注圆的直径和高度尺寸，并在直径数字前加注直径符号"ϕ"，如图 2-21（a）～（d）所示。标注圆球尺寸时，在直径数字前加注球直径符号"$S\phi$"或"SR"，如图 2-21（e）、（f）所示。直径尺寸一般标注在非圆视图上。

当尺寸集中标注在一个非圆视图上时，一个视图即可表达清楚它们的形状和大小。如图 2-21 所示，各基本几何体均用一个视图即可。

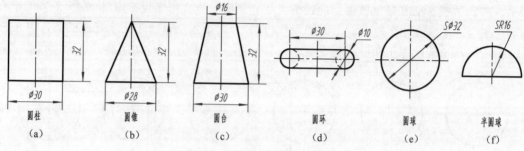

图 2-21　曲面立体的尺寸注法

第三章 立体表面交线

第一节 截 交 线

当立体被平面截断成两部分时,其中任何一部分均称为截断体,用来截切立体的平面称为截平面,截平面与立体表面的交线称为截交线。截交线有以下两个基本性质:

(1)共有性 截交线是截平面与立体表面共有的线。

(2)封闭性 由于任何立体都有一定的范围,所以截交线一定是闭合的平面图形。

一、平面截切平面立体

截切平面立体时,其截交线为一平面多边形。

【例 3-1】 正六棱锥被正垂面 P 截切,求截切后正六棱锥截交线的投影。

分析

由图 3-1(a)中可见,正六棱锥被正垂面 P 截切,截交线是六边形,六个顶点分别是截平面与六条侧棱的交点。由此可见,平面立体的截交线是一个平面多边形;多边形的每一条边,是截平面与平面立体各棱面的交线;多边形的各个顶点就是截平面与平面立体棱线的交点。求平面立体的截交线,实质上就是求截平面与各条棱线交点的投影。

作图

① 利用截平面的积聚性投影,先找出截交线各顶点的正面投影 a'、b'、c'、d'(B、C 各为前后对称的两个点);再依据直线上点的投影特性,求出各顶点的水平投影 a、b、c、d 及侧面投影 a''、b''、c''、d'',如图 3-1(b)所示。

② 擦去作图辅助线,依次连接各顶点的同面投影,即为截交线的投影,如图 3-1(c)所示。

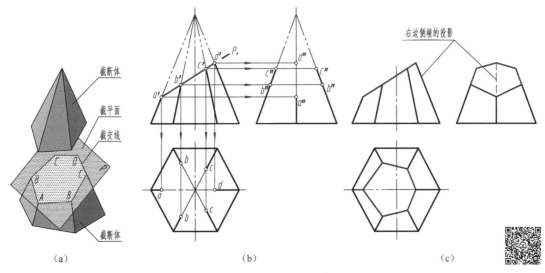

| (a) | (b) | (c) |

图 3-1 正六棱锥截交线的画法

【例 3-2】 如图 3-2（a）所示，在四棱柱上方截切一个矩形通槽，试完成四棱柱矩形通槽的水平投影和侧面投影。

分析

如图 3-2（b）所示，四棱柱上方的矩形通槽是由三个特殊位置平面截切而成的。槽底是水平面，其正面投影和侧面投影均积聚成水平方向的直线，水平投影反映实形。两侧壁是侧平面，其正面投影和水平投影均积聚成竖直方向的直线，侧面投影反映实形且重合在一起。可利用积聚性求出通槽的水平投影和侧面投影。

作图

① 根据通槽的主视图，先在俯视图中作出两侧壁的积聚性投影；再按"高平齐、宽相等"的投影规律，作出通槽的侧面投影，如图 3-2（c）所示。

② 擦去作图辅助线，校核截切后的图形轮廓，加深描粗，如图 3-2（d）所示。

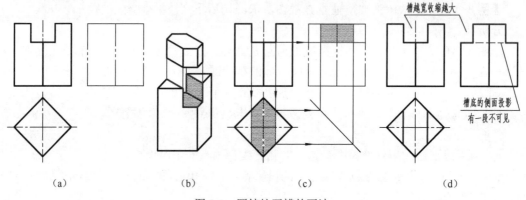

图 3-2 四棱柱开槽的画法

二、平面截切曲面立体

平面截切曲面立体时，截交线的形状取决于曲面立体的表面形状，以及截平面与曲面立体的相对位置。

1. 平面截切圆柱

圆柱截交线的形状，因截平面相对于圆柱轴线的位置不同而有三种情况，见表 3-1。

【例 3-3】 求作圆柱被正垂面截切时截交线的投影。

分析

由图 3-3（a）可见，圆柱被平面斜截，其截交线为椭圆。椭圆的正面投影积聚为一斜线，水平投影与圆柱面投影重合，仅需求出侧面投影。由于已知截交线的正面投影和水平投影，所以根据"高平齐、宽相等"的投影规律，便可直接求出截交线的侧面投影。

表 3-1 圆柱的三种截交线

截平面的位置	与轴线平行	与轴线垂直	与轴线倾斜
轴测图			
投影			
截交线的形状	矩 形	圆	椭 圆

作图

① 求特殊点。由截交线的正面投影，直接作出截交线上的特殊点（即最高、最前、最后、最低点）的侧面投影，如图 3-3（b）所示。

② 求中间点。作图时，在投影为圆的视图上任意取两点（或取等分点）及其对称点。根据水平投影 1、2（Ⅰ、Ⅱ点各为前后对称的两个点），利用投影关系求出正面投影 1′、2′和侧面投影 1″、2″，如图 3-3（c）所示。

③ 连点成线。将各点光滑地连接起来，即为截交线的侧面投影。

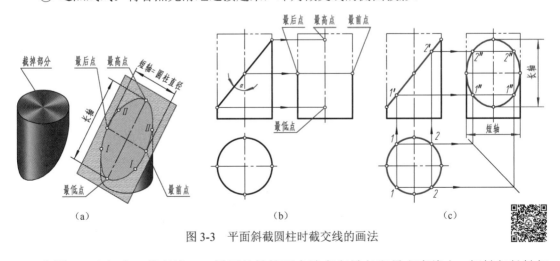

图 3-3 平面斜截圆柱时截交线的画法

在图 3-3（c）中，截交线——椭圆长轴的两个端点在最左和最右素线上；短轴与长轴相互垂直平分,两个端点在最前和最后素线上。这两条轴的侧面投影仍然相互垂直平分,它们是截交线侧面投影椭圆的长轴和短轴。确定了长、短轴,就可以用近似画法作出椭圆。

如图 3-3(b)所示,随着截平面与圆柱轴线夹角 α 的变化,椭圆的侧面投影也会发生如下变化:

当 $\alpha<45°$ 时,椭圆长轴与圆柱轴线方向相同,如图 3-3(c)所示。

当 $\alpha=45°$ 时,椭圆长轴的侧面投影等于短轴,即椭圆的侧面投影为圆,如图 3-4(a)所示。

当 $\alpha>45°$ 时,椭圆长轴垂直于圆柱轴线,如图 3-4(b)所示。

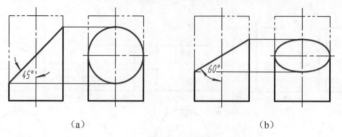

(a)　　　　　　　　　　(b)

图 3-4　平面斜截圆柱时椭圆的变化

【例 3-4】　如图 3-5(a)所示,试完成开槽圆柱的水平投影和侧面投影。

分析

如图 3-5(b)所示,开槽部分的侧壁是由两个侧平面、槽底是由一个水平面截切而成的,圆柱面上的截交线分别位于被切出槽的各个平面上。由于这些面均为投影面平行面,其投影具有积聚性或真实性,因此,截交线的投影应依附于这些面的投影,不需另行求出。

作图

① 根据开槽圆柱的主视图,先在俯视图中作出两侧壁的积聚性投影;再按"高平齐、宽相等"的投影规律,作出通槽的侧面投影,如图 3-5(c)所示。

② 擦去作图辅助线,校核截切后的图形轮廓,加深描粗,如图 3-5(d)所示。

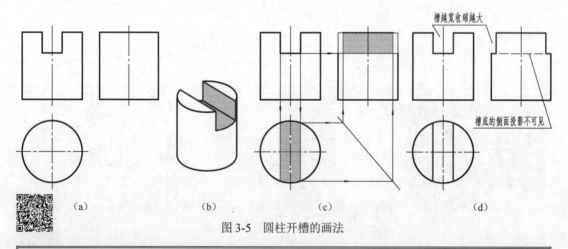

(a)　　　　　　　(b)　　　　　　　(c)　　　　　　　(d)

图 3-5　圆柱开槽的画法

> 提示:①因圆柱的最前、最后两条素线均在开槽部位被切掉,故左视图中的轮廓线,在开槽部位向内"收缩"。其收缩程度与槽宽有关,槽越宽收缩越大。②注意区分槽底侧面投影的可见性,即槽底的侧面投影积聚成直线,中间一段不可见,应画成细虚线。

2. 平面截切圆锥

圆锥截交线的形状，因截平面相对于圆锥轴线的位置不同而有五种情况，见表 3-2。

表 3-2　圆锥的五种截交线

截平面的位置	与轴线垂直	通过锥顶	与轴线倾斜	平行于任一素线	与轴线平行
轴测图	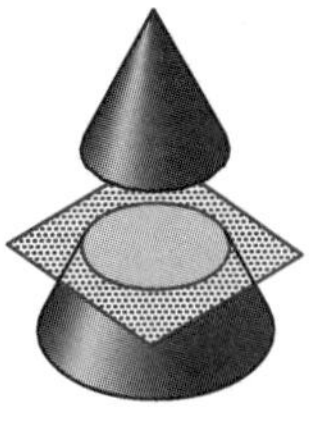	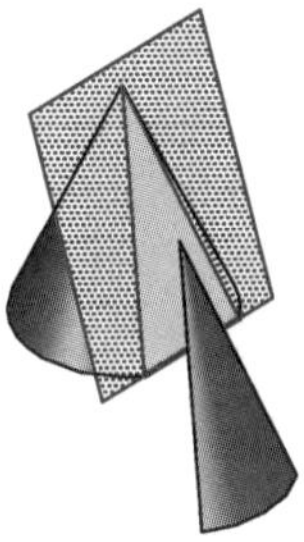	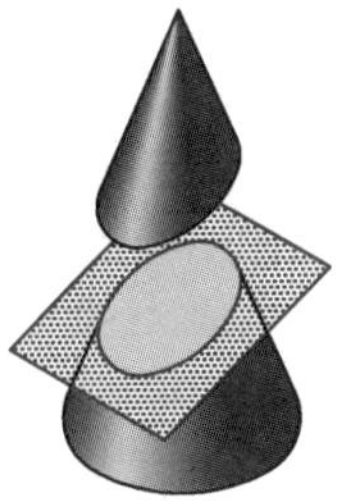	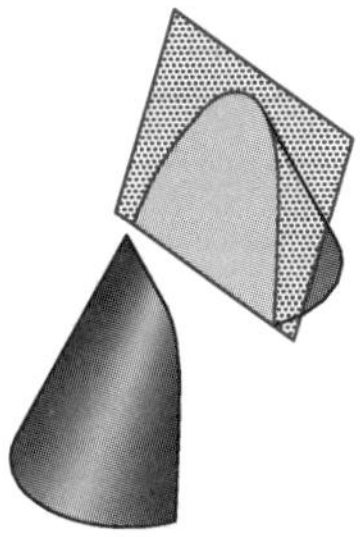	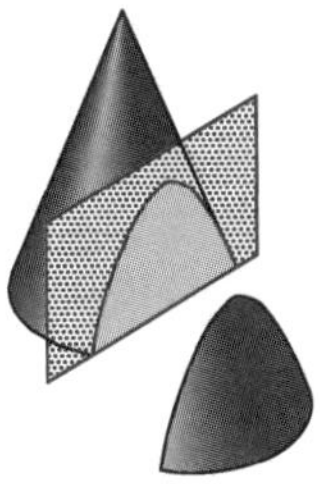
投影	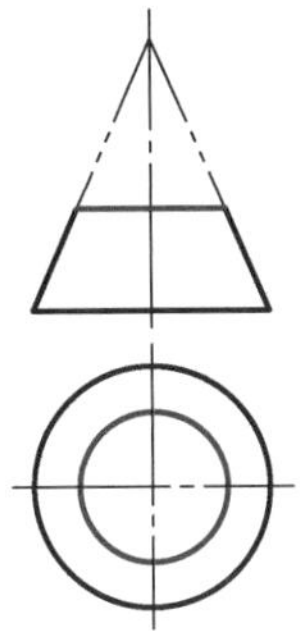	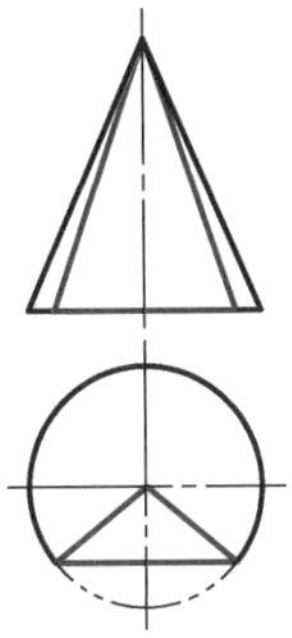	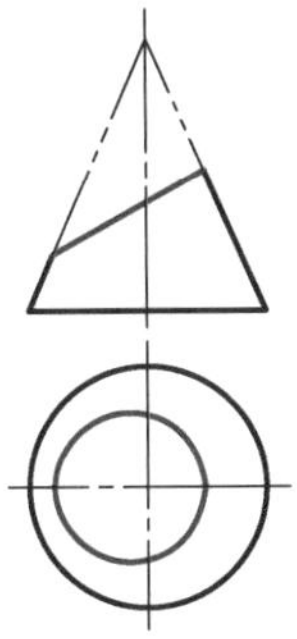	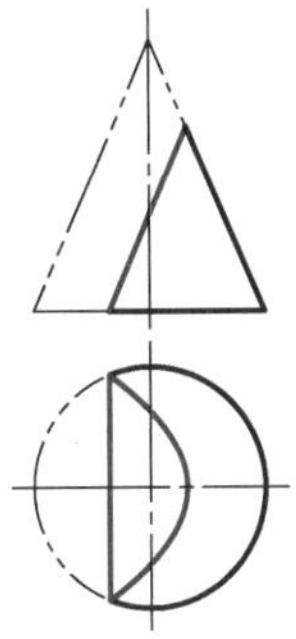	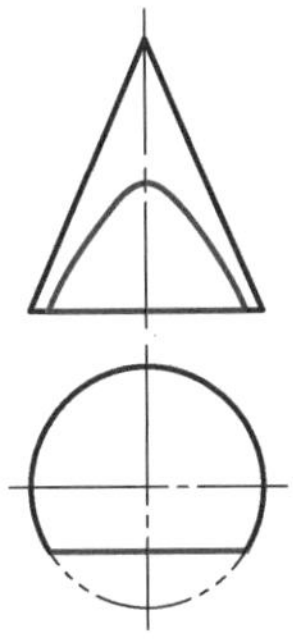
截交线的形状	圆	等腰三角形	椭　圆	封闭的抛物线	封闭的双曲线

【例 3-5】　如图 3-6（a）所示，圆锥被倾斜于轴线的平面截切，用辅助线法补全圆锥的水平投影和侧面投影。

分析

如图 3-6（b）所示，截交线上任一点 M，可看成是圆锥表面某一素线 SI 与截平面 P 的交点。因 M 点在素线 SI 上，故 M 点的三面投影分别在该素线的同面投影上。由于截平面 P 为正垂面，截交线的正面投影积聚为一直线，故需求作截交线的水平投影和侧面投影。

作图

① 求特殊点。C 为截交线的最高点，根据 c'，求出 c 及 c''；A 为截交线的最低点，根据 a'，求出 a 及 a''；$a'c'$ 的中点 d' 为截交线的最前、最后点的正面投影，过 d' 作辅助线 $s'1'$，求出 $s1$、$s''1''$，进而求出 d 和 d''；B 为前后转向素线上的点，根据 b'，求出 b''，进而求出 b，如图 3-6（c）所示。

② 用辅助线法求中间点。过锥顶作辅助线 $s'2'$ 与截交线的正面投影相交，得 m'，求出辅助线的其余两投影 $s2$ 及 $s''2''$，进而求出 m 和 m''，如图 3-6（d）所示。

③ 连点成线。去掉多余图线，将各点的同面投影依次连成光滑的曲线，即为截交线的投影，如图 3-6（e）所示。

提示：若在 b' 和 c' 之间再作一条辅助线，又可求出两个中间点投影。中间点越多，求得的截交线越准确。

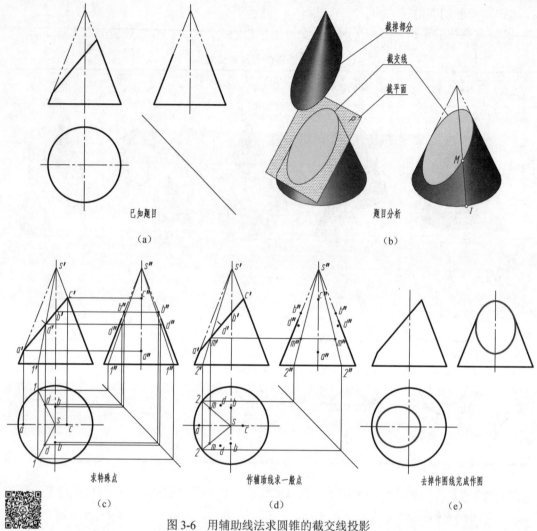

图 3-6　用辅助线法求圆锥的截交线投影

3. 平面截切圆球

圆球被任意方向的平面截切，其截交线都是圆。当截平面为投影面平行面时，截交线在所平行的投影面上的投影为一圆，其余两面投影积聚为直线。该直线的长度等于切口圆的直径，其直径的大小与截平面至球心的距离 B 有关，如图 3-7 所示。

【例 3-6】　试完成开槽半圆球的水平投影和侧面投影。

分析

如图 3-8（a）所示，由于半圆球被两个对称的侧平面和一个水平面截切，所以两个侧壁平面与球面的截交线各为一段平行于侧面的圆弧，而水平面与球面的截交线为两段水平圆弧。

作图

① 沿槽底作一辅助平面，确定辅助圆弧半径 R_1（R_1 小于半圆球的半径 R），画出辅助圆弧的水平投影，再根据槽宽画出槽底的水平投影，如图 3-8（b）所示。

② 沿侧壁作一辅助平面，确定辅助圆弧半径 R_2（R_2 小于半圆球的半径 R），画出辅助圆

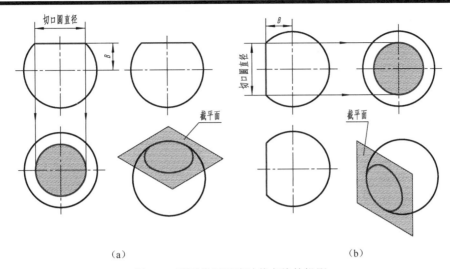

（a）　　　　　　　　　　　　　　（b）

图 3-7　平面截切圆球时截交线的投影

弧的侧面投影，如图 3-8（c）所示。

③ 去掉多余图线再描深，完成作图，如图 3-8（d）所示。

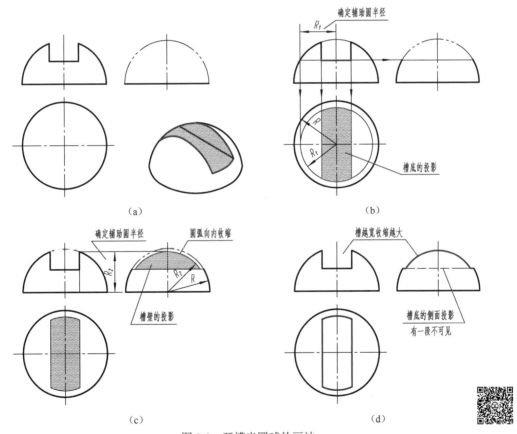

图 3-8　开槽半圆球的画法

提示：①因圆球的最高处在开槽后被切掉，故左视图上方的轮廓线向内"收缩"，其收缩程度与槽宽有关，槽愈宽，收缩愈大。②注意区分槽底侧面投影的可见性，槽底的中间部分是不可见的，应画成细虚线。

第二节 相 贯 线

两立体表面相交时产生的交线，称为相贯线。相贯线具有下列基本性质：

（1）共有性　相贯线是两立体表面上的共有线，也是两立体表面的分界线，所以相贯线上的所有点，都是两立体表面上的共有点。

（2）封闭性　一般情况下，相贯线是闭合的空间曲线或折线，在特殊情况下是平面曲线或直线。

由于两相交立体的形状、大小和相对位置不同，相贯线的形状也比较复杂。本节仅以常见的两回转体（圆柱与圆柱）正交为例，介绍求两回转体相贯线的一般方法及简化画法。

一、圆柱与圆柱正交

1. 利用投影的积聚性求相贯线

【例 3-7】　圆柱与圆柱异径正交，补画相贯线的正面投影。

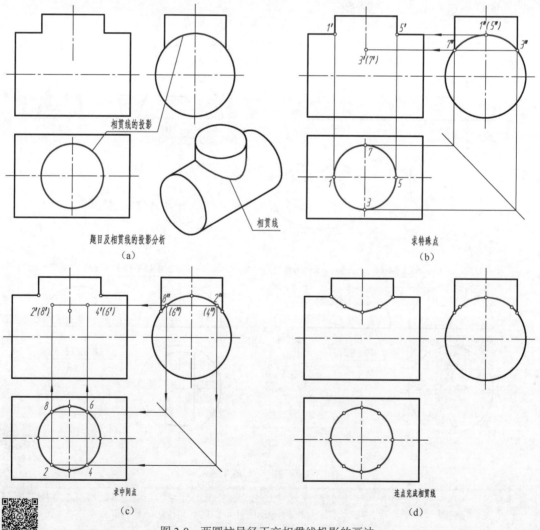

图 3-9　两圆柱异径正交相贯线投影的画法

分析

如图 3-9（a）所示，小圆柱的轴线垂直于水平面，相贯线的水平投影为圆（与小圆柱面的积聚性投影重合），大圆柱的轴线垂直于侧面，相贯线的侧面投影为一段圆弧（与大圆柱面的部分积聚性投影重合），只需补画相贯线的正面投影。

作图

① 求特殊点。由水平投影看出，1、5 两点既是最左、最右点的投影，也是最高点，同时也是两圆柱正面投影外形轮廓线的交点，可由 1、5 对应求出 $1''$、$5''$ 及 $1'$、$5'$；由侧面投影看出，小圆柱与大圆柱的交点 $3''$、$7''$，既是相贯线最低点的投影，也是最前、最后点的投影，由 $3''$、$7''$ 可直接对应求出 3、7 及 $3'$、$7'$，如图 3-9（b）所示。

② 求中间点。中间点决定曲线的趋势。在侧面投影中，任取对称点 $2''$（$4''$）及 $8''$（$6''$），然后按点的投影规律，求出其水平投影 2、4、6、8 和正面投影 $2'$（$8'$）及 $4'$（$6'$），如图 3-9（c）所示。

③ 连点成线。按顺序光滑地连接 $1'$、$2'$、$3'$、$4'$、$5'$各点，即得到相贯线的正面投影，如图 3-9（d）所示。

2. 两圆柱正交时相贯线的变化

当两圆柱的相对位置不变，而两圆柱的直径发生变化时，相贯线的形状和位置也将随之变化。

当 $\phi_1 > \phi$ 时，相贯线的正面投影为上、下对称的曲线，如图 3-10（a）所示。

当 $\phi_1 = \phi$ 时，相贯线在空间为两个相交的椭圆，其正面投影为两条相交的直线，如图 3-10（b）所示。

当 $\phi_1 < \phi$ 时，相贯线的正面投影为左、右对称的曲线，如图 3-10（c）所示。

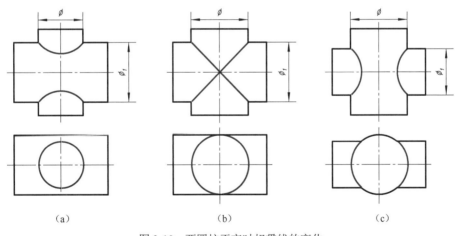

（a）　　　　　　　　　　　（b）　　　　　　　　　　　（c）

图 3-10　两圆柱正交时相贯线的变化

> 提示：从图 3-10（a）、（c）的正面投影中可以看出，两圆柱正交时相贯线的弯曲方向，朝向直径较大圆柱的轴线。

3. 两圆柱正交时相贯线投影的简化画法

为了简化作图，国家标准规定，允许采用简化画法作出相贯线的投影，即用圆弧代替非圆曲线。当两圆柱异径正交，且不需要准确地求出相贯线时，可采用简化画法作出相贯线的投影，作图方法如图 3-11 所示。

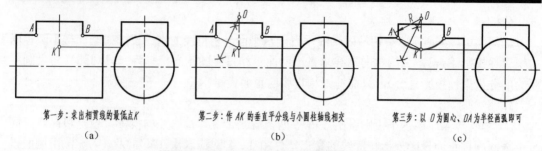

第一步：求出相贯线的最低点K
（a）

第二步：作 AK 的垂直平分线与小圆柱轴线相交
（b）

第三步：以 O 为圆心、OA 为半径画弧即可
（c）

图 3-11　两圆柱正交时相贯线投影的简化画法

二、内相贯线投影的画法

当圆筒上钻有圆孔时，孔与圆筒外表面及内表面均有相贯线，如图 3-12（a）所示。在两回转体内表面产生的交线，称为内相贯线。内相贯线和外相贯线的画法相同，内相贯线的投影因为不可见而画成细虚线，如图 3-12（b）所示。

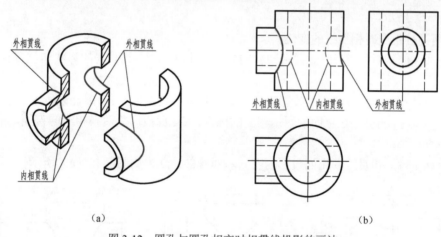

（a）　　　　　　　　　　　　　　　　　　（b）

图 3-12　圆孔与圆孔相交时相贯线投影的画法

三、相贯线的特殊情况

两回转体相交，在一般情况下相贯线为空间曲线。但在特殊情况下，相贯线为平面曲线或直线。

① 当两个同轴回转体相交时，相贯线一定是垂直于轴线的圆。当回转体轴线平行于某一投影面时，这个圆在该投影面上的投影为垂直于轴线的直线，如图 3-13 中的红色图线所示。

② 当轴线相交的两圆柱（或圆柱与圆锥）公切于同一球面时，相贯线一定是平面曲线，即两个相交的椭圆，如图 3-14 中的红色图线所示。

③ 当相交两圆柱的轴线平行时，相贯线为直线，如图 3-15（a）所示。当两圆锥共顶时，相贯线也是直线，如图 3-15（b）所示。

【例 3-8】　已知相贯体的俯、左视图，求作主视图。

分析

由图 3-16（a）可知，该相贯体由一直立圆筒与一水平半圆筒正交，内外表面都有交线。外表面为两个等径圆柱面相交，相贯线为两条平面曲线（椭圆），其水平投影和侧面投影分别与两圆柱面的投影重合,正面投影为两条直线。内表面的相贯线为两段空间曲线,其水平投影和侧面投影也分别与两圆孔的投影重合,正面投影为两段不可见的曲线。

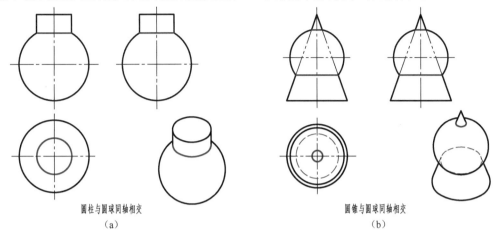

圆柱与圆球同轴相交　　　　　　　　　　圆锥与圆球同轴相交
（a）　　　　　　　　　　　　　　　　　（b）

图 3-13　同轴回转体的相贯线——圆

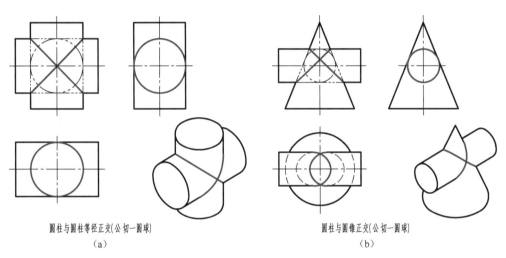

圆柱与圆柱等径正交(公切一圆球)　　　　圆柱与圆锥正交(公切一圆球)
（a）　　　　　　　　　　　　　　　　　（b）

图 3-14　两回转体公切于同一球面的相贯线——椭圆

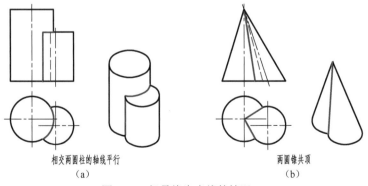

相交两圆柱的轴线平行　　　　　　　两圆锥共顶
（a）　　　　　　　　　　　　　　（b）

图 3-15　相贯线为直线的情况

作图

① 根据左、俯视图,按投影关系,用粗实线画出两等径圆柱的外围轮廓,用细虚线画

出两圆孔的轮廓，如图 3-16（b）所示。

② 由于直立圆筒与水平半圆筒外径相同且正交，据此画出外表面相贯线的正面投影（两段 45°斜线），如图 3-16（c）所示。

③ 采用相贯线的简化画法（参见图 3-19），作出两圆孔相贯线的正面投影（两段细虚线圆弧），如图 3-16（d）所示。

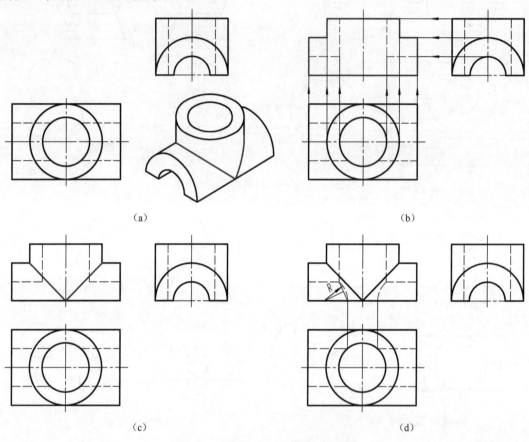

（a）　　　　　　　　　　　　　　　　　　（b）

（c）　　　　　　　　　　　　　　　　　　（d）

图 3-16　根据俯、左视图求作主视图

第四章　组合体和轴测图

第一节　组合体的基本知识

任何复杂的机器零件，从形体的角度来分析，都可以看成是由若干基本形体（圆柱、圆锥、圆球等），按一定的方式（叠加、切割或穿孔等）组合而成的。由两个或两个以上的基本形体组合构成的整体，称为组合体。

一、组合体的构成

如图 4-1（a）所示轴承座，可看成是由两个尺寸不同的四棱柱和一个半圆柱叠加起来后，再切去一个较大圆柱体和两个小圆柱体而形成的组合体，如图 4-1（b）、（c）所示。

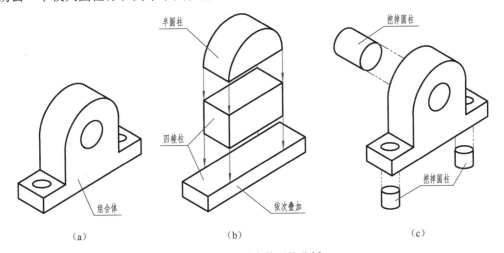

图 4-1　轴承座的形体分析

既然如此，画组合体的三视图时，可采用"先分后合"的方法。就是说，先在想象中将组合体分解成若干个基本形体，然后按其相对位置逐个画出各基本形体的投影，综合起来，即得到整个组合体的视图。这样，就把一个复杂的问题，分解成几个简单的问题加以解决。

为了便于画图，通过分析，将组合体分解成若干个基本形体，并搞清它们之间相对位置和组合形式的方法，称为形体分析法。

二、组合体的组合形式

组合体的组合形式，可粗略地分为叠加型、切割型和综合型三种。讨论组合体的组合形式，关键是搞清相邻两形体间的接合形式，以利于分析接合处的投影。

1. 叠加型

叠加型是两形体组合的基本形式，按照形体表面接合的方式不同，又可细分为共面、相切、相交和相贯四种形式。

（1）共面　两形体以平面相接合时，它们的分界线为直线或平面曲线。画这种组合形式的视图时，应注意区别分界处的情况：

① 当两形体的表面不平齐（不共面）时，中间应画线，如图 4-2（b）所示；

② 当两形体的表面平齐（共面）时，中间不能画线，如图 4-3（b）所示。

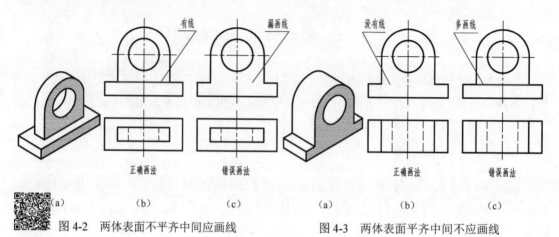

图 4-2　两体表面不平齐中间应画线　　　　图 4-3　两体表面平齐中间不应画线

（2）相切　图 4-4（a）中的组合体由耳板和圆筒组成。耳板前后两平面与左右一小一大两圆柱面光滑连接，即相切。在水平投影中，表现为直线和圆相切。在其正面和侧面投影中，相切处不画线，耳板上表面的投影只画至切点处，如图 4-4（b）所示。图 4-4（c）是在相切处画线的错误图例。

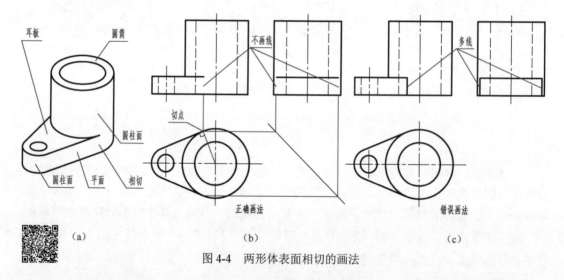

图 4-4　两形体表面相切的画法

（3）相交　图 4-5（a）中的组合体也是由耳板和圆筒组成，但耳板前后两平面平行，与右侧大圆柱面相交。在水平投影中，表现为直线和圆相交。在其正面和侧面投影中，相交处应画出交线，如图 4-5（b）所示。图 4-5（c）是在相交处漏画线的错误图例。

2. 切割型

如图 4-6（a）所示，组合体是由一个长方体经数个平面切割而形成的。画图时，可先画出完整长方体的三视图，再逐一画出被切部分的投影，即可得到切割型组合体的三视图，如图 4-6（b）所示。

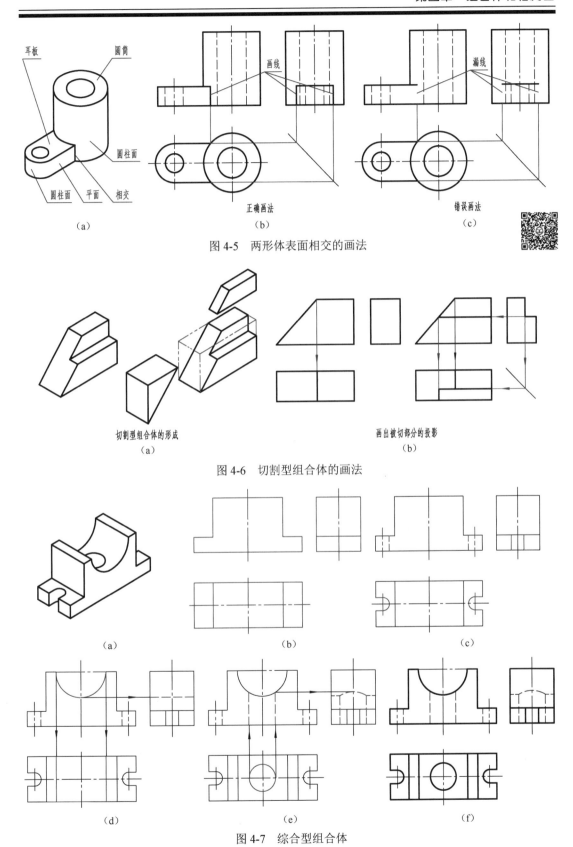

图 4-5　两形体表面相交的画法

图 4-6　切割型组合体的画法

图 4-7　综合型组合体

3．综合型

大部分组合体都是既有叠加又有切割，属综合型。画图时，一般可先画叠加各形体的投影，再画被切各形体的投影。如图 4-7（a）所示组合体，就是按底板、四棱柱叠加后，再切掉两个 U 形柱、半圆柱和一个小圆柱的顺序画出的，如图 4-7（b）～（f）所示。

第二节　组合体视图的画法

形体分析法是将复杂形体简单化的一种思维方法。画组合体视图，一般采用形体分析法，将组合体分解为若干基本形体，分析它们的相对位置和组合形式，逐个画出各基本形体的三视图。

一、形体分析

拿到组合体实物（或轴测图）后，首先应对它进行形体分析，要搞清楚它的前后、左右和上下等六个面的形状，并根据其结构特点，想一想大致可以分成几个组成部分？它们之间的相对位置关系如何？是什么样的组合形式？等等，为后面的画图工作做好准备。

图 4-8（a）所示为支架，按它的结构特点可分为底板、圆筒、肋板和支承板四个部分，如图 4-8（b）所示。底板、肋板和支承板之间的组合形式为叠加；支承板的左右两侧面和圆筒外表面相切；肋板和圆筒属于相贯，其相贯线为圆弧和直线。

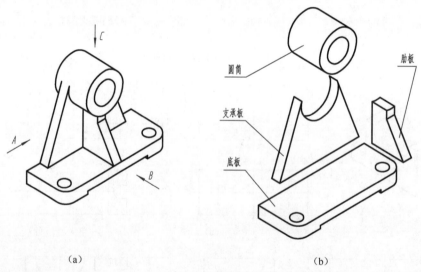

| （a） | （b） |

图 4-8　支架的形体分析

二、视图选择

（1）主视图的选择　主视图是表达组合体的一组视图中最主要的视图。通常要求主视图能较多地反映物体的形体特征，即反映各组成部分的形状特点和相互位置关系。

如图 4-8（a）所示，分别从 A、B、C 三个方向看去，可以得到的三组不同的三视图，如图 4-9 所示。经比较可很容易地看出，B 方向的三视图比较好，主视图能较多地反映支架各组成部分的形状特点和相互位置关系。

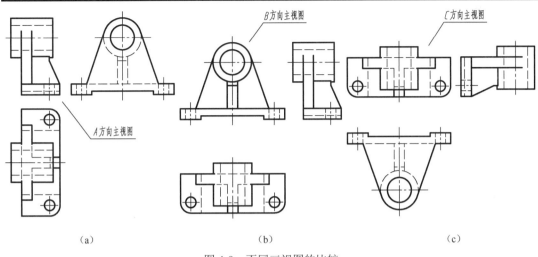

（a）　　　　　　　　　　　（b）　　　　　　　　　　　（c）

图 4-9　不同三视图的比较

（2）视图数量的确定　在组合体形状表达完整、清晰的前提下，其视图数量越少越好。支架的主视图按箭头方向确定后，还要画出俯视图，表达底板的形状和两孔的中心位置；画出左视图，表达肋板的形状。因此，要完整表达出该支架的形状，必须要画出主、俯、左三个视图。

三、画图的方法与步骤

支架的画图步骤如图 4-10 所示。

（1）选比例，定图幅　视图确定以后，便要根据组合体的大小和复杂程度，选定作图比例和图幅。应注意，所选的图纸幅面要比绘制视图所需的面积大一些，以便标注尺寸和画标题栏。

（2）布置视图　布图时，应将视图匀称地布置在幅面上，视图间的空档应保证能注全所需的尺寸，如图 4-10（a）所示。

（3）绘制底稿　为了迅速而正确地画出组合体的三视图，画底稿时，应注意以下两点：

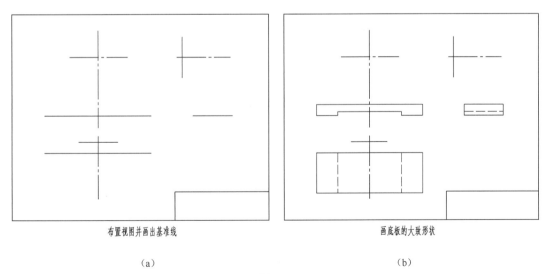

布置视图并画出基准线　　　　　　　　画底板的大致形状

（a）　　　　　　　　　　　　　　　　　（b）

图 4-10

51

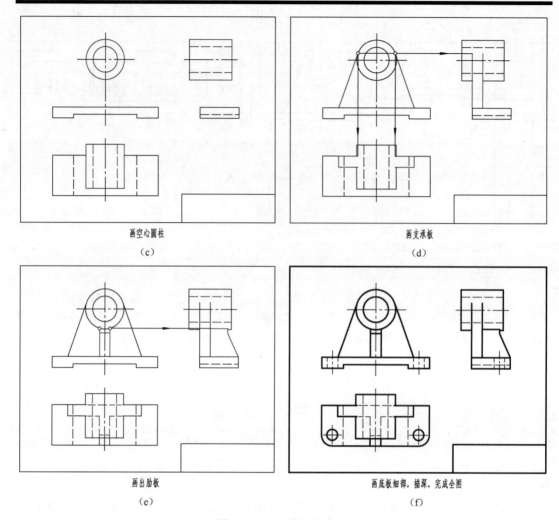

画空心圆柱
（c）

画支承板
（d）

画出肋板
（e）

画底板细部，描深，完成全图
（f）

图 4-10　支架的画图步骤

① 画图的先后顺序，一般应从形状特征明显的视图入手。先画主要部分，后画次要部分；先画可见部分，后画不可见部分；先画圆或圆弧，后画直线。

② 画图时，物体的每一组成部分，最好是三个视图配合着画，不要先把一个视图画完再画另一个视图，如图 4-10（b）、（c）、（d）、（e）所示。这样既可以提高绘图速度，又能避免多线、漏线。

（4）检查描深　底稿完成后，应认真进行检查：在三视图中依次核对各组成部分的投影对应关系正确与否；分析清楚相邻两形体衔接处的画法有无错误，是否多线、漏线；再以实物或轴测图与三视图对照，确认无误后，描深图线，完成全图，如图 4-10（f）所示。

第三节　组合体的尺寸注法

视图只能表达组合体的结构和形状，要表示它的大小，则需通过图中所标注的尺寸。组合体尺寸标注的基本要求是：正确、完整、清晰。正确是指所注尺寸符合国家标准的规定；完整是指所注尺寸既不遗漏，也不重复；清晰是指尺寸注写布局整齐、清楚，便于看图。

一、尺寸标注的基本要求

1．正确性

应确保尺寸数值正确无误，所注的尺寸（包括尺寸数字、符号、箭头、尺寸线和尺寸界线等）要符合国家标准的有关规定。

2．完整性

为了将尺寸注得完整，应先按形体分析法注出各基本形体的定形尺寸，再标注确定它们之间相对位置的定位尺寸，最后根据组合体的结构特点，注出总体尺寸。

（1）定形尺寸　确定组合体中各基本形体的形状和大小的尺寸，称为定形尺寸。

如图 4-11（a）所示，底板的定形尺寸有长 70、宽 40、高 12，圆孔直径 2× ϕ10，圆角半径 R10；立板的定形尺寸有长 32、宽 12、高 38，圆孔直径 ϕ16。

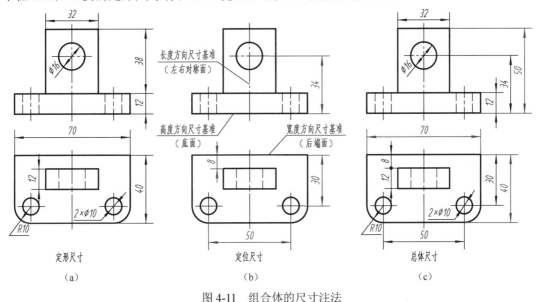

图 4-11　组合体的尺寸注法

提示：相同的圆孔要标注孔的数量（如 2× ϕ10），但相同的圆角不需标注数量。两者都不要重复标注。

（2）定位尺寸　确定组合体中各基本形体之间相对位置的尺寸，称为定位尺寸。

标注定位尺寸时，应先选择尺寸基准。尺寸基准是指标注或测量尺寸的起点。由于组合体具有长、宽、高三个方向的尺寸，每个方向都应有尺寸基准，以便从基准出发，确定基本形体在各方向上的相对位置。选择尺寸基准必须体现组合体的结构特点，并便于尺寸度量。通常以组合体的底面、端面、对称面、回转体轴线等作为尺寸基准。

如图 4-11（b）所示，组合体左右对称面为长度方向的尺寸基准，由此注出两圆孔的定位尺寸 50；后端面为宽度方向的尺寸基准，由此注出底板上圆孔的定位尺寸 30，立板与后端面的定位尺寸 8；底面为高度方向的尺寸基准，由此注出立板上圆孔与底面的定位尺寸 34。

（3）总体尺寸　确定组合体外形的总长、总宽、总高尺寸，称为总体尺寸。

如图 4-11（c）所示，该组合体总长和总宽尺寸即底板的长 70、宽 40，不再重复标注。总高尺寸 50 从高度方向的尺寸基准注出。总高尺寸标注之后，要去掉立板的高度尺寸 38，否则会出现多余尺寸。

> 提示：当组合体的一端或两端为回转体时，总体尺寸是不能直接注出的，否则会出现重复尺寸。如图4-12（a）所示组合体，其总长尺寸（76=52+R12×2）和总高尺寸（42=28+R14）是间接确定的，因此，图4-12（b）所示标注总长76、总高42是错误的。

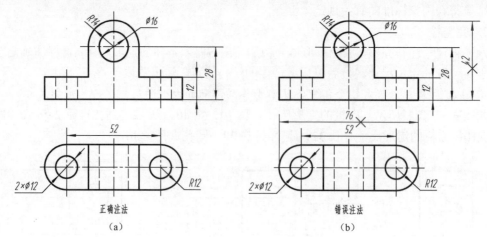

图 4-12　不注总体尺寸的情况

综上所述，定形尺寸、定位尺寸、总体尺寸可以相互转化。实际标注尺寸时，应认真分析，避免多注或漏注尺寸。

3．清晰性

尺寸标注除要求完整外，还要求标得清晰、明显，以方便看图。为此，标注尺寸时应注意以下几个问题：

① 定形尺寸尽可能标注在表示形体特征明显的视图上，定位尺寸尽可能标注在位置特征清楚的视图上。如图4-13（a）、（b）所示，将五棱柱的五边形尺寸标注在主视图上，比分开标注要好。如图4-13（c）所示，腰形板的俯视图形体特征明显，半径 R4、R7 等尺寸标注在俯视图上是正确的，而图4-13（d）的标注是错误的。如图4-11（b）所示，底板上两圆孔的定位尺寸 50、30 注在俯视图上，则两圆孔的相对位置比较明显。

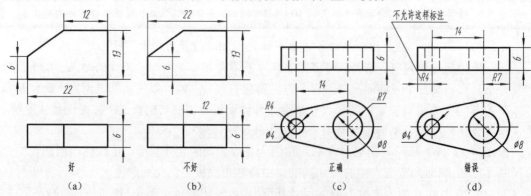

图 4-13　定形尺寸标注在形体特征明显的视图上

② 同一形体的尺寸应尽量集中标注。如图4-11（c）所示，底板的长度 70、宽度 40、两圆孔直径 2× ϕ10、圆角半径 R10、两圆孔定位尺寸 50、30 都集中注在俯视图上，便于看图时查找。圆柱开槽后表面产生截交线，其尺寸集中标注在主视图上比较好，如图4-14（a）

所示。两圆柱相交表面产生相贯线，其尺寸的正确注法如图 4-14（c）所示。相贯线本身不需标注尺寸，图 4-14（d）的注法是错误的。

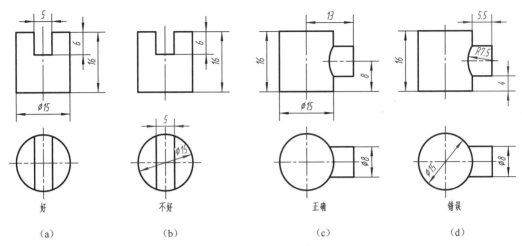

图 4-14　截断体和相贯体的尺寸注法

③ 带切口几何体的尺寸注法。对带切口的几何体，除标注基本几何体的尺寸外，还要注出确定截平面位置的尺寸。但要注意，由于几何体与截平面的相对位置确定后，切口的交线即完全确定，因此，不应在切口的交线上标注尺寸。图 4-15 中画"×"的红色尺寸为多余尺寸。

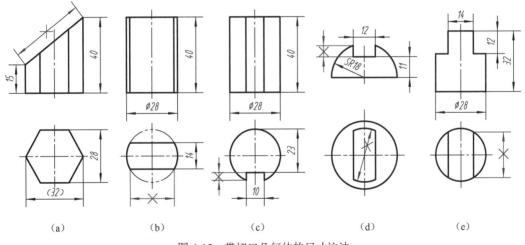

图 4-15　带切口几何体的尺寸注法

④ 直径尺寸尽量注在投影为非圆的视图上，圆弧的半径应注在投影为圆的视图上。尺寸尽量不注在细虚线上。如图 4-16（a）所示，圆的直径 $\phi20$、$\phi30$ 注在主视图上是正确的，注在左视图上是错误的。而 $\phi14$ 注在左视图上是为了避免在细虚线上标注尺寸。$R20$ 只能注在投影为圆的左视图上，而不允许注在主视图上。

⑤ 平行排列的尺寸应将较小尺寸注在里面（靠近视图），大尺寸注在外面。如图 4-16（a）所示，12、16 两个尺寸应注在 42 的里面，注在 42 的外面是错误的，如图 4-16（b）所示。

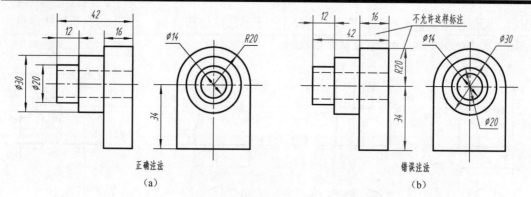

图 4-16 直径与半径、大尺寸与小尺寸的注法

⑥ 尺寸应尽量注在视图外边，相邻视图的相关尺寸最好注在两个视图之间，避免尺寸线、尺寸界线与轮廓线相交，如图 4-17（a）所示。图 4-17（b）所示的尺寸注法不够清晰。

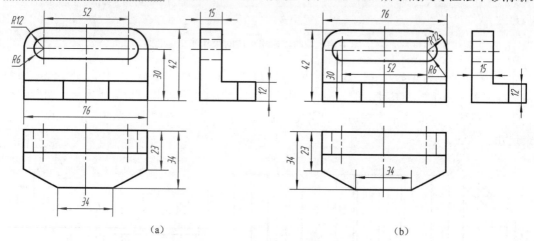

图 4-17 尺寸注法的清晰性

二、常见结构的尺寸注法

组合体常见结构的尺寸注法如图 4-18 所示。

三、组合体的标注示例

组合体是由一些基本形体按一定的连接关系组合而成的。因此，在标注组合体的尺寸时，首先应按形体分析法将组合体分解为若干部分，逐个注出各部分的尺寸和各部分之间的定位尺寸，以及组合体长、宽、高三个方向的总体尺寸。

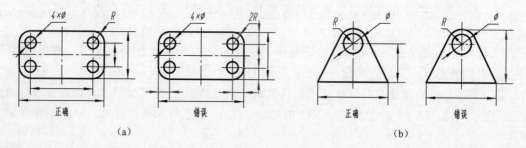

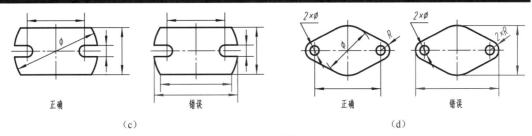

图 4-18 组合体常见结构的尺寸注法

【例 4-1】 标注图 4-19（a）所示轴承座的尺寸。

分析

根据轴承座的结构特点，将轴承座分解成底板、圆筒、支承板和肋板四部分，如图 4-19（b）所示。

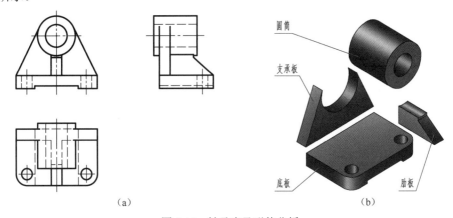

图 4-19 轴承座及形体分析

标注

① 逐个注出各组成部分的尺寸。标注尺寸时，分别注出底板、圆筒、支承板、肋板的尺寸，如图 4-20（a）所示。

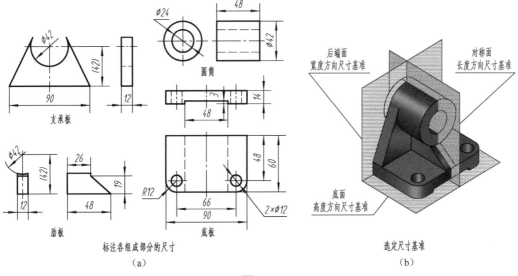

图 4-20

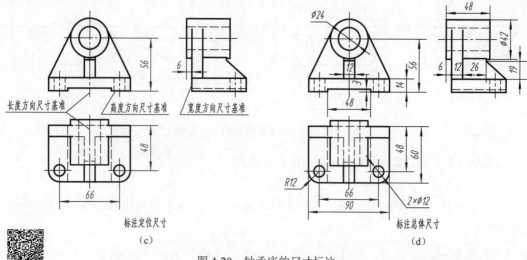

图 4-20　轴承座的尺寸标注

② 选定尺寸基准，标注定位尺寸。由轴承座的结构特点可知，底板的底面是轴承座的安装面，底面可作为高度方向的尺寸基准；轴承座左右对称，其对称面可作为长度方向的尺寸基准；底板和支承板的后端面可作为宽度方向的尺寸基准，如图 4-20（b）所示。

尺寸基准选定后，按各部分的相对位置，标注它们的定位尺寸。圆筒与底板上下方向的相对位置，需标注圆筒轴线到底板底面的中心距 56；圆筒与底板前后方向的相对位置，需标注圆筒后端面与支承板后端面定位尺寸 6；由于轴承座左右对称，长度方向的定位尺寸可以省略不注；标注底板上两个圆孔的定位尺寸 66、48，如图 4-20（c）所示。

③ 标注总体尺寸。如图 4-20（d）所示，底板的长度 90 是轴承座的总长（与定形尺寸重合，不另行注出）；总宽由底板宽度 60 和圆筒在支承板后面伸出的长度 6 所确定；总高由圆筒的定位尺寸 56 加上圆筒外径 $\phi42$ 的 1/2 所确定。

按上述步骤注出尺寸后，还要按形体逐个检查有无重复或遗漏，进行修正和调整。

第四节　看组合体视图的方法

画图，是将物体用正投影法表示在二维平面上；看图，则是依据视图，通过投影分析想象出物体的形状，是通过二维图形建立三维物体的过程。画图与看图是相辅相成的，看图是画图的逆过程。"照物画图"与"依图想物"相比，后者的难度要大一些。为了能够正确而迅速地看懂组合体视图，必须掌握看图的基本要领和基本方法，通过反复实践，不断培养空间思维能力，提高看图水平。

一、看图的基本要领

1. 将几个视图联系起来看

一个视图可以表示出形状不同的多个物体，所以一个视图不能确定物体的形状。有时两个视图，也无法确定物体的形状。如图 4-21 中的主、俯两视图，它们也可表示出多种不同形状的物体。由此可见，看图时，必须把所给的视图联系起来看，才能想象出物体的确切形状。

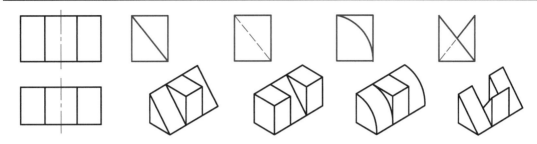

图 4-21　两个视图不能确切表示物体的形状

2. 搞清视图中图线和线框的含义

视图是由一个个封闭线框组成的，而线框又是由图线构成的。因此，弄清图线及线框的含义，是十分必要的。通过对图 4-22 所示组合体视图进行分析，视图中图线和线框的含义如下：

图线的含义

① 有积聚性的面的投影。

② 面与面的交线（棱边线）。

③ 曲面的转向轮廓线。

线框的含义

① 一个封闭的线框，表示物体的一个面，可能是平面、曲面、组合面或孔洞。

② 相邻的两个封闭线框，表示物体上位置不同的两个面。由于不同线框代表不同的面，它们表示的面有前、后、左、右、上、下的相对位置关系，可以通过这些线框在其他视图中的对应投影来加以判断。

③ 一个大封闭线框内所包含的各个小线框，表示在大平面体（或曲面体）上凸出或凹下各个小平面体（或曲面体）。

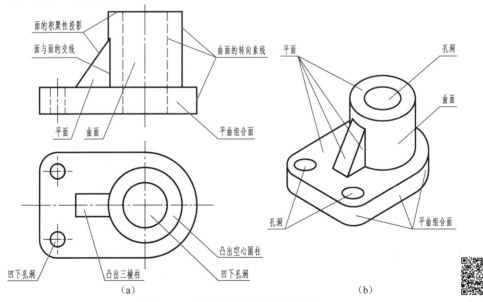

（a）　　　　　　　　　　　　　　　　　（b）

图 4-22　视图中图线与线框的分析

二、看图的方法和步骤

对组合体进行形体分析是看图的主要方法。只有将复杂的图形分解出几个简单图形来，看懂简单图形的形状并加以综合，才能达到看懂复杂图形的目的。看图的步骤如下：

（1）抓住特征分部分　所谓特征，是指物体的形状特征和位置特征。

① 形状特征明显的视图。图 4-23（a）为底板的三视图，假如只看俯、左两视图，那么除了板厚以外，其他形状就很难分析了；如果将主、俯视图配合起来看，即使不要左视图，也能想象出它的全貌。显然，主视图是反映该物体形状特征最明显的视图。用同样的分析方法可知，图 4-23（b）中的俯视图、图 4-23（c）中的左视图是形状特征最明显的视图。

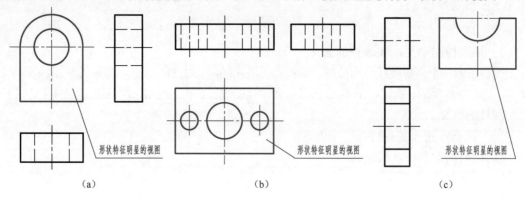

图 4-23　形状特征明显的视图

② 位置特征明显的视图。在图 4-24（a）中，如果只看主、俯视图，圆线框和矩形线框两个形体哪个凸出？哪个凹进？无法确定。因为这两个线框既可以表示图 4-24（b）所示的情况，也可以表示图 4-24（c）所示的情况。但如果将主、左视图配合起来看，则不仅形状容易想清楚，而且圆线框凸出、矩形线框凹进也确定了，即只是图 4-24（c）所示的一种情况。显然，左视图是位置特征最明显的视图。

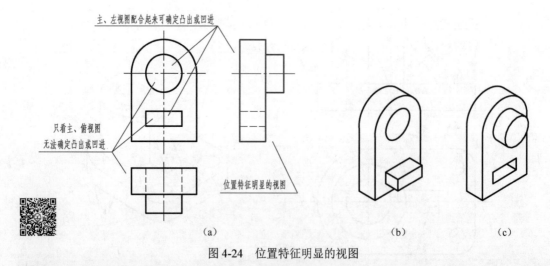

图 4-24　位置特征明显的视图

> 提示：组合体上每一组成部分的特征，并非总是全部集中在一个视图上。因此，在分部分时，无论哪个视图（一般以主视图为主），只要形状、位置特征有明显之处，就应从该视图入手，这样就能较快地将其分解成若干个组成部分。

（2）对准投影想形状　依据"三等"规律，从反映特征部分的线框（一般表示该部分形体）出发，分别在其他两视图上对准投影，并想象出它们的形状。

（3）综合起来想整体 想出各组成部分形状之后，再根据整体三视图，分析它们之间的相对位置和组合形式，进而综合想象出该组合体的整体形状。

【例4-2】 看懂图4-25（a）所示轴承座的三视图。

看图步骤如下：

第一步：抓住特征分部分

通过形体分析可知，主视图较明显地反映出Ⅰ（座体）、Ⅱ（肋板）两形体的特征，而左视图则较明显地反映出形体Ⅲ（底板）的特征。据此，该轴承座可大体分为三部分，如图4-25（a）所示。

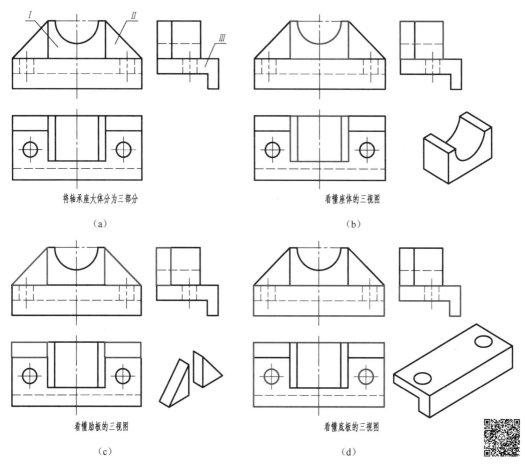

将轴承座大体分为三部分

（a）

看懂座体的三视图

（b）

看懂肋板的三视图

（c）

看懂底板的三视图

（d）

图4-25 轴承座的看图步骤

第二步：对准投影想形状

形体Ⅰ（座体）、Ⅱ（肋板）从主视图出发，形体Ⅲ（底板）从左视图出发，依据"三等"规律，分别在其他两视图上找出对应投影（如图中的红色轮廓线所示），并想出它们的形状，如图4-25（b）、（c）、（d）中的轴测图所示。

第三步：综合起来想整体

座体Ⅰ在底板Ⅲ的上面，两形体的对称面重合且后面靠齐；肋板Ⅱ在座体Ⅰ的左、右两侧，且与其相接，后面靠齐。综合想象出物体的整体形状，如图4-26所示。

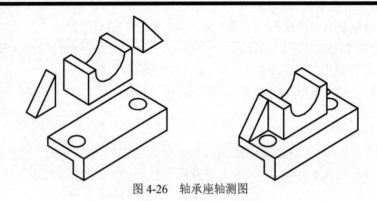

图 4-26 轴承座轴测图

三、由已知两视图补画第三视图（简称二求三）

由已知两视图补画第三视图是训练看图能力，培养空间想象力的重要手段。补画视图，实际上是看图和画图的综合练习，一般按以下两步进行：

① 根据已给的视图按前述方法将图看懂，并想象出物体的形状。

② 在想象出形状的基础上再进行作图。作图时，应根据已知的两个视图，按各组成部分逐个画出第三视图，进而完成整个物体的第三视图。

【例 4-3】 根据图 4-27（a）所示的主、俯两视图，补画左视图。

分析

根据已知的两视图，可以看出该物体是由底板、前半圆板和后立板叠加起来后，在后面切去一个上下通槽、钻一个前后通孔而形成的。

作图

按形体分析法，依次画出底板、后立板、前半圆板和通槽、通孔等细节，如图 4-27（b）、（c）、（d）、（e）、（f）所示。

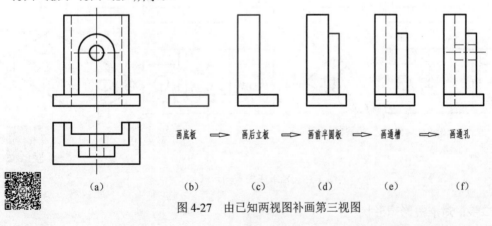

画底板 ⇒ 画后立板 ⇒ 画前半圆板 ⇒ 画通槽 ⇒ 画通孔

（a）   （b）   （c）   （d）   （e）   （f）

图 4-27 由已知两视图补画第三视图

【例 4-4】 根据图 4-28（a）所示机座的两视图，补画左视图。

分析

看懂机座的主视图和俯视图，想象出它的形状。从主视图着手，按主视图上的封闭粗实线线框，可将机座大致分成三部分，即底板、圆柱体、右端与圆柱面相交的厚肋板。

再进一步分析细节，如主视图的细虚线和俯视图的细虚线表示什么？通过逐个对投影的方法知道，主视图右边的细虚线表示直径不同的阶梯圆柱孔，左边的细虚线表示一个长方形槽和上下挖通的缺口。

在形体分析的基础上，根据三部分在俯视图上的对应投影，综合想象出机座的整体形状，如图 4-28（b）所示。

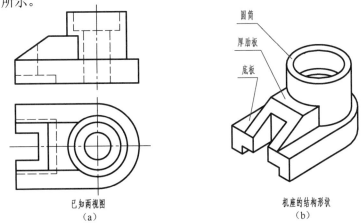

已知两视图
（a）

机座的结构形状
（b）

图 4-28　机座的视图分析

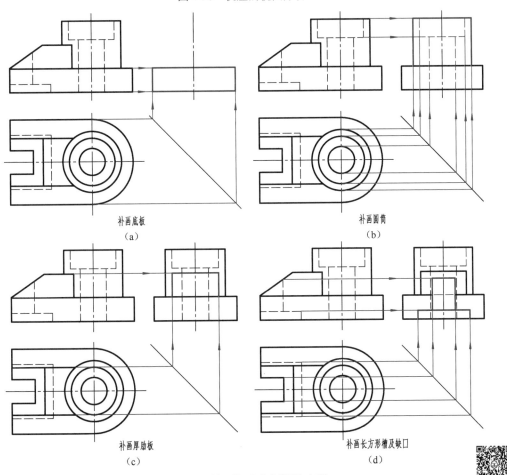

补画底板
（a）

补画圆筒
（b）

补画厚肋板
（c）

补画长方形槽及缺口
（d）

图 4-29　补画机座左视图的步骤

作图

① 按形体分析法，先补画出底板的左视图，如图 4-29（a）所示。

② 在底板的上方补画出圆筒（含阶梯孔）的左视图，如图 4-29（b）所示。

③ 补画出厚肋板的左视图，如图 4-29（c）所示。

④ 最后补画出上、下挖通的缺口等细节，完成机座的左视图，如图 4-29（d）所示。

由此可知，看懂已知的两视图，想象出组合体的形状，是补画第三视图的必备条件。所以看图和画图是密切相关的。在整个看图过程中，一般是以形体分析法为主，边分析、边作图、边想象。这样就能较快地看懂组合体的视图，想出其整体形状，正确地补画出第三视图。

四、补画视图中的漏线

补漏线就是在给出的三视图中，补画缺漏的图线。首先，运用形体分析法，看懂三视图所表达的组合体形状，然后细心检查组合体中各组成部分的投影是否有漏线，最后补画缺漏的图线。

【例 4-5】 补画图 4-30（a）所示组合体三视图中缺漏的图线。

分析

通过投影分析可知，三视图所表达的组合体由圆柱体和座板叠加而成，两组成部分分界处的表面是相切的，如图 4-30（b）中轴测图所示。

作图

对照各组成部分在三视图中的投影，发现在主视图中相切处（座板最前面）缺少一条粗实线；在左视图缺少座板顶面的投影（一条细虚线）。将它们逐一补上，如图 4-30（c）中的红色线所示。

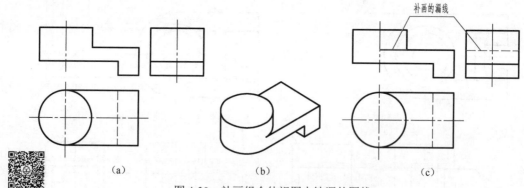

图 4-30　补画组合体视图中缺漏的图线

第五节　轴　测　图

在工程图样中，主要是用视图来表达物体的形状和大小。由于视图是按正投影法绘制的，每个视图只能反映物体二维空间大小，所以缺乏立体感。轴测图是一种能同时反映物体三个方向形状的单面投影图，具有较强的立体感。但轴测图度量性差，作图复杂，在工程上只作为辅助图样。

一、轴测图的基本知识

1. 轴测图的形成

将物体连同其参考直角坐标体系，沿不平行于任一坐标面的方向，用平行投影法将其投射在单一投影面上所得到的图形，称为轴测投影，亦称轴测图。

图 4-31（a）表示物体在空间的投射情况，投影面 P 称为轴测投影面，其投影放正之后，即为常见的正等轴测图。由于这样的图形能同时反映出物体长、宽、高三个方向的形状，所以具有立体感。

2．术语和定义（GB/T 4458.3－2013）

（1）轴测轴　空间直角坐标轴在轴测投影面上的投影称为轴测轴，如图 4-31（b）中的 OX 轴、OY 轴、OZ 轴。

（2）轴间角　在轴测图中，两根轴测轴之间的夹角，称为轴间角，如图 4-31（b）中的 $\angle XOY$、$\angle YOZ$、$\angle XOZ$。

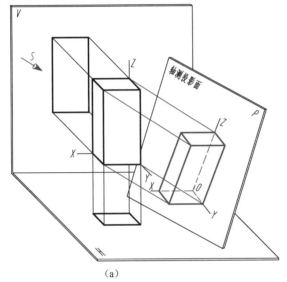
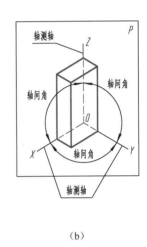

（a）　　　　　　　　　　　　　　　　　　　（b）

图 4-31　轴测图的获得

（3）轴向伸缩系数　轴测轴上的单位长度与相应投影轴上单位长度的比值，称为轴向伸缩系数。不同的轴测图，其轴向伸缩系数不同，如图 4-32 所示。

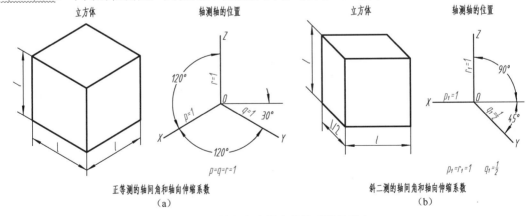

图 4-32　轴间角和轴向伸缩系数的规定

二、一般规定

理论上轴测图可以有许多种，但从作图简便等因素考虑，一般采用以下两种。

1．正等轴测投影（正等轴测图）

用正投影法得到的轴测投影，称为正轴测投影。三个轴向伸缩系数均相等的正轴测投影，称为正等轴测投影，简称正等测。此时三个轴间角相等。绘制正等测轴测图时，其轴间角和轴向伸缩系数 p、q、r，按图 4-32（a）中的规定绘制。

2．斜二等轴测投影（斜二等轴测图）

轴测投影面平行于一个坐标平面，且平行于坐标平面的那两个轴的轴向伸缩系数相等的斜轴测投影，称为斜二等轴测投影，简称斜二测。绘制斜二测轴测图时，其轴间角和轴向伸缩系数 p_1、q_1、r_1，按图 4-32（b）中的规定绘制。

3．轴测图的投影特性

① 物体上与坐标轴平行的线段，在轴测图中平行于相应的轴测轴。

② 物体上相互平行的线段，在轴测图中也相互平行。

三、正等轴测图

1．正等测轴测轴的画法

在绘制正等测轴测图时，先要准确地画出轴测轴，然后才能根据轴测图的投影特性，画出轴测图。如图 4-31（b）所示，正等测中的轴间角相等，均为 120°。绘图时，可利用丁字尺和 30°三角板配合，准确地画出轴测轴，如图 4-33 所示。

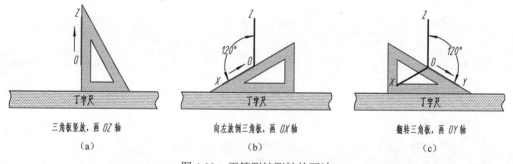

三角板竖放，画 OZ 轴 （a） 　　　 向左放倒三角板，画 OX 轴 （b） 　　　 翻转三角板，画 OY 轴 （c）

图 4-33　正等测轴测轴的画法

2．平面立体的正等测画法

画轴测图时，应用粗实线画出物体的可见轮廓。一般情况下，在轴测图中表示不可见轮廓的细虚线省略不画。必要时，用细虚线画出物体的不可见轮廓。

绘制轴测图的常用方法是坐标法。作图时，首先定出空间直角坐标系，画出轴测轴；再按立体表面上各顶点或线段的端点坐标，画出其轴测图；最后分别连线，完成整个轴测图。为简化作图步骤，要充分利用轴测图平行性的投影特性。

【例 4-6】　根据图 4-34（a）所示正六棱柱的两视图，画出其正等测。

分析

由于正六棱柱前后、左右对称，故选择顶面的中点作为坐标原点，棱柱的轴线作为 Z 轴，顶面的两条对称中心线作为 X、Y 轴，如图 4-34（a）所示。用坐标法从顶面开始作图，可直接作出顶面六边形各顶点的坐标。

作图

① 画出轴测轴，定出Ⅰ、Ⅱ、Ⅲ、Ⅳ点；通过Ⅰ、Ⅱ点，作 X 轴的平行线，如图 4-34（b）

所示。

②在过Ⅰ、Ⅱ点的平行线上，确定 m、n 点，连接各顶点得到六边形的正等测，如 4-34（c）所示。

③过六边形的各顶点，向下作 Z 轴的平行线，并在其上截取高度 h，画出底面上可见的各条边，如图 4-34（d）所示。

④擦去作图线并描深，完成正六棱柱的正等测，如图 4-34（e）所示。

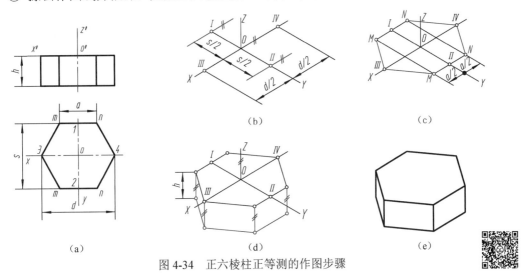

图 4-34　正六棱柱正等测的作图步骤

3．曲面立体的正等测画法

【例 4-7】　已知圆的直径为 $\phi24$，圆平面与水平面平行（即椭圆长轴垂直 Z 轴），用六点共圆法画出圆的正等测。

作图

①画出轴测轴 X、Y、Z 以及椭圆长轴，如图 4-35（a）所示。

②以 O 为圆心、$R12$ 为半径画圆，与 X、Y、Z 相交，得 A、B、C、D、1、2 六点，如图 4-35（b）所示。

③连接 $A2$ 和 $D2$，与椭圆长轴交于点 3、点 4，如图 4-35（c）所示。

④分别以点 2、点 1 为圆心、R（$A2$）为半径画大圆弧；再分别以点 3、点 4 为圆心、r（$D4$）为半径画小圆弧。四段相切于 A、B、C、D 四点，如图 4-35（d）所示。

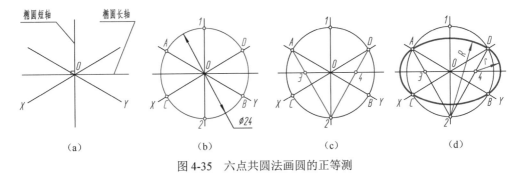

图 4-35　六点共圆法画圆的正等测

【例 4-8】　根据图 4-36（a）所示圆柱的视图，画出圆柱的正等测。

分析

圆柱轴线垂直于水平面，其上、下底两个圆与水平面平行（即椭圆长轴垂直 Z 轴）且大小相等。可根据其直径 d 和高度 h 作出两个大小完全相同、中心距为 h 的两个椭圆，然后作两个椭圆的公切线即成。

作图

① 采用六点共圆法，画出上底圆的正等测，如图 4-36（b）所示。

② 向下量取圆柱的高度 h，画出下底圆的正等测，如图 4-36（c）所示。

③ 分别作出两椭圆的公切线，如图 4-36（d）所示。

④ 擦去作图线并描深，完成圆柱的正等测，如图 4-36（e）所示。

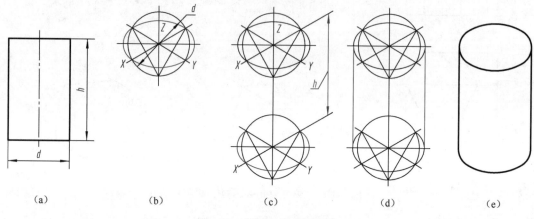

（a）　　　　　（b）　　　　　（c）　　　　　（d）　　　　　（e）

图 4-36　圆柱的正等测画法

【例 4-9】　根据图 4-37（a）所示带圆角平板的两视图，画出其正等测。

分析

平行于坐标面的圆角，实质上是平行于坐标面的圆的一部分。因此，其轴测图是椭圆的一部分。特别是常见的 1/4 圆周的圆角，其正等测恰好是近似椭圆的四段圆弧中的一段。

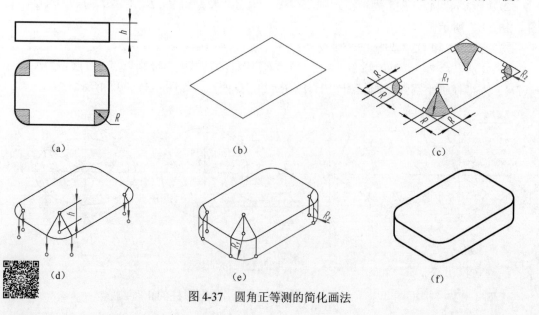

（a）　　　　　　　　　　（b）　　　　　　　　　　（c）

（d）　　　　　　　　　　（e）　　　　　　　　　　（f）

图 4-37　圆角正等测的简化画法

作图

① 首先画出平板上面（矩形）的正等测，如图 4-37（b）所示。

② 沿棱线分别量取 R，确定圆弧与棱线的切点；过切点作棱线的垂线，垂线与垂线的交点即为圆心，圆心到切点的距离即连接弧半径 R_1 和 R_2；分别画出连接弧，如图 4-37（c）所示。

③ 分别将圆心和切点向下平移 h（板厚），如图 4-37（d）所示。

④ 画出平板下面（矩形）和相应圆弧的正等测，作出左右两段小圆弧的公切线，如图 4-37（e）所示。

⑤ 擦去作图线并描深，完成带圆角平板的正等测，如图 4-37（f）所示。

4. 组合体的正等测画法

画组合体轴测图的基本方法是叠加法和切割法，有时也可两种方法并用。

（1）**叠加法**　叠加法就是先将组合体分解成若干基本形体，再按其相对位置逐个画出各基本形体的正等测，然后完成整体的正等测。

【例 4-10】　根据组合体三视图，作其正等测（图 4-38）。

分析

该组合体由底板、立板及一个三角形肋板叠加而成。画其正等测时，可采用叠加法，依次画出底板、立板及三角形肋板。

作图

① 首先在组合体三视图中确定坐标轴，画出轴测轴，如图 4-38（a）、（b）所示。

② 画出底板的正等测，如图 4-38（c）所示。

③ 在底板上添画立板的正等测，如图 4-38（d）所示。

④ 在底板之上、立板的前面添画三角形肋板的正等测，如图 4-38（e）所示。

⑤ 擦去多余图线并描深，完成组合体的正等测，如图 4-38（f）所示。

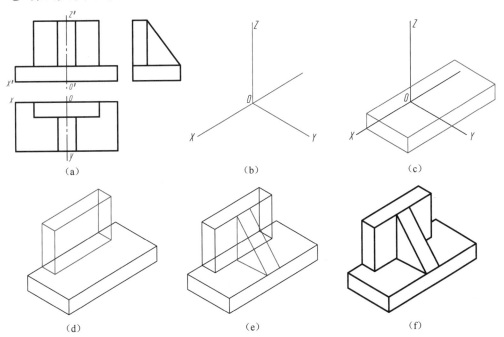

图 4-38　用叠加法画组合体的正等测

（2）切割法　切割法就是先画出完整的几何体的正等测（通常为方箱），再按其结构特点逐个切去多余部分，然后完成切割后组合体的正等测。

【例 4-11】　根据图 4-39（a）所示组合体三视图，用切割法画出其正等测。

分析

组合体是由一长方体经过多次切割而形成的。画其轴测图时，可用切割法，即先画出整体（方箱），在方箱基础上，再逐步截切而成。

作图

① 先画出轴测轴，再画出长方体（方箱）的正等测，如图 4-39（b）、（c）所示。

② 在长方体的基础上，切去左上角，如图 4-39（d）所示。

③ 在左下方切出方形槽，如图 4-39（e）所示。

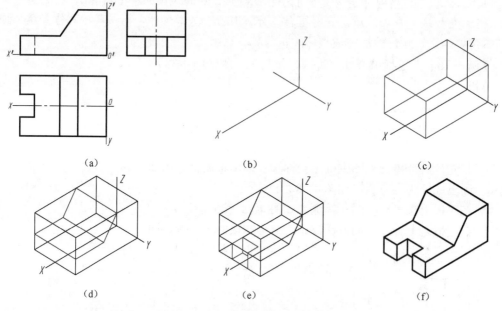

|（a）|（b）|（c）|
|（d）|（e）|（f）|

图 4-39　用切割法画组合体的正等测

④ 去掉多余图线后描深，完成组合体的正等测，如图 4-39（f）所示。

四、斜二等轴测图

1. 斜二等轴测图的形成

在确定物体的直角坐标系时，使 X 轴和 Z 轴平行轴测投影面 P，用斜投影法将物体连同其直角坐标轴一起向 P 面投射，所得到的轴测图称为斜二等轴测图，简称斜二测，如图 4-40 所示。

2. 斜二测的轴间角和轴向伸缩系数

由于 XOZ 坐标面与轴测投影面平行，X、Z 轴的轴向伸缩系数相等，即 $p_1=r_1=1$，轴间角 $\angle XOZ=90°$。为了便于绘图，国家标准 GB/T 4458.3－2013《机械制图　轴测图》规定：选取 Y 轴的轴向伸缩系数 $q_1=1/2$，轴间角 $\angle XOY=\angle YOZ=135°$，如图 4-41（a）所示。随着投射方向的不同，$Y$ 轴的方向可以任意选定，如图 4-41（b）所示。只有按照这些规定绘制出来的斜轴测图，才能称为斜二等轴测图。

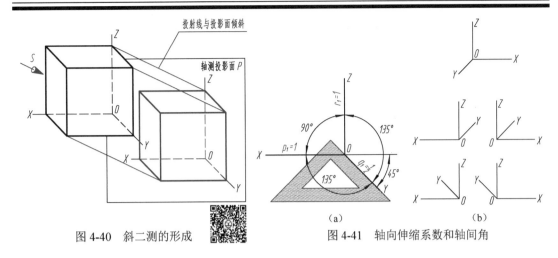

图 4-40　斜二测的形成

图 4-41　轴向伸缩系数和轴间角

3．斜二测的投影特性

斜二测的投影特性是：<u>物体上凡平行于 *XOZ* 坐标面的表面，其轴测投影反映实形</u>。利用这一特点，在绘制单方向形状较复杂的物体（主要是出现较多的圆）的斜二测时，比较简便易画。

4．斜二测的画法

斜二测的具体画法与正等测的画法相似，但它们的轴间角及轴向伸缩系数均不同。由于斜二测中 *Y* 轴的轴向伸缩系数 $q_1=1/2$，所以在画斜二测时，沿 *Y* 轴方向的长度应取物体上相应长度的一半。

【例 4-12】　根据图 4-42（a）所示立方体的三视图，画出其斜二测。

分析

立方体的所有棱线，均平行于相应的投影轴，画其斜二测时，*Y* 轴方向的长度应取相应长度的一半。

作图

① 首先在视图上确定原点和坐标轴，画出 *XOY* 坐标面的轴测图（与主视图相同），如图 4-42（b）所示。

② 沿 *Y* 轴向前量取 *L*/2 画出前面，连接前后两个面，完成立方体的斜二测，如图 4-42（c）所示。

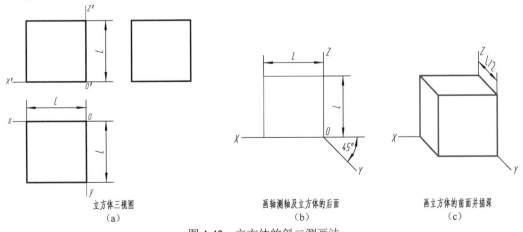

立方体三视图
（a）

画轴测轴及立方体的后面
（b）

画立方体的前面并描深
（c）

图 4-42　立方体的斜二测画法

【例 4-13】 根据图 4-43（a）所示支架的两视图，画出其斜二测。

分析

支架表面上的圆（半圆）均平行于正面。确定直角坐标系时，使坐标轴 Y 与圆孔轴线重合，坐标原点与前表面圆的中心重合，使坐标面 XOZ 与正面平行，选择正面作轴测投影面，如图 4-43（a）所示。这样，物体上的圆和半圆，其轴测图均反映实形，作图比较简便。

作图

① 首先在视图上确定原点和坐标轴，画出 XOY 坐标面的轴测图（与主视图相同），如图 4-43（b）所示。

② 沿 Y 轴向后量取 $L/2$ 画出后面，连接前后两个面，如图 4-43（c）、（d）所示。

③ 去掉多余图线后描深，完成支架的斜二测，如图 4-43（e）所示。

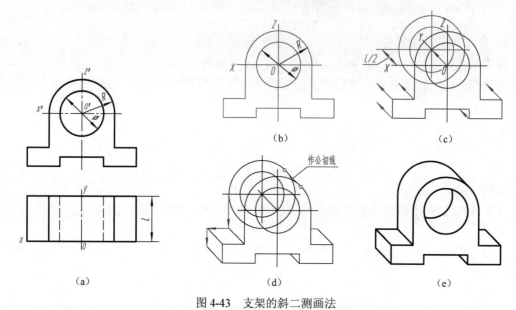

图 4-43　支架的斜二测画法

第五章　图样的基本表示法

素养提升

第一节　视　图

根据有关标准和规定，用正投影法所绘制出物体的图形，称为视图。视图主要用于表达物体的可见部分，必要时才画出其不可见部分。

一、基本视图（GB/T 13361－2012、GB/T 17451－1998）

将物体向基本投影面投射所得的视图，称为基本视图。

当物体的构形复杂时，为了完整、清晰地表达物体各方面的形状，国家标准规定，在原有三个投影面的基础上，再增设三个投影面，组成一个正六面体，如图5-1（a）所示。六面体的六个面称为基本投影面。将物体置于六面体中，分别向六个基本投影面投射，即得到六个基本视图（通常用大写字母 A、B、C、D、E、F 表示）。

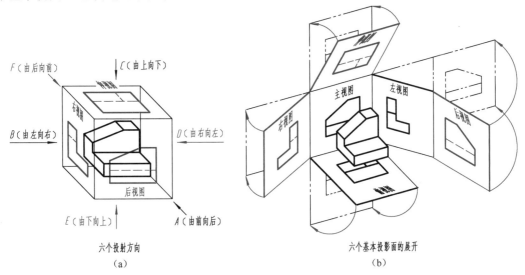

六个投射方向
（a）

六个基本投影面的展开
（b）

图 5-1　基本视图

主视图（或称 A 视图）——由前向后投射所得的视图。

左视图（或称 B 视图）——由左向右投射所得的视图。

俯视图（或称 C 视图）——由上向下投射所得的视图。

右视图（或称 D 视图）——由右向左投射所得的视图。

仰视图（或称 E 视图）——由下向上投射所得的视图。

后视图（或称 F 视图）——由后向前投射所得的视图。

六个基本投影面展开的方法如图5-1（b）所示，即正面保持不动，其他投影面按箭头所示方向旋转到与正面共处在同一平面。

六个基本视图在同一张图样内按图5-2 配置时，各视图一律不注图名。六个基本视图仍符合"长对正、高平齐、宽相等"的投影规律。除后视图外，其他视图靠近主视图的一边是物体的后面，远离主视图的一边是物体的前面。

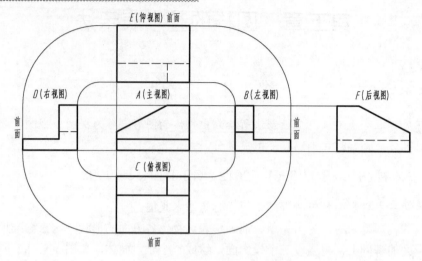

图 5-2　六个基本视图的配置

> 提示：在绘制工程图样时，一般并不需要将物体的六个基本视图全部画出，而是根据物体的结构特点和复杂程度，选择适当的基本视图。优先采用主、左、俯视图。

二、向视图（GB/T 17451－1998）

向视图是可以自由配置的基本视图。

在实际绘图过程中，有时难以将六个基本视图按图 5-2 的形式配置，此时如采用向视图的形式配置，即可使问题得到解决。如图 5-3 所示，在向视图的上方标注"×"（×为大写拉丁字母），在相应的视图附近，用箭头指明投射方向，并标注相同的字母。

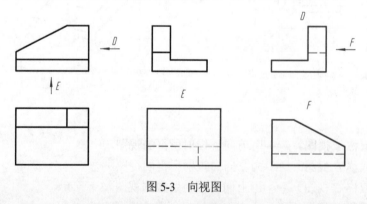

图 5-3　向视图

> 提示：向视图是基本视图的一种表达形式，它们的主要区别在于视图的配置形式不同。

三、局部视图（GB/T 17451－1998、GB/T 4458.1－2002）

将物体的某一部分向基本投影面投射所得的视图，称为局部视图。

如图 5-4（a）所示，组合体左侧有一凸台。在主、俯视图中，圆筒和底板的结构已表达清楚，唯有凸台未表达清楚，如图 5-4（b）所示。若画出完整的左视图，虽然可以将凸台结构表达清楚，但大部分结构与主视图重复，如图 5-4（e）所示。此时采用 A 向局部视图，只画出凸台部分的结构，省略大部分左视图，可使图形重点更突出、表达更清晰。

局部视图可按基本视图的位置配置，如图 5-4（c）所示；也可按向视图的配置形式配置并标注，如图 5-4（d）所示；在局部视图上方标出视图的名称"×"（大写拉丁字母），在相应的视图附近用箭头指明投射方向，并注上同样的字母，如图 5-4（b）、（c）、（d）所示。

局部视图的断裂边界通常以波浪线（或双折线）表示，如图 5-4（c）、（d）所示。国家标准还规定，<u>当所表示的局部结构是完整的，且外轮廓又封闭时，波浪线可省略不画</u>。如图 5-4（a）所示，组合体的左部凸台下端与底板融为一体，并非整体外凸，5-4（c）中<u>下端的横线实际上是底板上表面的投影，凸台的投影并未自成封闭状。在这种情况下，必须画出底部的断裂边界线</u>，图 5-4（d）所示是其错误画法和正确画法的对比。

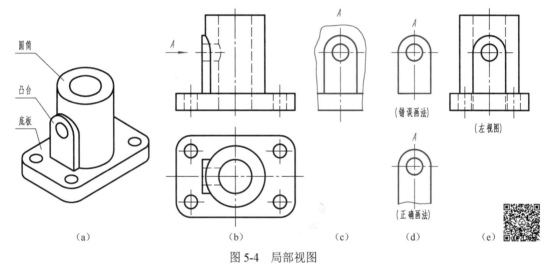

图 5-4　局部视图

当局部视图按基本视图的形式配置，中间又无其他图形隔开时，可省略标注，如图 5-7（b）中的俯视图。局部视图也可按向视图的配置形式配置并标注，如图 5-4（d）所示。

为了节省绘图时间和图幅，对称物体的视图也可按局部视图绘制，即只画 1/2 或 1/4，并在对称线的两端画出对称符号（即两条与对称线垂直的平行细实线），如图 5-5 所示。

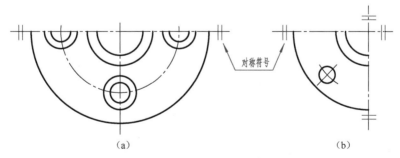

图 5-5　对称物体的画法

四、斜视图（GB/T 17451－1998）

将物体向不平行于基本投影面的平面投射所得的视图，称为斜视图。斜视图通常用于表达物体上的倾斜部分。

如图 5-6 所示，物体左侧部分与基本投影面倾斜，其基本视图不反映实形。为此增设一个与倾斜部分平行的辅助投影面 P（P 面垂直于 V 面），将倾斜部分向 P 面投射，得到反映该部分实形的视图，即斜视图。

斜视图一般只画出倾斜部分的局部形状，其断裂边界用波浪线表示，并通常按向视图的配置形式配置并标注，如图 5-7（a）中的 A 图。

必要时，允许将斜视图旋转配置。此时，表示该视图名称的大写拉丁字母，要靠近旋转符号的箭头端；也允许将旋转角度标注在字母之后，如图 5-7（b）中的 "$\frown A45°$"。旋转符号的箭头指向，应与实际旋转方向一致。旋转符号是一个半圆，其半径等于字体高度 h。

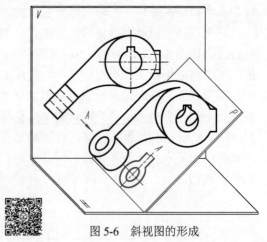

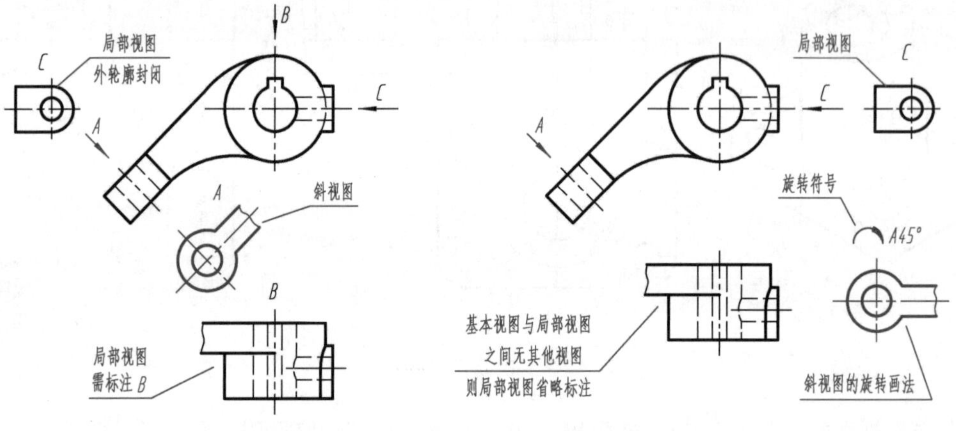

图 5-6 斜视图的形成

图 5-7 局部视图与斜视图的配置

（a）　　　　　　　　　　（b）

第二节 剖 视 图

当物体的内部结构比较复杂时，视图中就会出现较多的细虚线，既影响图形清晰，又不利于标注尺寸。为了清晰地表示物体的内部形状，国家标准 GB/T 17452－1998《技术制图　图样画法　剖视图和断面图》和 GB/T 4458.6－2002《机械制图　图样画法　剖视图和断面图》规定了剖视图的画法。

一、剖视图的基本概念

1. 剖视图的获得（GB/T 17452－1998、GB/T 4458.6－2002）

假想用剖切面剖开物体，将处在观察者和剖切面之间的部分移去，而将其余部分向投影面投射所得的图形，称为剖视图，简称剖视，如图 5-8（a）所示。

如图 5-8（b）、（c）所示，将视图与剖视图进行比较：由于主视图采用了剖视，原来不可见的孔变成了可见的，视图上的细虚线在剖视图中变成了粗实线，再加上在剖面区域内画出了规定的剖面符号，使图形层次分明，更加清晰。

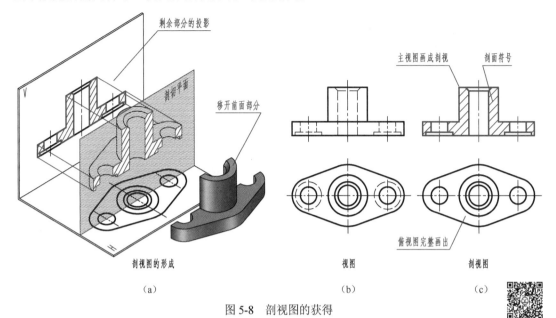

（a）　　　　　　　　　　（b）　　　　　　　　（c）

图 5-8　剖视图的获得

2. 剖面区域的表示法（GBT 17453－2005、GB/T 4457.5－2013）

假想用剖切面剖开物体，剖切面与物体的接触部分，称为剖面区域。通常要在剖面区域画出剖面符号。剖面符号的作用：一是明显地区分被剖切部分与未剖切部分，增强剖视的层次感；二是识别相邻零件的形状结构及其装配关系；三是区分材料的类别。

① 不需在剖面区域中表示物体的材料类别时，应按国家标准 GB/T 17453－2005《技术制图　图样画法　剖面区域的表示法》中的规定：剖面符号用通用的剖面线表示；同一物体的各个剖面区域，其剖面线的方向及间隔应一致。通用剖面线是与图形的主要轮廓线或剖面

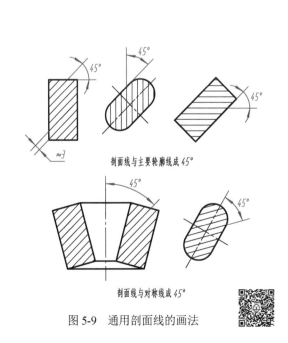

图 5-9　通用剖面线的画法

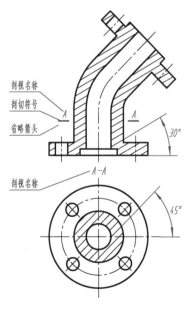

图 5-10　30°或60°剖面线的画法

区域的对称线成 45°角、且间距（≈3mm）相等的细实线，如图 5-9 所示。

在图 5-10 的主视图中，由于物体倾斜部分的轮廓与底面成 45°，而不宜将剖面线画成与主要轮廓成 45°时，可将该图形的剖面线画成与底面成 30°或 60°的平行线，但其倾斜方向仍应与其他图形的剖面线一致。

② 需要在剖面区域中表示物体的材料类别时，应根据国家标准 GB/T 4457.5－2013《机械制图　剖面符号》中的规定绘制，常用的剖面符号如图 5-11 所示。

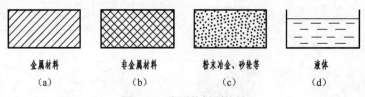

金属材料	非金属材料	粉末冶金、砂轮等	液体
（a）	（b）	（c）	（d）

图 5-11　常用的剖面符号

3．剖视的标注

为了便于看图，在画剖视图时，应将剖切位置、剖切后的投射方向和剖视图名称标注在相应的视图上，标注的内容如图 5-10 所示。

（1）剖切符号　表示剖切面的位置。在相应的视图上，用剖切符号（线长 5～8mm 的粗实线）表示剖切面的起、迄和转折处位置，并尽可能不与图形的轮廓线相交。

（2）投射方向　在剖切符号的两端外侧，用箭头指明剖切后的投射方向。

（3）剖视图的名称　在剖视图的上方用大写拉丁字母标注剖视图的名称"×—×"，并在剖切符号的一侧注上同样的字母。

在下列情况下，可省略或简化标注。

① 当单一剖切平面通过物体的对称面或基本对称面，且剖视图按投影关系配置，中间又没有其他图形隔开时，可以省略标注，如图 5-8（c）所示。

② 当剖视图按投影关系配置，中间又没有其他图形隔开时，可以省略箭头，如图 5-10 中的主视图所示。

二、画剖视图应注意的问题

① 因为剖视图是物体被剖切后剩余部分的完整投影，所以，凡是剖切面后面的可见棱线或轮廓线应全部画出，不得遗漏，如表 5-1 所示。

② 剖切面一般应通过物体的对称面、基本对称面或内部孔、槽的轴线，并与投影面平行。如图 5-8（c）、图 5-10 中的剖切面通过物体的前后对称面且平行于正面。

③ 在剖视图中，表示物体不可见部分的细虚线，如在其他视图中已表达清楚，可以省略不画。如图 5-8（a）所示，腰圆形底板上的两个沉孔，在主、俯视图中均不可见，用细虚

表 5-1　剖视图中漏画线的示例

轴　测　剖　视　图	正　确　画　法	漏　线　示　例

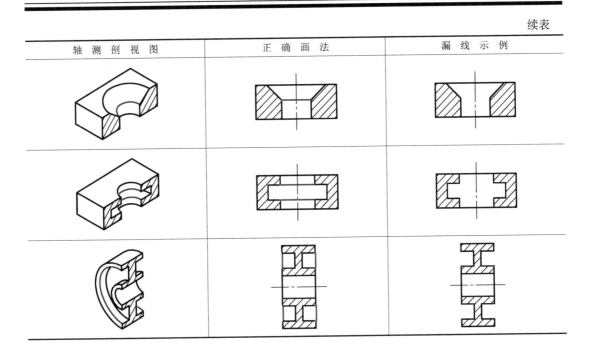

轴 测 剖 视 图	正 确 画 法	漏 线 示 例

线表示，如图 5-8（b）所示。采用剖视后，主视图中的细虚线变成了粗实线，沉孔结构在主视图中已表达清楚，俯视图中的细虚线圆予以省略，如图 5-8（c）所示。

对剖视图中尚未表达清楚的结构，不需要画出所有的细虚线，应根据物体的特点，画出必要的细虚线即可，如图 5-12（a）、（b）中主视图所示。

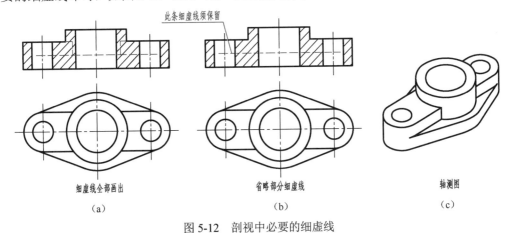

图 5-12 剖视中必要的细虚线

④ 由于剖切是假想的，所以一个视图画成剖视后，在画其他视图时，仍应按完整物体画出，如图 5-8（c）中的俯视图。

三、剖视图的种类

根据剖开物体的范围，可将剖视图分为全剖视图、半剖视图和局部剖视图。国家标准规定，剖切面可以是平面，也可以是曲面；可以是单一的剖切面，也可以是组合的剖切面。绘图时，应根据物体的结构特点，恰当地选用单一剖切面、几个平行的剖切平面或几个相交的剖切面（交线垂直于某一投影面），绘制物体的全剖视图、半剖视图和局部剖视图。

1. 全剖视图

用剖切面完全地剖开物体所得的剖视图，称为全剖视图，简称全剖视。全剖视图主要用于表达外形简单、内形复杂而又不对称的物体。全剖视图的标注规则如前所述。

（1）用单一剖切面获得的全剖视图　单一剖切面通常指平面或柱面。图5-8、图5-10、图5-12都是用单一剖切平面剖切得到的全剖视图，是最常用的剖切形式。

图5-13（b）中的"$A-A$"剖视图，是用单一斜剖切面完全地剖开物体得到的全剖视图。主要用于表达物体上倾斜部分的结构形状。用单一斜剖切面获得的剖视图，一般按投影关系配置，也可将剖视图平移到适当位置。必要时允许将图形旋转配置，但必须标注旋转符号。对此类剖视图必须进行标注，不能省略。

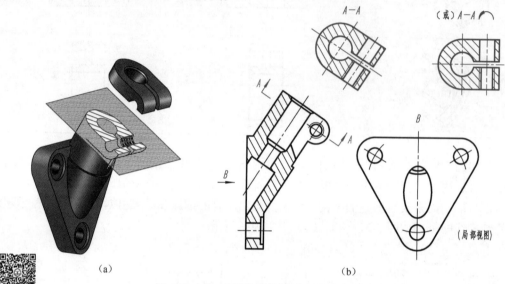

图 5-13　单一斜剖切面剖切获得的全剖视图

（2）用几个平行的剖切平面获得的全剖视图　当物体上有若干不在同一平面上而又需要表达的内部结构时，可采用几个平行的剖切平面剖开物体。几个平行的剖切平面可能是两个或两个以上，各剖切平面的转折必须是直角。

如图5-14所示，物体上的三个孔不在前后对称面上，用一个剖切平面不能同时剖到。这

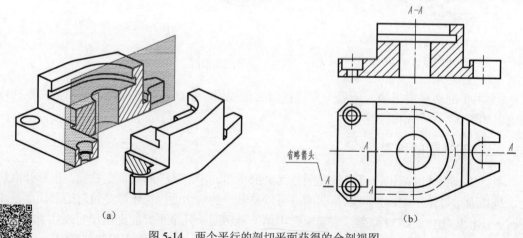

图 5-14　两个平行的剖切平面获得的全剖视图

时，可用两个相互平行的剖切平面分别通过左侧的阶梯孔和前后对称面，再将两个剖切平面后面的部分，同时向基本投影面投射，即得到用两个平行平面剖切的全剖视图。

用几个平行的剖切平面剖切时，应注意以下几点：

① 在剖视图的上方，用大写拉丁字母标注图名"×—×"，在剖切平面的起、迄和转折处画出剖切符号，并注上相同的字母。若剖视图按投影关系配置，中间又没有其他图形隔开时，允许省略箭头，如图 5-14（b）所示。

② 在剖视图中一般不应出现不完整的结构要素，如图 5-15（a）所示。在剖视图中不应画出剖切平面转折处的界线，且剖切平面的转折处也不应与图中的轮廓线重合，如图 5-15（b）所示。

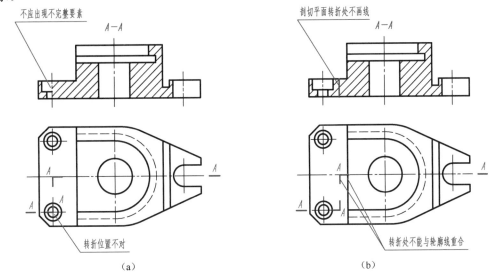

图 5-15　用几个平行平面剖切时的错误画法

（3）用几个相交的剖切面获得的全剖视图　当物体上的孔（槽）等结构不在同一平面上、但却沿物体的某一回转轴线周向分布时，可采用几个相交于回转轴线的剖切面剖开物体，将剖切面剖开的结构及有关部分，旋转到与选定的投影面平行后，再进行投射。几个相交剖

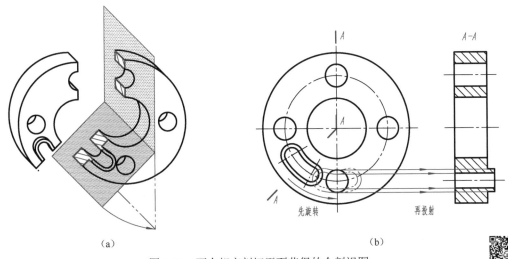

图 5-16　两个相交剖切平面获得的全剖视图

切面的交线，必须垂直于某一基本投影面。

如图 5-16（a）所示，用相交的侧平面和正垂面将物体剖切，并将倾斜部分绕轴线旋转到与侧面平行后再向侧面投射，即得到用两个相交平面剖切的全剖视图，如图 5-16（b）所示。

用几个相交的剖切面剖切时，应注意以下几点：

① 剖切平面后的其他结构，一般仍按原来的位置进行投射，如图 5-17（b）所示。

② 剖切平面的交线应与物体的回转轴线重合。

③ 必须对剖视图进行标注，其标注形式及内容，与几个平行平面剖切的剖视图相同。

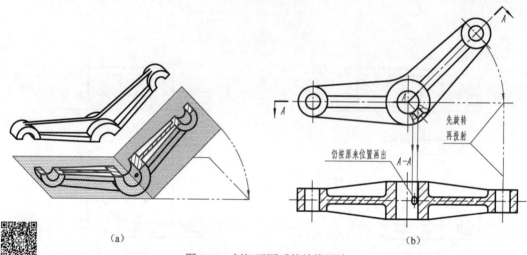

（a）

（b）

图 5-17　剖切平面后的结构画法

2. 半剖视图

当物体具有垂直于投影面的对称平面时，在该投影面上投射所得的图形，可以对称线为界，一半画成剖视图，另一半画成视图，这种组合的图形称为半剖视图，简称半剖视，如图 5-18（a）所示。半剖视图主要用于内、外形状都需要表示的对称物体。

画半剖视图时应注意以下几点：

① 视图部分和剖视图部分必须以细点画线为界。在半剖视图中，剖视部分的位置通常按以下原则配置：

——在主视图中，位于对称中心线的右侧；

——在左视图中，位于对称中心线的右侧；

——在俯视图中，位于对称中心线的下方。

② 由于物体的内部形状已在半个剖视中表示清楚，所以在半个视图中的细虚线省略，但对孔、槽等需用细点画线表示其中心位置。

③ 对于那些在半剖视中不易表达的部分，如图 5-18（b）中安装板上的孔，可在视图中以局部剖视的方式表达。

④ 半剖视的标注方法与全剖视相同。但要注意：剖切符号应画在图形轮廓线以外，如图 5-18（a）主视图中的"A——　——A"。

⑤ 在半剖视中标注对称结构的尺寸时，由于结构形状未能完整显示，则尺寸线应略超过对称中心线，并只在另一端画出箭头，如图 5-19 所示。

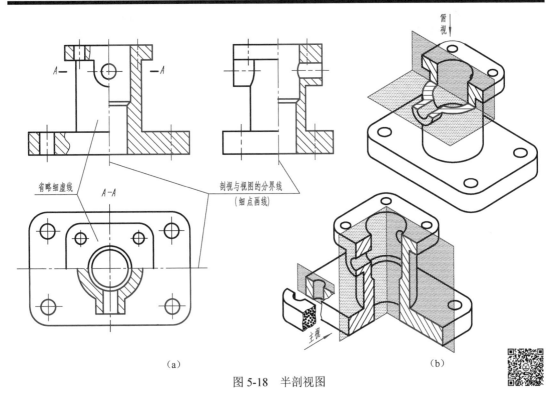

（a）

（b）

图 5-18 半剖视图

⑥ 当物体形状接近对称，且不对称部分已在其他视图中表达清楚时，也可画成半剖视图，如图 5-20 所示。

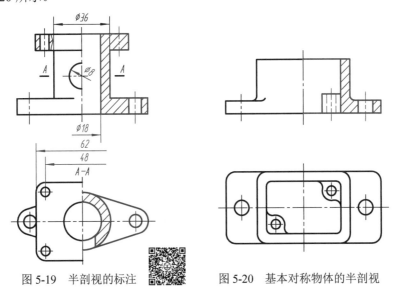

图 5-19 半剖视的标注　　　图 5-20 基本对称物体的半剖视

3. 局部剖视图

用剖切面局部地剖开物体所得的剖视图，称为局部剖视图，简称局部剖视。当物体只有局部内形需要表示，而又不宜采用全剖视时，可采用局部剖视表达，如图 5-21 所示。局部剖视是一种灵活、便捷的表达方法。它的剖切位置和剖切范围，可根据实际需要确定。但在一个视图中，过多的选用局部剖视，会使图形零乱，给看图造成困难。

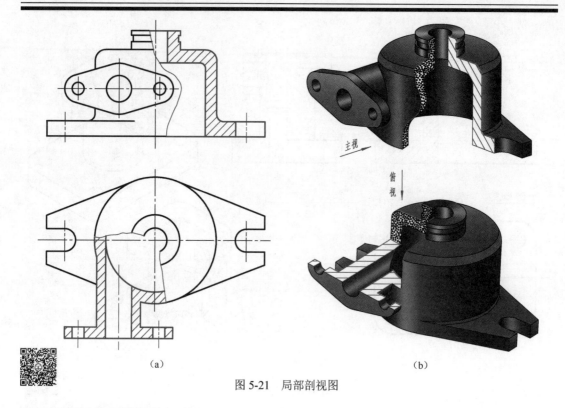

图 5-21　局部剖视图

画局部剖视时应注意以下几点：

① 当被剖结构为回转体时，允许将该结构的轴线作为局部剖视与视图的分界线，如图 5-22（a）所示。当对称物体的内部（或外部）轮廓线与对称中心线重合而不宜采用半剖视时，可采用局部剖视，如图 5-22（b）所示。

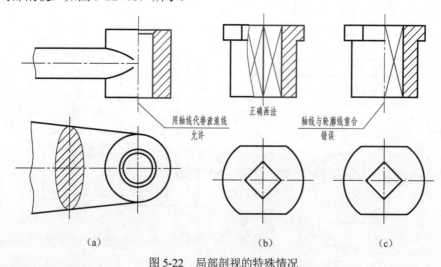

（a）　　　　　　　　　　（b）　　　　　　　　　（c）

图 5-22　局部剖视的特殊情况

② 局部剖视的视图部分和剖视部分以波浪线分界。波浪线要画在物体的实体部分，不应超出视图的轮廓线，也不能与其他图线重合，如图 5-23 所示。

③ 对于剖切位置明显的局部剖视，一般不予标注，如图 5-21、图 5-22 所示。必要时，可按全剖视的标注方法标注。

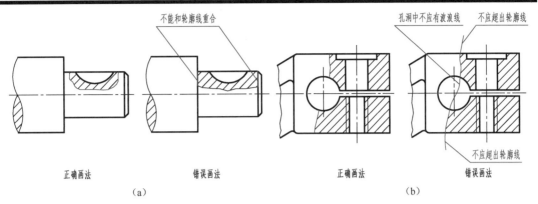

不能和轮廓线重合

孔洞中不应有波浪线 不应超出轮廓线

不应超出轮廓线

正确画法 错误画法 正确画法 错误画法

（a） （b）

图 5-23 波浪线的画法

四、剖视图中肋板的画法

1．肋板的规定画法

画各种剖视图时，对于物体上的肋板、轮辐及薄壁等，若按纵向剖切，这些结构都不画剖面符号，而用粗实线将它们与相邻部分分开。

如图 5-24（a）中的左视图，当采用全剖视时，剖切平面通过中间肋板的纵向对称平面，在肋板的范围内不画剖面符号，肋板与其他部分的分界处均用粗实线绘出。

图 5-24（a）中的"A—A"剖视，因为剖切平面垂直于肋板和支承板（即横向剖切），所以仍要画出剖面符号。

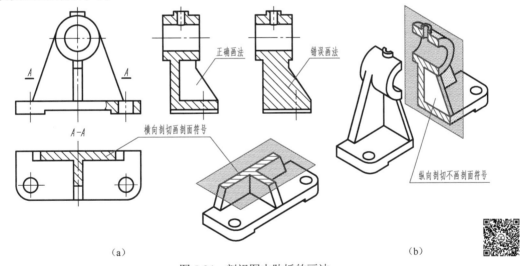

正确画法 错误画法

A A

A—A

横向剖切画剖面符号

纵向剖切不画剖面符号

（a） （b）

图 5-24 剖视图中肋板的画法

2．均布肋板的画法

回转体物体上均匀分布的肋板、孔等结构不处于剖切平面上时，可假想将这些结构旋转到剖切平面上画出，如图 5-25 所示。EQS 表示"均匀分布"。

第三节 断 面 图

断面图主要用于表达物体某一局部的断面形状，例如物体上的肋板、轮辐、键槽、小孔，以及各种型材的断面形状等。

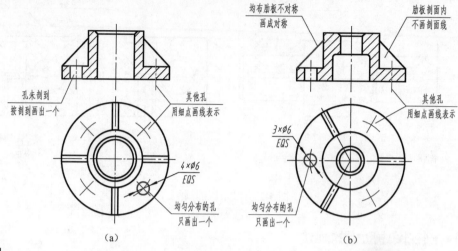

图 5-25 回转体物体上均布结构的简化画法

根据在图样中的不同位置，断面可分为移出断面图和重合断面图。

一、移出断面图（GB/T 17452—1998、GB/T 4458.6—2002）

1. 移出断面图的获得

假想用剖切平面将物体的某处切断，仅画出该剖切面与物体接触部分的图形，称为断面图，简称断面。

如图 5-26（a）所示，断面图实际上就是使剖切平面垂直于结构要素的中心线（轴线或主要轮廓线）进行剖切，然后将断面图形旋转 90°，使其与纸面重合而得到的。断面图与剖视图的区别在于：断面图仅画出断面的形状，而剖视图除画出断面的形状外，还要画出剖切面后面物体的完整投影，如图 5-26（b）所示。

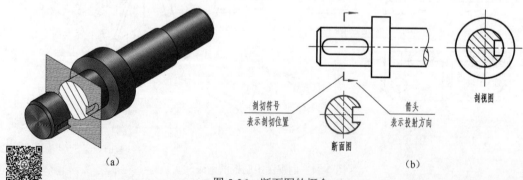

图 5-26 断面图的概念

画在视图之外的断面图，称为移出断面图，简称移出断面。移出断面的轮廓线用粗实线绘制，如图 5-27 所示。

2. 画移出断面图的注意事项

① 移出断面图应尽量配置在剖切符号或剖切线的延长线上，如图 5-27（a）中圆孔和键槽处的断面图；也可配置在其他适当位置，如图 5-26（b）中的"A—A""B—B"断面图；断面图形对称时，也可画在视图的中断处，如图 5-28 所示。

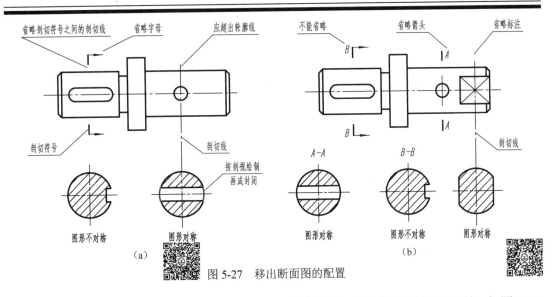

图 5-27　移出断面图的配置

② 当剖切平面通过回转面形成的孔或凹坑的轴线时，这些结构按剖视绘制，如图 5-27（b）中的"$A-A$"断面图和图 5-29 中的"$A-A$"断面图。

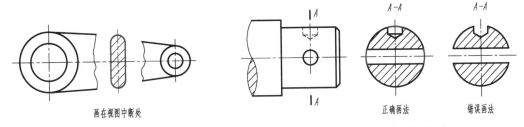

图 5-28　移出断面画在视图中断处　　　图 5-29　移出断面按剖视绘制（一）

③ 当剖切平面通过非圆孔，会导致出现完全分离的两个断面时，则这些结构应按剖视的要求绘制，如图 5-30 所示。

④ 为了得到断面实形，剖切平面一般应垂直于被剖切部分的轮廓线。当移出断面图是由两个或多个相交的剖切平面剖切得到时，断面的中间一般应断开，如图 5-31 所示。

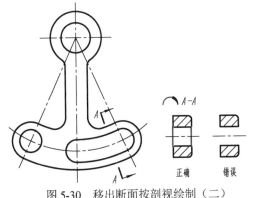

图 5-30　移出断面按剖视绘制（二）

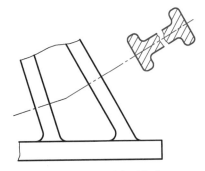

图 5-31　移出断面由两个或
多个相交平面剖切时的画法

3. 移出断面图的标注

移出断面图的标注形式及内容与剖视图基本相同。根据具体情况，标注可简化或省略，如图 5-27 所示。

（1）对称的移出断面图　画在剖切符号的延长线上时，可省略标注；画在其他位置时，可省略箭头，如图 5-27（b）中的"A—A"断面。

（2）不对称的移出断面图　画在剖切符号的延长线上时，可省略字母；画在其他位置时，要标注剖切符号、箭头和字母（即哪一项都不能省略），如图 5-27（b）中的"B—B"断面。

二、重合断面图（GB/T 17452—1998、GB/T 4458.6—2002）

画在视图之内的断面图，称为重合断面图，简称重合断面。重合断面的轮廓线用细实线绘制，如图 5-32 所示。

画重合断面应注意以下两点：

① 重合断面图与视图中的轮廓线重叠时，视图的轮廓线应连续画出，不可间断，如图 5-32（a）所示。

② 重合断面图可省略标注，如图 5-32 所示。

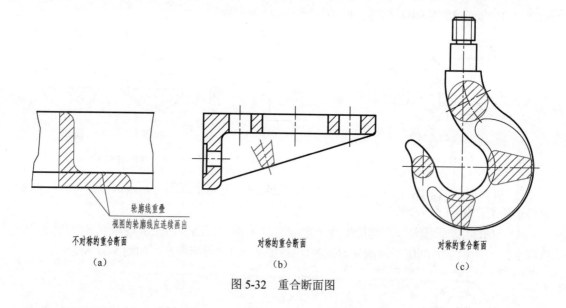

图 5-32　重合断面图

第四节　局部放大图和简化画法

一、局部放大图（GB/T 4458.1—2002）

将图样中所表示物体的部分结构，用大于原图形所采用的比例画出的图形，称为局部放大图。当物体上的细小结构在视图中表达不清楚，或不便于标注尺寸时，可采用局部放大图。

局部放大图的比例，系指该图形中物体要素的线性尺寸与实际物体相应要素的线性尺寸之比，而与原图形所采用的比例无关。

局部放大图可以画成视图、剖视图和断面图，它与被放大部分的表示方式无关。画局部放大图应注意以下几点：

① 用细实线圈出被放大的部位，并尽量将局部放大图配置在被放大部位附近。当同一

物体上有几处被放大的部位时，应用罗马数字依次标明被放大的部位，并在局部放大图的上方，标注相应的罗马数字和所采用的比例，如图 5-33 所示。

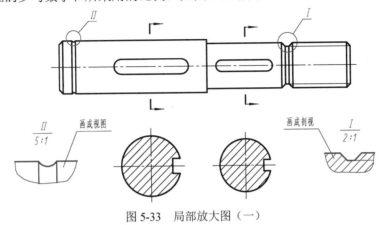

图 5-33　局部放大图（一）

② 当物体上只有一处被放大时，在局部放大图的上方只需注明所采用的比例，如图 5-34 （a）所示。

③ 同一物体上不同部位的局部放大图，其图形相同或对称时，只需画出一个，如图 5-34 （b）所示。

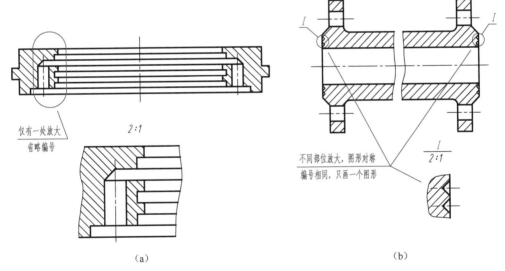

（a）　　　　　　　　　　　　　　　　　（b）

图 5-34　局部放大图（二）

二、简化画法（GB/T 16675.1—2012、GB/T 4458.1—2002）

简化画法是包括规定画法、省略画法、示意画法等在内的图示方法。国家标准规定了一系列的简化画法，其目的是减少绘图工作量，提高设计效率及图样的清晰度，满足手工绘图和计算机绘图的要求，适应国际贸易和技术交流的需要。

① 为了避免增加视图或剖视，对回转体上的平面，可用细实线绘出对角线表示，如图 5-35 所示。

② 较长的零件（轴、杆、型材、连杆等）沿长度方向的形状一致或按一定规律变化时，

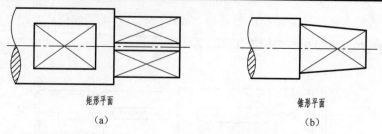

矩形平面　　　　　　　　　　　锥形平面
（a）　　　　　　　　　　　　　（b）

图 5-35　回转体上平面的简化画法

可断开后（缩短）绘制，其断裂边界可用波浪线绘制，也可用双折线或细双点画线绘制，但在标注尺寸时，要标注零件的实长，如图 5-36 所示。

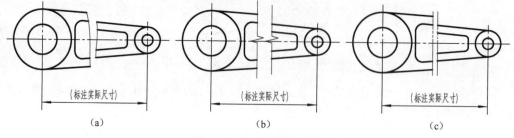

（a）　　　　　　　　　　（b）　　　　　　　　　　（c）

图 5-36　断开视图的画法

③ 零件中成规律分布的重复结构，允许只绘制出其中一个或几个完整的结构，但需反映其分布情况，并在零件图中注明重复结构的数量和类型。对称的重复结构，用细点画线表示各对称结构要素的位置，如图 5-37（a）所示。不对称的重复结构，则用相连的细实线代替，如图 5-37（b）所示。

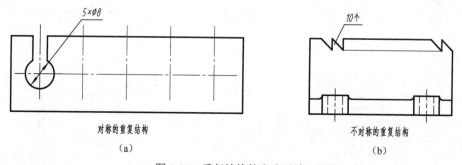

对称的重复结构　　　　　　　　　不对称的重复结构
（a）　　　　　　　　　　　　　（b）

图 5-37　重复结构的省略画法

第五节　第三角画法简介

国家标准 GB/T 17451—1998《技术制图　图样画法　视图》规定，"技术图样应采用正投影法绘制，并优先采用第一角画法"。在工程制图领域，世界上多数国家（如中国、英国、法国、德国、俄罗斯等）都采用第一角画法，而美国、日本、加拿大、澳大利亚等，则采用第三角画法。为了适应日益增多的国际间技术交流和协作的需要，应当了解第三角画法。

一、第三角画法与第一角画法的异同点（GB/T 13361—2012）

如图 5-38 所示，用水平和铅垂的两投影面，将空间分成四个区域，每个区域为一个分角，分别称为第一分角、第二分角、第三分角……。

1. 获得投影的方式不同

　　第一角画法是将物体放在第一分角内，使物体处于观察者与投影面之间进行投射（即保持人→物体→投影面的位置关系），而得到多面正投影的方法，如图5-39（a）所示。

　　第三角画法是将物体放在第三分角内，使投影面处于观察者与物体之间进行投射（假设投影面是透明的，并保持人→投影面→物体的位置关系），而得到多面正投影的方法，如图5-39（b）所示。

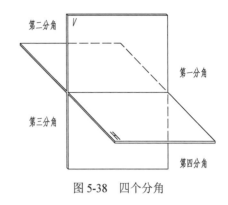

图5-38　四个分角

　　与第一角画法类似，采用第三角画法获得的三视图符合多面正投影的投影规律，即

　　主、俯视图长对正；

　　主、右视图高平齐；

　　右、俯视图宽相等。

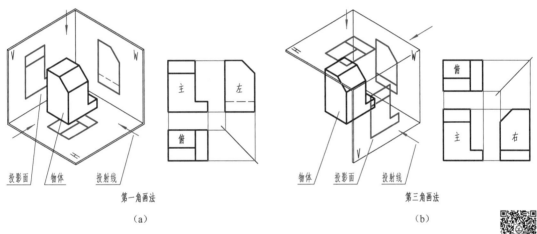

（a）　　　　　　　　　　　　　　　　　　　　　　　　（b）

图5-39　第一角画法与第三角画法获得投影的方式

2. 视图的配置关系不同

　　第一角画法与第三角画法都是将物体放在六面投影体系当中，向六个基本投影面进行投射，得到六个基本视图，其视图名称相同。由于六个基本投影面展开方式不同，其基本视图的配置关系不同，如图5-40所示。

　　第一角画法与第三角画法各个视图与主视图的配置关系对比如下：

第一角画法	**第三角画法**
左视图在主视图的右方	左视图在主视图的左方
俯视图在主视图的下方	俯视图在主视图的上方
右视图在主视图的左方	右视图在主视图的右方
仰视图在主视图的上方	仰视图在主视图的下方
后视图在左视图的右方	后视图在右视图的右方

　　从上述对比中可以清楚地看到：

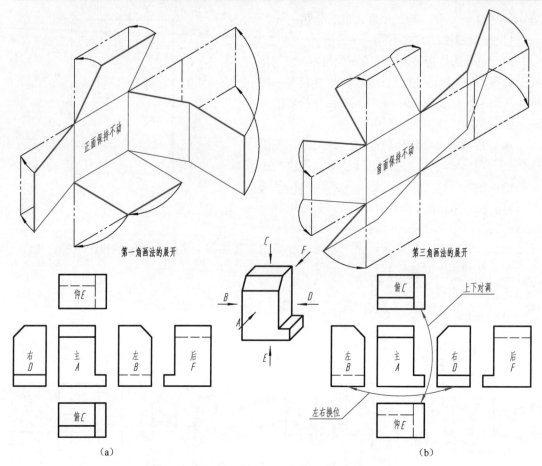

图 5-40　第一角画法与第三角画法配置关系的对比

第三角画法的主、后视图，与第一角画法的主、后视图一致（没有变化）。

第三角画法的左视图和右视图，与第一角画法的左视图和右视图左右换位。

第三角画法的俯视图和仰视图，与第一角画法的俯视图和仰视图上下对调。

由此可见，第三角画法与第一角画法的主要区别是视图的配置关系不同。第三角画法的俯视图、仰视图、左视图、右视图靠近主视图的一边（里边），均表示物体的前面；远离主视图的一边（外边），均表示物体的后面，与第一角画法的"外前、里后"正好相反。

二、第三角画法与第一角画法的识别符号（GB/T 14692—2008）

为了识别第三角画法与第一角画法，国家标准规定了相应的投影识别符号，如图 5-41 所示。该符号标在标题栏中"名称及代号区"的最下方。

第三角画法投影识别符号的画法
（a）

h = 图中尺寸数字高度（$H=2h$）
d 为图中粗实线宽度

第一角画法投影识别符号的画法
（b）

图 5-41　第三角画法与第一角画法的投影识别符号

采用第一角画法时，在图样中一般不必画出第一角画法的识别符号。采用第三角画法时，必须在图样中画出第三角画法的识别符号。

三、第三角画法的特点

第三角画法与第一角画法之间并没有根本的差别，只是各个国家应用的习惯不同而已。第一角画法的特点和应用读者都比较熟悉，下面仅将第三角画法的特点进行简要介绍。

1. 近侧配置识读方便

第一角画法的投射顺序是：人→物→图，这符合人们对影子生成原理的认识，易于初学者直观理解和掌握基本视图的投影规律。

第三角画法的顺序是：人→图→物，也就是说人们先看到投影图，后看到物体。具体到六个基本视图中，除后视图外，其他所有视图可配置在相邻视图的近侧，这样识读起来比较方便。这是第三角画法的一个特点，特别是在读轴向较长的轴杆类零件图时，这个特点会更加明显突出。图 5-42（a）是第一角画法，因左视图配置在主视图的右边，右视图配置在主视图的左边，在绘制和识图时，需横跨主视图左顾右盼，不甚方便。

图 5-42（b）是第三角画法，其左视图是从主视图左端看到的形状，配置在主视图的左端，其右视图是从主视图右端看到的形状，配置在主视图的右端，这种近侧配置的特点，给绘图和识读带来了很大方便，可以避免和减少绘图和读图的错误。

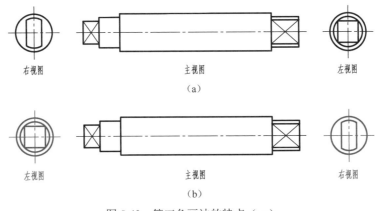

图 5-42　第三角画法的特点（一）

2. 易于想象空间形状

由物体的二维视图想象出物体的三维空间形状，对初学者来讲往往比较困难。第三角画法的配置特点，易于帮助人们想象物体的空间形体。在图 5-43（a）中，只要想象将其俯视图和左视图向主视图靠拢，并以各自的边棱为轴反转，即可容易地想象出该物体的三维空间形状。

3. 利于表达物体的细节

在第三角画法中，利用近侧配置的特点，可方便简明地采用各种辅助视图（如局部视图、斜视图等）表达物体的一些细节，在图 5-44（a）中，只要将辅助视图配置在适当的位置上，一般不需要加注表示投射方向的箭头。

4. 尺寸标注相对集中

在第三角画法中，由于相邻的两个视图中表示物体的同一棱边所处的位置比较近，给集中标注机件上某一完整的要素或结构的尺寸提供了可能。在图 5-45（a）中，标注物体上半圆柱开槽（并有小圆柱）处的结构尺寸，比图 5-45（b）的标注相对集中，方便读图和绘图。

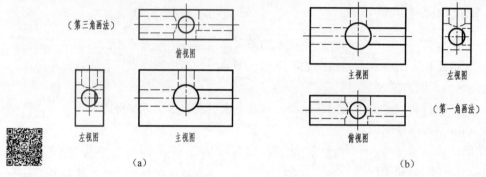

（a）　　　　　　　　　　　　　　（b）

图 5-43　第三角画法的特点（二）

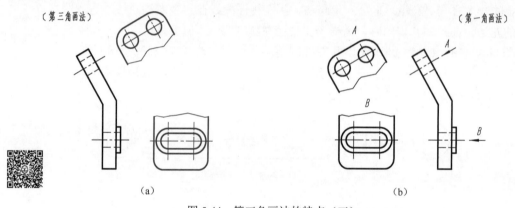

（a）　　　　　　　　　　　　　　（b）

图 5-44　第三角画法的特点（三）

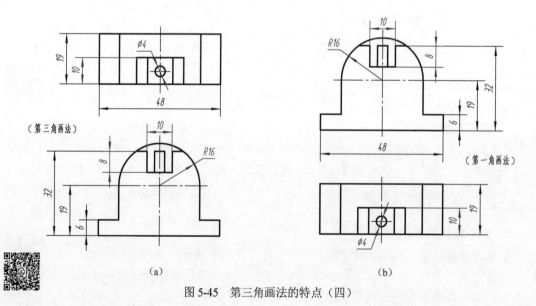

（a）　　　　　　　　　　　　　　（b）

图 5-45　第三角画法的特点（四）

第六章　图样中的特殊表示法

素养提升

第一节　螺纹表示法

智能制造设备是由许多零部件通过螺纹联接的方式装配而成的。螺纹是机械零部件上常用的可拆卸联接的一种结构。拆卸时，只要松开螺纹结构，即可拆开联接件和被联接件。由于螺纹结构应用简便，标准化程度高，在机械工程上得到广泛应用。

螺纹是在圆柱或圆锥表面上，沿着螺旋线所形成的具有相同剖面的连续凸起（凸起是指螺纹两侧面间的实体部分，又称为牙）。

在圆柱或圆锥外表面上加工的螺纹，称为外螺纹，如图 6-1（a）所示；在圆柱或圆锥内表面上加工的螺纹，称为内螺纹，如图 6-1（b）所示。外螺纹和内螺纹成对使用，如图 6-1（c）所示。

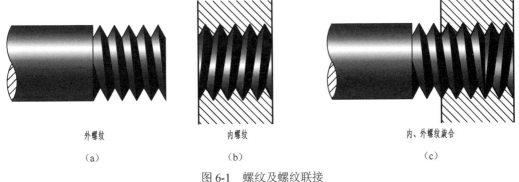

外螺纹

（a）

内螺纹

（b）

内、外螺纹旋合

（c）

图 6-1　螺纹及螺纹联接

一、螺纹要素（GB/T 14791—2013）

1．牙型

在螺纹轴线平面内的螺纹轮廓形状，称为牙型。常见的有三角形、梯形和锯齿形等。相邻牙侧间的材料实体，称为牙体。连接两个相邻牙侧的牙体顶部表面，称为牙顶。连接两个相邻牙侧的牙槽底部表面，称为牙底，如图 6-2 所示。

2．直径

螺纹直径有大径（d、D）、中径（d_2、D_2）和小径（d_1、D_1）之分，如图 6-2 所示。其中，外螺纹大径 d 和内螺纹小径 D_1 亦称顶径。

大径（d、D）　与外螺纹牙顶或内螺纹牙底相切的假想圆柱或圆锥的直径。

小径（d_1、D_1）　与外螺纹牙底或内螺纹牙顶相切的假想圆柱或圆锥的直径。

中径（d_2、D_2）　中径圆柱或中径圆锥的直径。该圆柱（或圆锥）母线通过圆柱（或圆锥）螺纹上牙厚与牙槽宽相等的地方。

公称直径　代表螺纹尺寸的直径称为公称直径。对紧固螺纹和传动螺纹，其大径基本尺寸是螺纹的代表尺寸。对管螺纹，其管子公称尺寸是螺纹的代表尺寸。

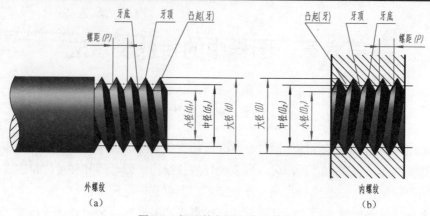

图 6-2　螺纹的各部名称及代号

3. 线数 n

螺纹有单线与多线之分，如图 6-3 所示。只有一个起始点的螺纹，称为单线螺纹；具有两个或两个以上起始点的螺纹，称为多线螺纹。线数的代号用 n 表示。

4. 螺距 P 和导程 P_h

螺距是指相邻两牙体上的对应牙侧与中径线相交两点间的轴向距离。导程是最邻近的两同名牙侧与中径线相交两点间的轴向距离（导程就是一个点沿着在中径圆柱或中径圆锥上的螺旋线旋转一周所对应的轴向位移）。螺距和导程是两个不同的概念，如图 6-3 所示。

螺距、导程、线数之间的关系是：$P=P_h/n$。对于单线螺纹，则有 $P=P_h$。

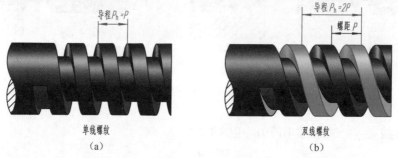

图 6-3　螺距与导程

5. 旋向

内、外螺纹旋合时的旋转方向称为旋向。螺纹的旋向有左、右之分。

右旋螺纹　顺时针旋转时旋入的螺纹，称为右旋螺纹（俗称正扣）。

左旋螺纹　逆时针旋转时旋入的螺纹，称为左旋螺纹（俗称反扣）。

旋向的判定　将外螺纹轴线垂直放置，螺纹的可见部分是右高左低者为右旋螺纹；左高右低者为左旋螺纹，如图 6-4 所示。

对于螺纹来说，只有牙型、大径、螺距、线数和旋向等诸要素都相同，内、外螺纹才能旋合在一起。

螺纹三要素　在螺纹的诸要素中，牙型、大径和螺距是决定螺纹结构规格的最基本的要

图 6-4　螺纹旋向的判定

素，称为螺纹三要素。凡螺纹三要素符合国家标准的，称为标准螺纹；牙型不符合国家标准的，称为非标准螺纹。

表 6-1 中所列为常用标准螺纹的种类、标记和标注。

表 6-1　常用标准螺纹的种类、标记和标注

螺纹类别		特征代号	牙　型	标 注 示 例	说　明
联接和紧固用螺纹	粗牙普通螺纹	M	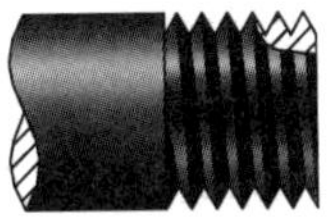  60°	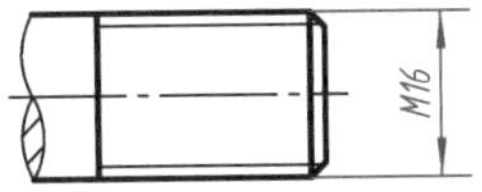 M16	粗牙普通螺纹 公称直径为16mm；中径公差带和大径公差带均为6g（省略不标）；中等旋合长度；右旋
	细牙普通螺纹			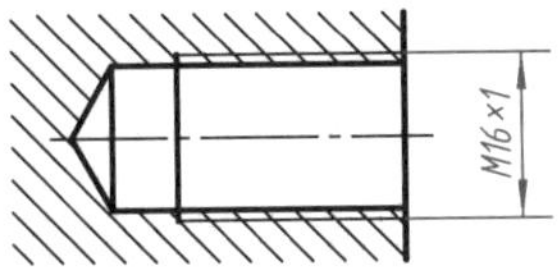 M16×1	细牙普通螺纹 公称直径为16mm，螺距1mm；中径公差带和小径公差带均为 6H（省略不标）；中等旋合长度；右旋
55° 管螺纹	55° 非密封管螺纹	G	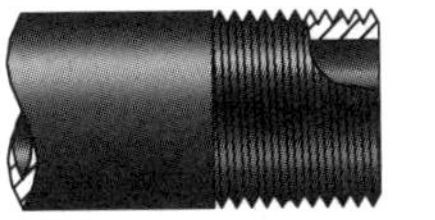  55°	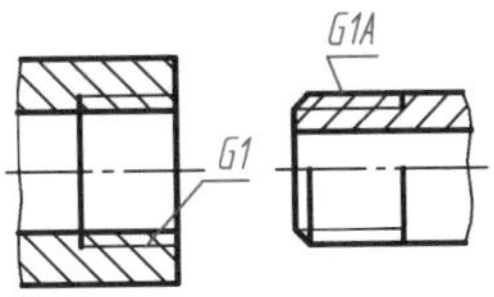 G1A G1	55° 非密封管螺纹 G——螺纹特征代号 1 ——尺寸代号 A——外螺纹公差等级代号
	55° 密封管螺纹	圆锥内螺纹	Rc		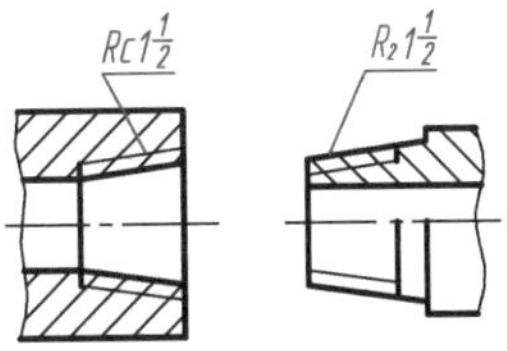 Rc1½ R₂1½	55° 密封管螺纹 Rc——圆锥内螺纹 Rp——圆柱内螺纹 R₁——与圆柱内螺纹相配合的圆锥外螺纹 R₂——与圆锥内螺纹相配合的圆锥外螺纹 1½——尺寸代号
		圆柱内螺纹	Rp			
		圆锥外螺纹	R₁ R₂			

二、螺纹的规定画法（GB/T 4459.1—1995）

由于螺纹的结构和尺寸已经标准化，为了提高绘图效率，对螺纹的结构与形状，可不必按其真实投影画出，只需根据国家标准规定的画法和标记，进行绘图和标注即可。

1．外螺纹的规定画法

如图 6-5（a）所示，外螺纹牙顶圆的投影用粗实线表示，牙底圆的投影用细实线表示（牙底圆的投影按 $d_1=0.85d$ 的关系绘制），在螺杆的倒角或倒圆部分也应画出；在垂直于螺纹轴线的投影面的视图中，表示牙底圆的细实线只画约 3/4 圈（空出约 1/4 圈的位置不作规定）。此时，螺杆或螺纹孔上倒角圆的投影，不应画出。

螺纹终止线用粗实线表示。剖面线必须画到粗实线为止，如图 6-5（b）所示。

2．内螺纹的规定画法

如图 6-6（a）所示，在剖视图或断面图中，内螺纹牙顶圆的投影和螺纹终止线用粗实线表示，牙底圆的投影用细实线表示，剖面线必须画到粗实线为止（牙顶圆的投影按 $D_1=0.85D$

的关系绘制）；在垂直于螺纹轴线的投影面的视图中，表示牙底圆投影的细实线仍画 3/4 圈，倒角圆的投影仍省略不画。

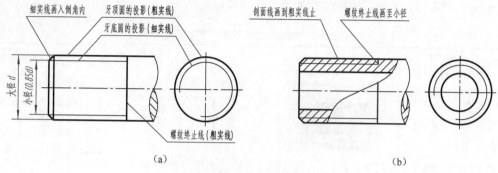

图 6-5　外螺纹的规定画法

不可见螺纹的所有图线（轴线除外），均用细虚线绘制，如图 6-6（b）所示。

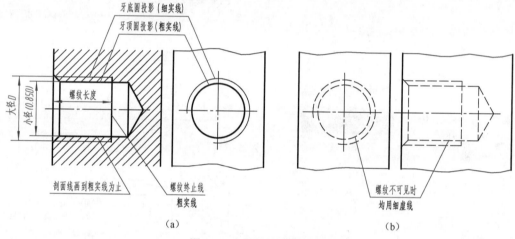

图 6-6　内螺纹的规定画法

由于钻头的顶角接近 120°，用它钻出的不通孔，底部有个顶角接近 120° 的圆锥面，在图中，其顶角要画成 120°，但不必注尺寸。绘制不穿通的螺纹孔时，一般应将钻孔深度与螺纹部分深度分别画出，钻孔深度应比螺纹孔深度大 0.5D（螺纹大径），如图 6-7（a）所示。两级钻孔（阶梯孔）的过渡处，也存在 120° 的尖角，作图时要注意画出，如图 6-7（b）所示。

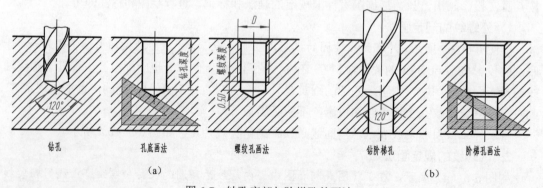

图 6-7　钻孔底部与阶梯孔的画法

3. 螺纹联接的规定画法

用剖视表示内、外螺纹的联接时，其旋合部分应按外螺纹的画法绘制，其余部分仍按各自的画法表示，如图6-8（a）所示。在端面视图中，若剖切平面通过旋合部分时，按外螺纹绘制，如图6-8（b）所示。

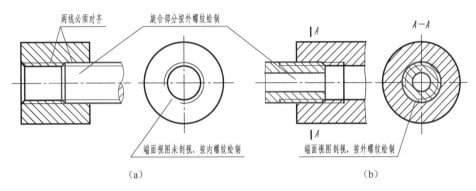

两线必须对齐　　旋合部分按外螺纹绘制　　端面视图未剖视，按内螺纹绘制　　端面视图剖视，按外螺纹绘制

（a）　　　　　　　　　　　　　　　　（b）

图 6-8　螺纹联接的规定画法

提示：画螺纹联接时，表示内、外螺纹牙顶圆投影的粗实线，与牙底圆投影的细实线应分别对齐。

三、螺纹的标记及标注（GB/T 4459.1—1995）

由于螺纹的规定画法不能表示螺纹种类和螺纹要素，因此绘制有螺纹的图样时，必须按照国家标准所规定的标记格式和相应代号进行标注。

1. 普通螺纹的标记（GB/T 197—2018）

普通螺纹即普通用途的螺纹，单线普通螺纹占大多数，其标记格式如下：

| 螺纹特征代号 | 公称直径×P 螺距 | - 公差带代号 | - 旋合长度代号 | - 旋向代号 |

多线普通螺纹的标记格式如下：

| 螺纹特征代号 | 公称直径×Ph 导程 P 螺距 | - 公差带代号 | - 旋合长度代号 | - 旋向代号 |

标记的注写规则：

螺纹特征代号　螺纹特征代号为 M。

尺寸代号　公称直径为螺纹大径。单线螺纹的尺寸代号为"公称直径×P 螺距"，不必注写"P"字样。多线螺纹的尺寸代号为"公称直径×Ph 导程 P 螺距"，需注写"Ph"和"P"字样。粗牙普通螺纹不标注螺距。粗牙螺纹与细牙螺纹的区别见附表 1。

公差带代号　公差带代号由中径公差带和顶径公差带（对外螺纹指大径公差带、对内螺纹指小径公差带）组成。大写字母代表内螺纹，小写字母代表外螺纹。若两组公差带相同，则只写一组（常用的公差带见附表 1）。最常用的中等公差精度螺纹（外螺纹为 6g、内螺纹为6H），不标注公差带代号。

旋合长度代号　旋合长度分为短（S）、中等（N）、长（L）三种。一般采用中等旋合长度，N 省略不注。

旋向代号　左旋螺纹以"LH"表示，右旋螺纹不标注旋向（所有螺纹旋向的标记，均与此相同）。

【例6-1】　解释"M16×Ph3P1.5-7g6g-L-LH"的含义。

解 表示双线细牙普通外螺纹，大径为 16mm，导程为 3mm，螺距为 1.5mm，中径公差带为 7g，大径公差带为 6g，长旋合长度，左旋。

【例 6-2】 解释"M24-7G"的含义。

解 表示粗牙普通内螺纹，大径为 24mm，查附表 1 确认螺距为 3mm（省略），中径和小径公差带均为 7G，中等旋合长度（省略 N），右旋（省略旋向代号）。

【例 6-3】 已知公称直径为 12mm，细牙，螺距为 1mm，中径和小径公差带均为 6H 的单线右旋普通螺纹，试写出其标记。

解 标记为"M12×1"。

【例 6-4】 已知公称直径为 12mm，粗牙，螺距为 1.75mm，中径和大径公差带均为 6g 的单线右旋普通螺纹，试写出其标记。

解 标记为"M12"。

2．管螺纹的标记（GB/T 7306.1～2—2000、GB/T 7307—2001）

管螺纹是在管子上加工的，主要用于联接管件，故称之为管螺纹。管螺纹的数量仅次于普通螺纹，是使用数量最多的螺纹之一。由于管螺纹具有结构简单、装拆方便的优点，所以在化工、石油、机床、汽车、冶金等行业中应用较多。

（1）55°密封管螺纹标记　由于 55°密封管螺纹只有一种公差，GB/T 7306.1～2—2000 规定其标记格式如下：

螺纹特征代号	尺寸代号	旋向代号

标记的注写规则：

螺纹特征代号　用 Rc 表示圆锥内螺纹，用 Rp 表示圆柱内螺纹，用 R_1 表示与圆柱内螺纹相配合的圆锥外螺纹，用 R_2 表示与圆锥内螺纹相配合的圆锥外螺纹。

尺寸代号　用 1/2，3/4，1，1½，…表示，详见附表 2。

旋向代号　与普通螺纹的标记相同。

【例 6-5】 解释"Rc1/2"的含义。

解 表示圆锥内螺纹，尺寸代号为 1/2（查附表 2，其大径为 20.955mm，螺距为 1.814mm），右旋（省略旋向代号）。

【例 6-6】 解释"Rp1½LH"的含义。

解 表示圆柱内螺纹，尺寸代号为 1½（查附表 2，其大径为 47.803mm，螺距为 2.309mm），左旋。

【例 6-7】 解释"$R_2$3/4"的含义。

解 表示与圆锥内螺纹相配合的圆锥外螺纹，尺寸代号为 3/4（查附表 2，其大径为 26.441mm，螺距为 1.814mm），右旋（省略旋向代号）。

（2）55°非密封管螺纹标记　GB/T 7307—2001 规定 55°非密封管螺纹标记格式如下：

螺纹特征代号	尺寸代号	公差等级代号	旋向代号

标记的注写规则：

螺纹特征代号　用 G 表示。

尺寸代号　用 1/2，3/4，1，1½，…表示，详见附表 2。

螺纹公差等级代号　对外螺纹分 A、B 两级标记；因为内螺纹公差带只有一种，所以不加标记。

旋向代号　当螺纹为左旋时，在外螺纹的公差等级代号之后加注"-LH"；在内螺纹的尺寸代号之后加注"LH"。

【例6-8】　解释"G1½A"的含义。

解　表示圆柱外螺纹，尺寸代号为1½(查附表2，其大径为47.803mm，螺距为2.309mm)，螺纹公差等级为A级，右旋（省略旋向代号）。

【例6-9】　解释"G3/4A-LH"的含义。

解　表示圆柱外螺纹，螺纹公差等级为A级，尺寸代号为3/4（查附表2，其大径为26.441mm，螺距为1.814mm），左旋（注：左旋圆柱外螺纹在左旋代号LH前加注半字线）。

【例6-10】　解释"G1/2"的含义。

解　表示圆柱内螺纹（未注螺纹公差等级），尺寸代号为1/2（查附表2，其大径为20.955mm，螺距为1.814mm），右旋（省略旋向代号）。

【例6-11】　解释"G1½LH"的含义。

解　表示圆柱内螺纹（未注螺纹公差等级），尺寸代号为1½（查附表2，其大径为47.803mm，螺距为2.309mm），左旋（注：左旋圆柱内螺纹在左旋代号LH前不加注半字线）。

> 提示：管螺纹的尺寸代号并非公称直径，也不是管螺纹本身的真实尺寸，而是用该螺纹所在管子的公称通径（单位为in，1in=25.4mm）来表示的。管螺纹的大径、小径及螺距等具体尺寸，只有通过查阅相关的国家标准（附表2）才能知道。

3. 螺纹的标注方法（GB/T 4459.1—1995）

公称直径以毫米为单位的螺纹（如普通螺纹、梯形螺纹等），其标记应直接注在大径的尺寸线或其引出线上，如图6-9（a）、（b）、（c）所示；管螺纹的标记一律注在引出线上，引出线应由大径处或对称中心处引出，如图6-9（d）、（e）所示。

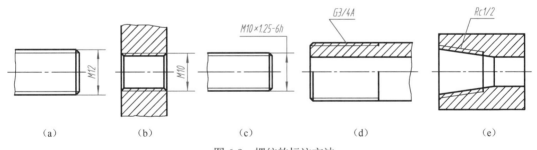

图6-9　螺纹的标注方法

第二节　螺纹紧固件的表示法

螺纹紧固件包括六角头螺栓、双头螺柱、六角螺母、垫圈、螺钉等，这些零件都是标准件。国家标准对它们的结构、形式和尺寸等都有统一的规定，并制定了不同的标记方法。因此只要知道螺纹紧固件的规定标记，就可以从相关的国家标准中查出它们的结构、型式及全部尺寸，按照规定的画法画出即可。

一、螺纹紧固件的规定标记

常用螺纹紧固件的标记及示例，如表6-2所示（表中的红色尺寸为规格尺寸）。

表 6-2　常用螺纹紧固件的标记及示例

名称	轴　测　图	画法及规格尺寸	标记示例及说明
六角头螺栓	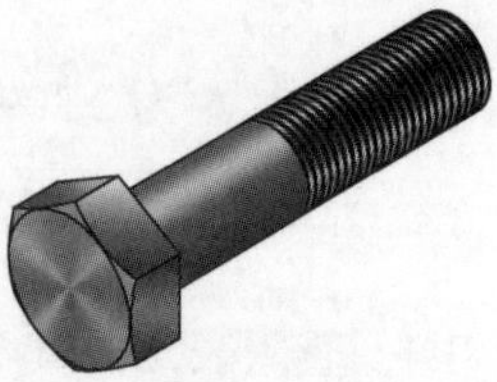	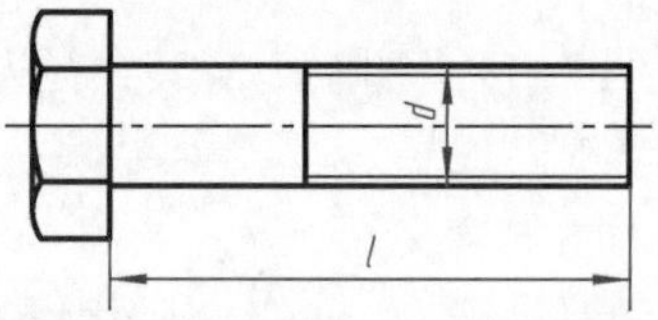	名称　标准编号　螺纹代号×长度 螺栓　GB/T 5782　M16×80 螺纹规格为 M16、公称长度 l=80、性能等级为 8.8 级、表面不经处理、产品等级为 A 级的六角头螺栓 注：管法兰采用 GB/T 5782（附表 9）；省略标准编号中的年号，下同
螺钉		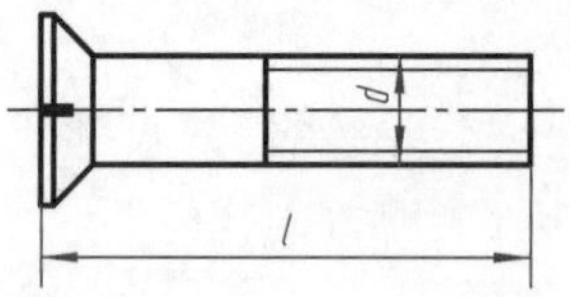	名称　标准编号　螺纹代号 螺钉　GB/T 68　M8×40 螺纹规格为 M8、公称长度 l=40mm、性能等级为 4.8 级、表面不经处理的 A 级开槽沉头螺钉
六角螺母	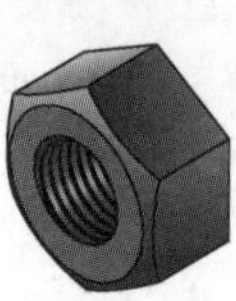	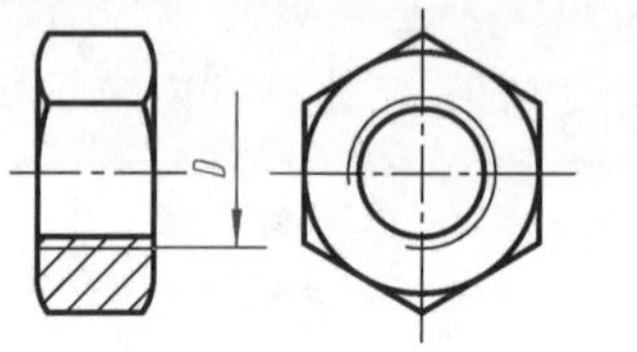	名称　标准编号　螺纹代号 螺母　GB/T 6170　M16 螺纹规格为 M16、性能等级为 8 级、不经表面处理、产品等级为 A 级的 1 型六角螺母 注：管法兰采用 GB/T 6170（附表 9）
垫圈		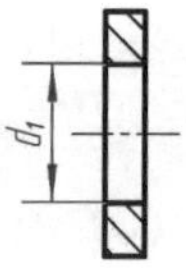	名称　标准编号　螺纹代号 垫圈　GB/T 97.1　16 标准系列、公称规格 16mm、由钢制造的硬度等级为 200HV 级、不经表面处理、产品等级为 A 级的平垫圈

二、螺栓联接的规定画法

螺栓联接是将六角头螺栓的杆身穿过两个被联接零件上的通孔，再用六角螺母拧紧，使两个零件联接在一起的一种联接方式，如图 6-10（a）所示。

画图时必须遵守下列基本规定：

① 两个零件的接触面或配合面只画一条粗实线，不得将轮廓线加粗。凡不接触的表面，不论间隙多小，在图上应画出间隙。如六角头螺栓与孔之间，即使间隙很小，也必须画两条线。图 6-10（b）是六角头螺栓联接的装配图，其中六角螺母与被联接件、两个被联接件的表面相接触，接触面只画一条粗实线；六角头螺栓与两个被联接件之间有间隙，在图上夸大画出（两条线）。

② 在剖视图中，相互接触的两个零件其剖面线的倾斜方向应相反；而同一个零件在各剖视中，剖面线的倾斜方向、倾斜角度和间隔应相同，以便在装配图中区分不同的零件。如图 6-10（b）中，相邻两个被联接件的剖面线相反。

③ 在装配图中，螺纹紧固件及实心杆件，如六角头螺栓、六角螺母、垫圈等零件，当剖切平面通过其基本轴线时，均按未剖绘制。但当剖切平面垂直于这些零件的轴线时，则应按剖开绘制。在图 6-10（b）中的主、左视图中，虽然剖切平面通过六角头螺栓和六角螺母的轴线，但不画剖面线，按其外形画出。

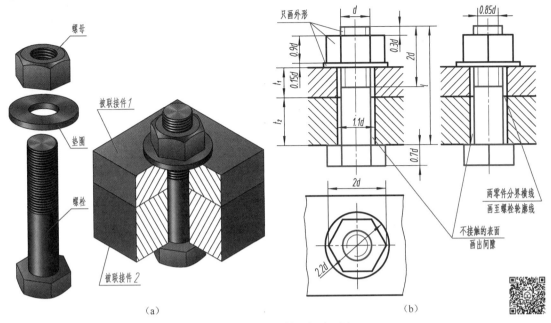

图 6-10　螺栓联接及规定画法

三、螺钉联接的规定画法

螺钉的种类很多，按其用途可分为联接螺钉和紧定螺钉两类。联接螺钉用以联接两个零件，它不需与螺母配用，常用在受力不大和不经常拆卸的地方。这种联接是在较厚的零件上加工出螺纹孔，而另一被联接件上加工有通孔，将螺钉穿过通孔，与下部零件的螺纹孔相旋合，从而达到联接的目的，如图 6-11（a）所示。开槽沉头螺钉联接及装配图均采用比例画法，螺钉的各部尺寸与螺钉的规格直径成一定的比例关系，图 6-11（b）、（c）所示。

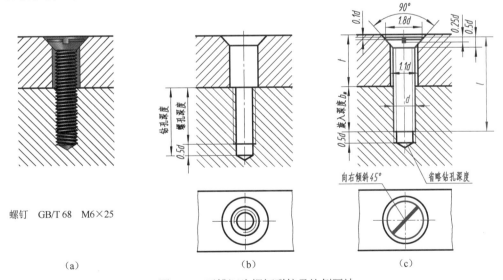

图 6-11　开槽沉头螺钉联接及比例画法

螺钉的各部尺寸可由标准（附表 5、附表 6）中查得，为简化作图而采用比例画法，开槽圆柱头螺钉的比例画法，如图 6-12（b）所示。

103

绘制螺钉联接装配图时应注意以下两点：

① 主视图上的钻孔深度可省略不画，仅按螺纹深度画出螺纹孔，如图 6-11（c）、图 6-12（b）中的主视图所示。

② 螺钉头部的一字槽可画成一条特粗实线（其线宽约等于两倍粗实线线宽），在俯视图中画成与水平线成 45°、自左下向右上的斜线，如图 6-11（c）、图 6-12（b）中的俯视图所示。

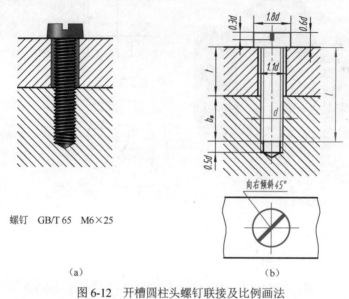

螺钉　GB/T 65　M6×25

（a）　　　　　　　　　　　　　　（b）

图 6-12　开槽圆柱头螺钉联接及比例画法

提示：在装配图中，需要绘制螺纹紧固件时，应尽量采用简化画法，既可减少绘图的工作量，又能提高绘图速度，增加图样的明晰度，使图样的重点更加突出。

第三节　键联结和销联接

一、普通平键联结（GB/T 1096—2003）

如果要把动力通过联轴器、离合器、齿轮、飞轮或带轮等机械零件，传递到安装这个零件的轴上，通常在轮孔和轴上分别加工出键槽，把普通平键的一半嵌在轴里，另一半嵌在与

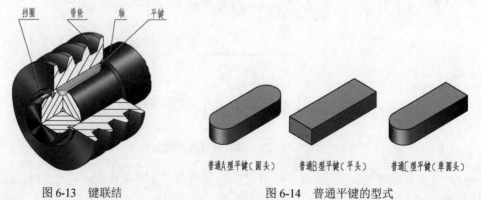

图 6-13　键联结　　　　　　　　　　图 6-14　普通平键的型式

轴相配合的零件的毂里，使它们联在一起转动，如图 6-13 所示。

普通平键有普通 A 型平键（圆头）、普通 B 型平键（平头）和普通 C 型平键（单圆头）三种型式，如图 6-14 所示。普通平键是标准件。选择平键时，从标准（附表）中查取键的截面尺寸 $b×h$，然后按轮毂宽度 B 选定键长 L，一般 $L=B-$（5～10mm），并取 L 为标准值。键和键槽的型式、尺寸，详见附表 9。键的标记格式为：

$$\boxed{标准编号}\quad \boxed{名称}\ \boxed{类型}\ \boxed{键宽}×\boxed{键高}×\boxed{键长}$$

标记的省略　因为普通 A 型平键应用较多，所以普通 A 型平键不注"A"。

【例 6-12】　普通 A 型平键，键宽 $b=18$mm，键高 $h=11$mm，键长 $L=100$mm，试写出键的标记。

解　键的标记为"GB/T 1096　键 18×11×100"。

图 6-15 表示在零件图中键槽的一般表示法和尺寸注法。图 6-16 表示键联结的画法。普通平键在高度上两个面是平行的，键侧与键槽的两个侧面紧密配合，靠键的侧面传递转矩。

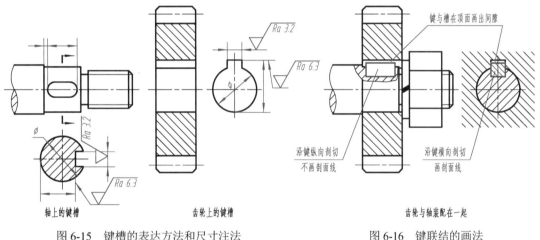

图 6-15　键槽的表达方法和尺寸注法　　　　图 6-16　键联结的画法

> **提示:** 在键联结的画法中，平键与槽在顶面不接触，应画出间隙；平键的倒角省略不画；沿平键的纵向剖切时，平键按不剖处理；横向剖切平键时，要画剖面线。

二、销联接

销是标准件，主要用于零件间的联接或定位。销的类型较多，但最常见的两种基本类型是圆柱销和圆锥销，如图 6-17 所示。销的简化标记格式为：

$$\boxed{名称}\ \boxed{标准编号}\quad \boxed{类型}\ \boxed{公称直径}\ \boxed{公差代号}×\boxed{长度}$$

标记的省略　因为 A 型圆锥销应用较多，所以 A 型圆锥销不注"A"。

【例 6-13】　试写出公称直径 $d=6$mm、公差为 m6、公称长度 $l=30$ mm、材料为钢、不经淬火、不经表面处理的 A 型圆柱销的简化标记。

解　圆柱销的简化标记为"销　GB/T 119.1　6×30"。

根据销的标记，即可查出销的类型和尺寸，详见附表 10、附表 11。

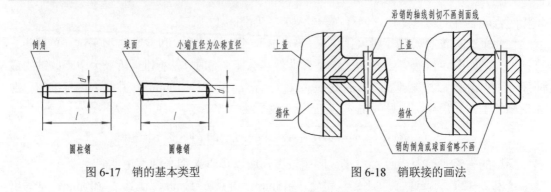

| 图 6-17　销的基本类型 | 图 6-18　销联接的画法 |

> 提示：①圆锥销的公称直径是指小端直径。②在销联接的画法中，当剖切平面沿销的轴线剖切时，销按不剖处理；垂直销的轴线剖切时，要画剖面线。③销的倒角（或球面）可省略不画，如图 6-18 所示。

第四节　滚动轴承

滚动轴承是支承轴并承受轴上载荷的标准组件。由于其结构紧凑、摩擦力小，所以得到广泛使用。滚动轴承一般由内圈、滚动体、保持架、外圈四部分组成，如图 6-19 所示。

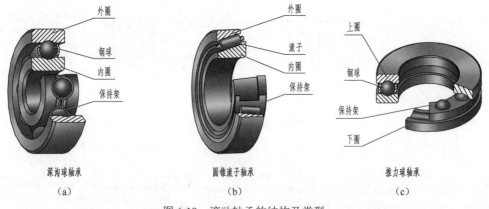

图 6-19　滚动轴承的结构及类型

一、滚动轴承的基本代号（GB/T 272—2017）

滚动轴承基本代号表示轴承的基本类型、结构和尺寸，是滚动轴承代号的基础。基本代号由以下三部分内容组成，即

类型代号　尺寸系列代号　内径代号

1. 类型代号

滚动轴承类型代号用数字或字母来表示，见表 6-3。

2. 尺寸系列代号

尺寸系列代号由轴承的宽（高）度系列代号和直径系列代号组合而成，用两位阿拉伯数字来表示。它的主要作用是区别内径相同、而宽度和外径不同的滚动轴承。常用的轴承类型、尺寸系列代号及由轴承类型代号、尺寸系列代号组成的组合代号，见表 6-4。

表 6-3　滚动轴承类型代号（摘自 GB/T 272—2017）

代号	轴承类型	代号	轴承类型	代号	轴承类型
0	双列角接触球轴承	4	双列深沟球轴承	8	推力圆柱滚子轴承
1	调心球轴承	5	推力球轴承	N	圆柱滚子轴承
2	调心滚子轴承	6	深沟球轴承	U	外球面球轴承
3	圆锥滚子轴承	7	角接触球轴承	QJ	四点接触球轴承

表 6-4　常用的滚动轴承类型、尺寸系列代号及其组合代号（摘自 GB/T 272—2017）

轴承类型	类型代号	尺寸系列代号	组合代号	轴承类型	类型代号	尺寸系列代号	组合代号	轴承类型	类型代号	尺寸系列代号	组合代号
圆锥滚子轴承	3	02	302	推力球轴承				深沟球轴承	6	17	617
	3	03	303						6	18	618
	3	13	313		5	11	511		6	37	637
	3	20	320		5	12	512		6	19	619
	3	22	322		5	13	513		6	(1) 0	60
	3	23	323		5	14	514		6	(0) 2	62
	3	29	329						6	(0) 3	63
	3	30	330						6	(0) 4	64

注：表中圆括号内的数字在组合代号中省略。

3．内径代号

内径代号表示滚动轴承的公称直径，一般用两位阿拉伯数字表示。其表示方法见表 6-5。

表 6-5　滚动轴承内径代号（摘自 GB/T 272—2017）

轴承公称内径/mm		内　径　代　号	示　　　　　例	
10～17	10	00	深沟球轴承　6200	$d=10$
	12	01	深沟球轴承　6201	$d=12$
	15	02	深沟球轴承　6202	$d=15$
	17	03	深沟球轴承　6203	$d=17$
20～480 (22、28、32 除外)		公称内径除以 5 的商数，商数为个位数，需在商数左边加"0"，如 08	圆锥滚子轴承　30308	$d=40$
			深沟球轴承　6215	$d=75$

滚动轴承的基本代号举例：

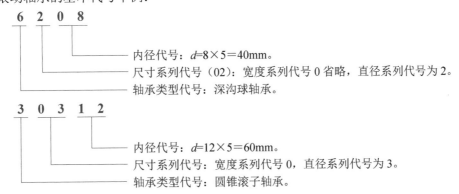

4．滚动轴承的标记

滚动轴承的标记格式为：

名　称	基本代号	标准编号

【例 6-14】 试写出圆锥滚子轴承、内径 $d=70$mm、宽度系列代号为 1，直径系列代号为 3 的标记。

解 圆锥滚子轴承的标记为"滚动轴承 31314 GB/T 297—2015"。

根据滚动轴承的标记，即可查出滚动轴承的类型和尺寸，详见附表 13。

二、滚动轴承的画法（GB/T 4459.7—2017）

当需要在图样上表示滚动轴承时，可采用简化画法（即通用画法和特征画法）或规定画法。滚动轴承的各种画法及尺寸比例，见表 6-6。其各部尺寸可根据滚动轴承代号，由标准（附表 13）中查得。

表 6-6 滚动轴承的画法（摘自 GB/T 4459.7—2017）

1. 简化画法

（1）通用画法 在剖视图中，当不需要确切地表示滚动轴承的外形轮廓、载荷特征、结构特征时，可用矩形线框及位于线框中央正立的十字形符号表示滚动轴承。

（2）特征画法 在剖视图中，如需较形象地表示滚动轴承的结构特征时，可采用在矩形线框内画出其结构要素符号的方法表示滚动轴承。

通用画法和特征画法应绘制在轴的两侧。矩形线框、符号和轮廓线均用粗实线绘制。

2. 规定画法

必要时，在滚动轴承的产品图样、产品样本和产品标准中，采用规定画法表示滚动轴承。采用规定画法绘制滚动轴承的剖视图时，轴承的滚动体不画剖面线，其内外圈可画成方向和间隔相同的剖面线；在不致引起误解时，也允许省略不画。滚动轴承的倒角省略不画。规定画法一般绘制在轴的一侧，另一侧按通用画法绘制。

第五节　圆柱螺旋压缩弹簧

弹簧是一种通过变形储存和释放能量的机械零件（或装置）。承受轴向压力弹簧，称为压缩弹簧。承受轴向拉力的弹簧，称为拉伸弹簧。

承受绕纵轴方向扭矩的弹簧，称为扭转弹簧。它的特点是在弹性限度内，受外力作用而变形，去掉外力后，弹簧能立即恢复原状。弹簧的种类很多，用途较广。卷绕成螺旋形状的弹簧，称为螺旋弹簧。螺旋弹簧包括螺旋压缩弹簧、螺旋拉伸弹簧和螺旋扭转弹簧，如图 6-20 所示。

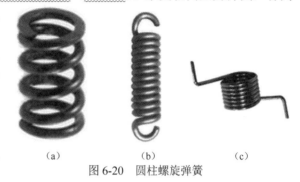

（a）　　　　（b）　　　　（c）

图 6-20　圆柱螺旋弹簧

一、圆柱螺旋压缩弹簧各部分名称及代号（GB/T 1805—2021）

圆柱螺旋压缩弹簧的各部分名称及代号参见图 6-21 (b)。

（1）线径 d　用于缠绕弹簧的钢丝直径。

（2）弹簧中径 D　螺旋弹簧圈的弹簧内径与弹簧外径的平均值，用于弹簧的设计计算。即规格直径：$D=(D_2+D_1)/2=D_1+d=D_2-d$。

（3）弹簧内径 D_1　螺旋弹簧圈的内侧直径。

（4）弹簧外径 D_2　螺旋弹簧圈的外侧直径。

（5）弹簧节距 t　弹簧在自由状态时，两相邻有效圈截面中心线之间的轴向距离。一般 $t=(D_2/3)\sim(D_2/2)$。

（6）有效圈数 n　除两端非有效圈外的总的圈数，称为有效圈数（即具有相等节距的圈数）。

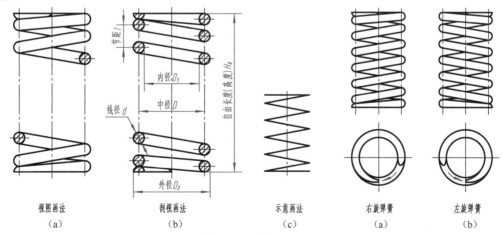

视图画法	剖视画法	示意画法	右旋弹簧	左旋弹簧
（a）	（b）	（c）	（a）	（b）

图 6-21　圆柱螺旋压缩弹簧的规定画法　　　　图 6-22　圆柱螺旋压缩弹簧的旋向

（7）支承圈数 n_2　螺旋压缩弹簧中不起弹性作用的端圈，称为支承圈数。为了使螺旋压缩弹簧工作时受力均匀，保证轴线垂直于支承端面，两端常并紧且磨平。并紧且磨平的圈数仅起支承作用，即支承圈。支承圈数 n_2=2.5 用得较多，即两端各并紧 1¼ 圈。

（8）总圈数 n_1　压缩弹簧圈的总数，包括两端的非有效圈，称为总圈数。总圈数 n_1 等于有效圈数 n 与支承圈数 n_2 之和，即 $n_1=n+n_2$。

（9）自由长度（高度）H_0　弹簧在无负荷状态下的总长度，即 $H_0=nt+2d$。

（10）展开长度 L　弹簧材料展开成直线时的总长度，即 $L\approx\pi Dn_1$。

（11）旋向　从弹簧一端开始观察，簧圈消失的方向。当簧圈消失方向为顺时针方向时，旋向为右旋，如图 6-22（a）所示。当簧圈消失方向为逆时针方向时，旋向为左旋，如图 6-22（b）所示。

二、圆柱螺旋压缩弹簧的画法（GB/T 4459.4—2003）

1．规定画法

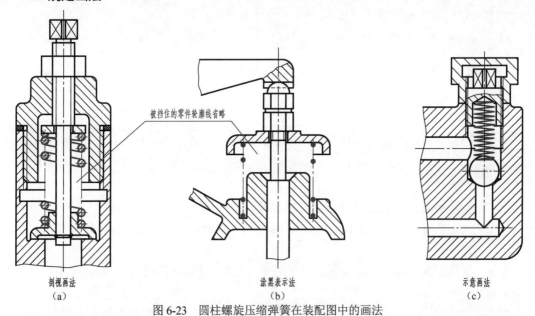

被挡住的零件轮廓线省略

剖视画法　　　　　涂黑表示法　　　　　示意画法
（a）　　　　　　　（b）　　　　　　　（c）
图 6-23　圆柱螺旋压缩弹簧在装配图中的画法

① 圆柱螺旋压缩弹簧在平行于轴线的投影面上的投影，其各圈的外形轮廓应画成直线。

② 有效圈数在四圈以上的圆柱螺旋压缩弹簧，允许每端只画两圈（不包括支承圈），中间各圈可省略不画，只画通过簧丝断面中心的两条细点画线。当中间部分省略后，也可适当地缩短图形的长（高）度，如图 6-21（a）、（b）所示。

③ 在装配图中，弹簧中间各圈采取省略画法后，弹簧后面被挡住的零件轮廓不必画出，如图 6-23（a）、（b）所示。

④ 当线径在图上小于或等于 2mm 时，可采用示意画法，如图 6-21（c）、图 6-23（c）所示。如果是断面，可以涂黑表示，如图 6-23（b）所示。

⑤ 右旋弹簧或旋向不做规定的圆柱螺旋压缩弹簧，在图上画成右旋。左旋弹簧允许画成右旋，但左旋弹簧不论画成左旋还是右旋，一律要加注"LH"。

2．圆柱螺旋压缩弹簧的作图步骤

圆柱螺旋压缩弹簧如要求两端常并紧且磨平时，不论支承圈的圈数多少或末端贴紧情况如何，其视图、剖视图或示意图均按图 6-21 绘制。

【例 6-15】 已知圆柱螺旋压缩弹簧的线径 d=6mm，弹簧外径 D_2=42mm，节距 t=12mm，有效圈数 n=6，支承圈数 n_2=2.5，右旋，试画出圆柱螺旋压缩弹簧的剖视图。

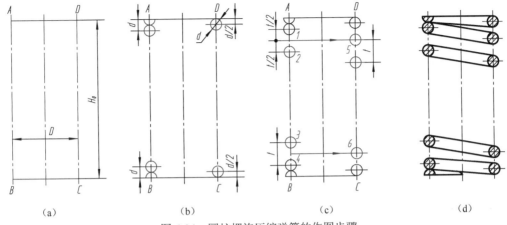

（a）　　　　　　　　　（b）　　　　　　　　　（c）　　　　　　　　　（d）

图 6-24　圆柱螺旋压缩弹簧的作图步骤

作图

① 算出弹簧中径 $D=D_2-d$=42mm−6mm=36mm 及自由高度 $H_0=nt+2d$=6×12mm+2×6mm =84mm，可画出长方形 $ABCD$，如图 6-24（a）所示。

② 根据线径 d，画出支承圈部分弹簧钢丝的剖面，如图 6-24（b）所示。

③ 画出有效圈部分弹簧钢丝的剖面。先在 AB 线上根据节距 t 画出圆 2 和圆 3；然后从 1、2 和 3、4 的中点作垂线与 CD 线相交，画出圆 5 和圆 6，如图 6-24（c）所示。

④ 按右旋方向作相应圆的公切线及剖面线，即完成作图，如图 6-24（d）所示。

三、普通圆柱螺旋压缩弹簧的标记（GB/T 2089—2009）

圆柱螺旋压缩弹簧的标记格式如下：

| Y端部形式 | $d×D×H_0$ | 精度代号 | 旋向代号 | 标准号 |

类型代号　YA 为两端圈并紧磨平的冷卷压缩弹簧，YB 为两端圈并紧制扁的热卷压缩弹簧。

规　　格　线径×弹簧中径×自由高度。

精度代号　2 级精度制造不表示，3 级应注明"3"级。

旋向代号　左旋应注明为左，右旋不表示。

标　准　号　GB/T 2089（省略年号）。

【例 6-16】 解释"**YA　1.8×8×40　左　GB/T 2089**"的含义。

解　线径为 1.8mm，弹簧中径为 8mm，自由高度为 40mm，精度等级为 2 级，左旋的两端圈并紧磨平的冷卷压缩弹簧（标准号为 GB/T 2089）。

素养提升

第七章　金属焊接图

第一节　焊接的表示法

焊接是采用加热或加压，或两者并用，用或不用填充金属，使分离的两工件材质间达到原子间永久结合的一种加工方法。用来表达金属焊接件的工程图样，称为金属焊接图，简称焊接图。焊接是一种不可拆卸的连接形式，由于它施工简便、连接可靠，在智能制造过程中被广泛采用。国家标准 GB/T 324—2008《焊缝符号表示法》规定，推荐用焊缝符号表示焊缝或接头，也可以采用一般的技术制图方法表示。

一、焊缝的规定画法

1．焊接接头形式

两焊接件用焊接的方法连接后，其熔接处的接缝称焊缝，在焊接处形成焊接接头。由于两焊接件间相对位置不同，焊接接头有对接、搭接、角接和T形接头等基本形式，如图7-1（a）所示。

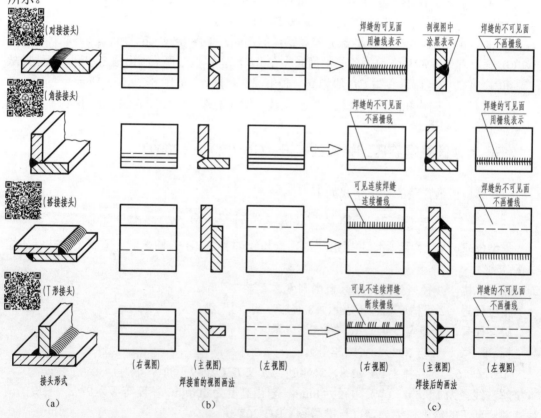

图 7-1　焊缝的规定画法

2．可见焊缝的画法

用视图表示焊缝时，当施焊面（或带坡口的一面）处于可见时，焊缝用栅线（一系列细实线）表示。此时表示两个被焊接件相接的轮廓线应保留，如图 7-1（c）右视图中的第一个图例所示。

3．不可见焊缝的画法

当施焊面（或带坡口的一面）处于不可见时，表示焊缝的栅线省略不画，如图 7-1（c）左视图中的第一个图例所示。

4．剖视图中焊缝的画法

用剖视图或断面图表示焊缝接头或坡口的形状时，焊缝的金属熔焊区通常应涂黑表示，如图 7-1（c）中的主视图所示。

对于常压、低压设备，在剖视图上的焊缝，按焊接接头的型式画出焊缝的剖面，剖面符号用涂黑表示；视图中的焊缝，可省略不画，如图 7-2 所示。

对于中压、高压设备或设备上某些重要的焊缝，则需用局部放大图（亦称节点图），详细地表示出焊缝结构的形状和有关尺寸，如图 7-3 所示。

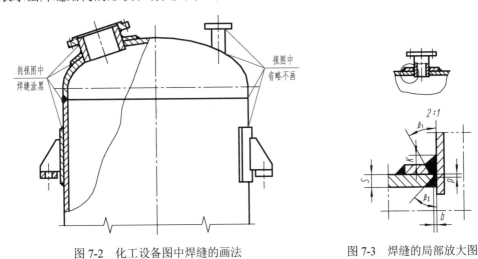

图 7-2　化工设备图中焊缝的画法　　　　图 7-3　焊缝的局部放大图

二、焊缝符号表示法

根据国家标准 GB/T 324－2008《焊缝符号表示法》的规定，焊缝符号一般由基本符号与指引线组成。必要时还可以加上辅助符号、补充符号和焊缝尺寸符号。

1．焊缝的基本符号

焊缝的基本符号表示焊缝横截面的形式或特征，常见焊缝的基本符号见表7-1。

表 7-1　常见焊缝的基本符号（摘自 GB/T 324－2008）

名　称	图形符号	示　意　图	标注示例
I 形焊缝	‖		
V 形焊缝	∨		

续表

名　称	图形符号	示　意　图	标注示例
单边 V 形焊缝	V		
带钝边 V 形焊缝	Y		
带钝边单边 V 形焊缝	Y		
角焊缝	△		

2. 焊缝的补充符号

焊缝的补充符号是补充说明有关焊缝或接头的某些特征，如表面形状、分布、施焊地点等，见表7-2。

表 7-2　焊缝的补充符号（摘自 GB/T 324—2008）

名　称	图形符号	示　意　图	标注示例	说　　明
平面	—			平齐的 V 形焊缝，焊缝表面经过加工后平整
凹面	⌣			角焊缝表面凹陷
凸面	⌢			双面 V 形焊缝，焊缝表面凸起
三面焊缝	⊏			三面带有（角）焊缝，符号开口方向与实际方向一致
周围焊缝	○			沿着工件周边施焊的焊缝，周围焊缝符号标注在基准线与箭头线的交点处
现场焊缝	◢			在现场焊接的焊缝

名　称	图形符号	示　意　图	标注示例	说　明
尾部	<		N=4/111	有 4 条相同的角焊缝，采用焊条电弧焊

3．焊缝的尺寸符号

焊缝尺寸符号用字母代表对焊缝的尺寸要求，当需要注明焊缝尺寸时才标注。焊缝尺寸符号的含义见表 7-3。

表 7-3　焊缝尺寸符号的含义（摘自 GB/T 324－2008）

名　称	符号	符　号　含　义
工件厚度	δ	
坡口角度	a	
坡口面角度	β	
根部间隙	b	
钝　边	p	
坡口深度	H	
焊缝宽度	c	
余　高	h	
焊缝有效厚度	S	
根部半径	R	
焊脚尺寸	K	
焊缝长度	l	
焊缝间距	e	
焊缝段数	n	
相同焊缝数量	N	

4．焊缝指引线

焊缝符号的基准线由两条相互平行的细实线和细虚线组成，如图 7-4 所示。焊缝符号的指引线箭头直接指向的接头侧为"接头的箭头侧"，与之相对的则为"接头的非箭头侧"。

必要时，可以在焊缝符号中标注表 7-3 中的焊缝尺寸，焊缝尺寸在焊接符号中的标注位置如图 7-4 所示。其标注规则如下：

——焊缝的横向尺寸标注在基本符号的左侧；

——焊缝的纵向尺寸标注在基本符号的右侧；

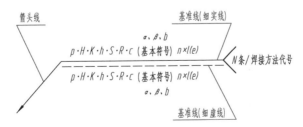

图 7-4　焊缝标注指引线

——焊缝的坡口角度、坡口面角度、根部间隙尺寸标注在基本符号的上侧或下侧；

——相同焊缝数量及焊接方法代号等可以标在尾部；

——当尺寸较多不易分辨时，可在尺寸数值前标注相应的尺寸符号。

> 提示：基准线一般与主标题栏平行。指引线有箭头的一端指向有关焊缝，细虚线表示焊缝在接头的非箭头侧。

5. 焊接工艺方法代号

随着焊接技术的发展，焊接工艺方法有近百种之多。国家标准 GB/T 5185－2005《焊接及相关工艺方法代号》规定，用阿拉伯数字代号表示各种焊接工艺方法，并可在图样中标出。焊接工艺方法一般采用三位数字表示：

——一位数代号表示工艺方法大类；

——二位数代号表示工艺方法分类；

——三位数代号表示某种工艺方法。

常用的焊接工艺方法代号见表 7-4。

表 7-4　焊接工艺方法代号（摘自 GB/T 5185－2005）

代号	工艺方法	代号	工艺方法	代号	工艺方法	代号	工艺方法
1	电弧焊	2	电阻焊	3	气焊	74	感应焊
11	无气体保护电弧焊	21	点焊	311	氧乙炔焊	82	电弧切割
111	焊条电弧焊	211	单面点焊	312	氧丙烷焊	84	激光切割
12	埋弧焊	212	双面点焊	41	超声波焊	91	硬钎焊
15	等离子弧焊	22	缝焊	52	激光焊	94	软钎焊

第二节　常见焊缝的标注方法

箭头线相对焊缝的位置一般没有特殊要求，箭头线可以标在有焊缝一侧，也可以标在没有焊缝一侧。

1. 基本符号相对基准线的位置

如图 7-5（a）所示，某焊缝的坡口朝右时，如果箭头线位于焊缝一侧，则将基本符号标在基准线的细实线上，如图 7-5（b）所示；如果箭头线位于非焊缝一侧，则将基本符号标在基准线的细虚线上，如图 7-5（c）所示。

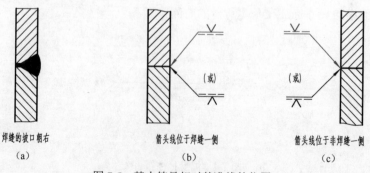

焊缝的坡口朝右
（a）

箭头线位于焊缝一侧
（b）

箭头线位于非焊缝一侧
（c）

图 7-5　基本符号相对基准线的位置

2．双面焊缝的标注

图7-6（a）所示为双面V形焊缝，可以省略基准线的细虚线，如图7-6（b）所示。图7-6（c）所示为双面焊缝（左侧为角焊缝，右侧为I形焊缝），也可以省略基准线的细虚线，如图7-6（d）所示。

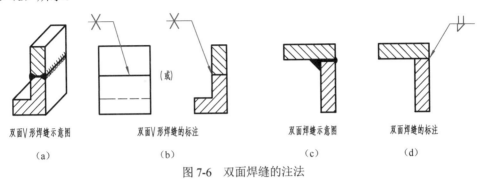

双面V形焊缝示意图　　双面V形焊缝的标注　　双面焊缝示意图　　双面焊缝的标注

　　（a）　　　　　　　（b）　　　　　　　（c）　　　　　　　（d）

图 7-6　双面焊缝的注法

3．对称焊缝的标注

有对称板的焊缝在两面焊接时，称为对称焊缝。标注对称焊缝时，要注意"对称板"的选择，如图7-7（a）所示。对称焊缝的正确注法，如图7-7（b）所示。图7-7（c）所示的注法是错误的。

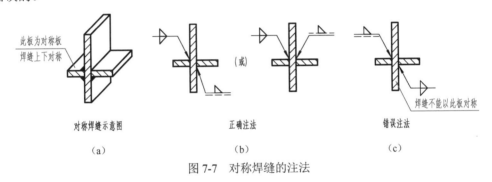

此板为对称板　焊缝上下对称　　　　　　　　　　　　　　　　　焊缝不能以此板对称

对称焊缝示意图　　　　　　　正确注法　　　　　　　错误注法

　　（a）　　　　　　　（b）　　　　　　　（c）

图 7-7　对称焊缝的注法

4．省略标注

焊条电弧焊（焊接工艺代号为111）或没有特殊要求的焊缝，可省略尾部符号和标注。

常见焊缝的标注方法如下。

【例 7-1】　一对对接接头，焊缝形式及尺寸如图 7-8（a）所示。其接头板厚 10mm，根部间隙 2mm，钝边 3mm，坡口角度 60°。共有 4 条焊缝，每条焊缝长 100mm，采用埋弧焊进行焊接。试用焊缝符号表示法，将其标注出来。

焊缝形式及尺寸　　　　　　　　　　　　　　标注方法

　　（a）　　　　　　　　　　　　　　　　　（b）

图 7-8　对接接头的标注方法

解 标注结果如图7-8（b）所示。

【例 7-2】 一对角接接头，焊缝形式及尺寸如图 7-9（a）所示。该焊缝为双面焊缝，上面为带钝边单边 V 形焊缝，下面为角焊缝。钝边为3mm，坡口面角度为50°，根部间隙为2mm，焊脚尺寸为6mm。试用焊缝符号表示法，将其标注出来。

解 标注结果如图7-9（b）所示。

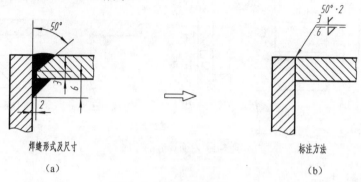

焊缝形式及尺寸
（a）

标注方法
（b）

图 7-9 角接接头的标注方法

提示：①当同一图样上全部焊缝所采用的焊接方法完全相同时，焊缝符号尾部表示焊接方法的代号可省略不注，但必须在技术要求或其他技术文件中注明"全部焊缝均采用……焊"等字样。②当大部分焊接方法相同时，也可在技术要求或其他技术文件中注明"除图样中注明的焊接方法外，其余焊缝均采用……焊"等字样。

【例 7-3】 一对搭接接头，焊缝形式及焊缝符号标注如图 7-10 所示。试解释焊缝符号的含义。

解 "⊏"表示三面焊缝，"◺"表示单面角焊缝，"K"表示焊脚尺寸。

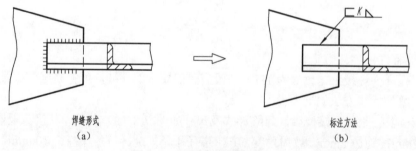

焊缝形式
（a）

标注方法
（b）

图 7-10 解释焊缝符号的含义

【例 7-4】 一对 T 形接头，焊缝形式及尺寸如图 7-11（a）所示。该焊缝为对称角焊缝，

焊缝形式及尺寸
（a）

标注方法
（b）

图 7-11 T 形接头的标注方法（一）

焊脚尺寸为4mm，在现场装配时进行焊接。试用焊缝符号表示法，将其标注出来。

解 标注结果如图7-11（b）所示。

【例7-5】 一对T形接头，焊缝形式及尺寸如图7-12（a）所示。该焊缝为双面、断续、角焊缝（交错），断续焊缝共有12条，每段焊缝长度为60mm，焊缝间隙为65mm，焊脚尺寸为4mm。试用焊缝符号表示法，将其标注出来。

解 标注结果如图7-12（b）所示。

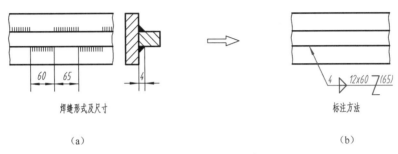

焊缝形式及尺寸	标注方法
（a）	（b）

图7-12 T形接头的标注方法（二）

【例7-6】 图7-13所示为轴承挂架结构轴测剖视图，图7-14所示为轴承挂架的焊接装配图。试解释焊接装配图中四种不同焊缝符号所表示的含义，并说明右下方局部放大图所表示的内容。

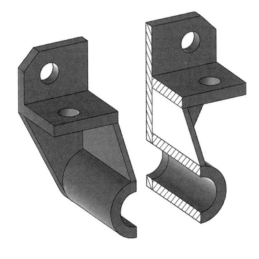

图7-13 轴承挂架结构轴测剖视图

解

① 件4（圆筒）外侧与件1（立板）焊接，焊缝为单面周围角焊缝，焊脚尺寸为4mm。

② 件4（圆筒）与件3（肋板）焊接，焊缝为双面角焊缝，焊脚尺寸为4mm。

③ 件3（肋板）与件2（横板）焊接，焊缝为双面角焊缝，焊脚尺寸为4mm。

④ 件3（肋板）与件1（立板）焊接，焊缝为双面角焊缝，焊脚尺寸为4mm。

⑤ 右下方的局部放大图，表示件2（横板）与件1（立板）的焊缝接头形式、坡口形状以及具体尺寸。焊接完成后，横板上面焊缝需磨平处理。

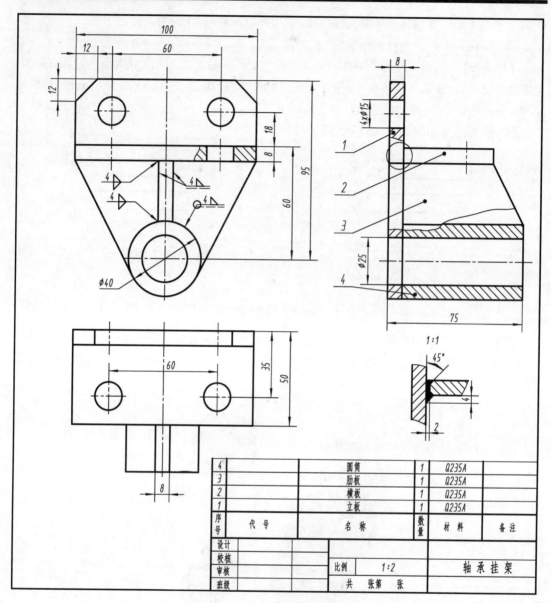

4		圆筒	1	Q235A	
3		肋板	1	Q235A	
2		横板	1	Q235A	
1		立板	1	Q235A	
序号	代 号	名 称	数量	材 料	备 注
设计					
校核		比例	1:2	轴承挂架	
审核					
班级		共 张第 张			

图 7-14 轴承挂架焊接装配图

第八章　零件图

第一节　零件的表达方法

一、零件图的作用和内容

1. 零件图的作用

一台机器或一个部件都是由许多零件按一定要求装配而成的。在制造机器时，必须先制造出全部零件。表示零件结构、大小和技术要求的图样称为零件图。零件图是制造和检验零件的依据，是组织生产的主要技术文件之一。

图 8-1 是轴承座零件图，它包含了制造和检验轴承座所需的全部内容。

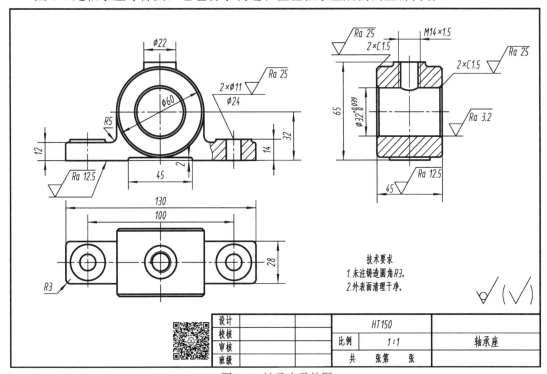

图 8-1　轴承座零件图

2. 零件图的内容

一张零件图应具备以下内容。

（1）一组视图　用一定数量的视图、剖视图、断面图、局部放大图等，完整、清晰地表达出零件的结构形状。

（2）足够的尺寸　正确、完整、清晰、合理地标注出零件在制造、检验时所需的全部尺寸。

（3）必要的技术要求　用规定的代（符）号和文字，表示零件在制造和检验中应达到的各项质量要求。如表面粗糙度、极限偏差、几何公差、热处理要求等。

（4）标题栏　填写零件的名称、材料、数量、比例及责任人签字等。

二、典型零件的表达方法

根据零件结构的特点和用途，大致可分为轴（套）类、轮盘类、叉架类和箱体类四类典型零件。它们在视图表达方面虽有共同原则，但各有不同特点。

1. 轴（套）类零件

（1）结构特点　轴的主体多数是由几段直径不同的圆柱、圆锥体所组成，构成阶梯状，轴（套）类零件的轴向尺寸远大于其径向尺寸。轴上常加工有键槽、螺纹、挡圈槽、倒角、退刀槽、中心孔等结构，如图 8-2 所示。

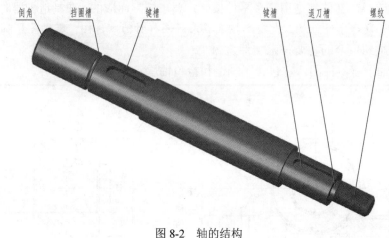

图 8-2　轴的结构

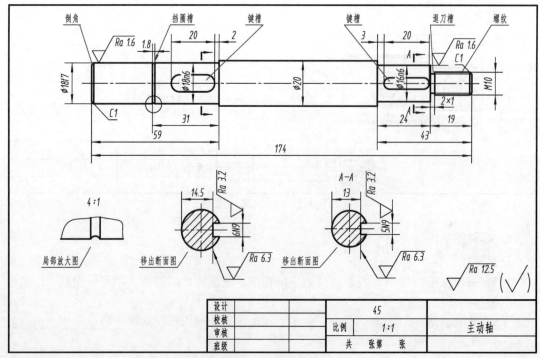

图 8-3　轴的零件图

为了传递动力，轴上装有齿轮、带轮等，利用键来联结，因此轴上有键槽；为了便于轴上各零件的安装，在轴端车有倒角；轴的中心孔是供加工时装夹和定位用的。这些局部结构主要是为了满足设计要求和工艺要求。

（2）常用的表达方法　为了加工时看图方便，轴类零件的主视图按加工位置选择，一般将轴线水平放置，垂直轴线方向作为主视图的投射方向，使它符合车削和磨削的加工位置，如图 8-3 所示。

轴的基本形状为同轴回转体，主要在车床上加工。因此，轴（套）类零件的主视图应将轴线水平放置，一般只用一个基本视图，再辅以其他表达方法。在主视图上，清楚地反映了阶梯轴的各段形状及相对位置，也反映了轴上各种局部结构的轴向位置。轴上的局部结构，一般采用断面图、局部剖视、局部放大图、局部视图来表达。用移出断面反映键槽的深度，用局部放大图表达挡圈槽的结构。

实心轴上的钻孔、键槽等结构，一般用局部剖视图或断面图表示（空心轴套则采用适当的剖视表达内部结构）；截面形状不变而又较长的部分，可断开后缩短绘制。

2. 轮盘类零件

（1）结构特点　轮盘类零件的基本形状是扁平的盘状，主体部分多为回转体，轮盘类零件的径向尺寸远大于其轴向尺寸，如图 8-4（a）所示。轮盘类零件大部分是铸件，如各种齿轮、带轮、手轮、减速器的一些端盖、齿轮泵的泵盖等都属于这类零件。

（2）常用的表达方法　轮盘类零件主要加工表面以车削为主，因此在表达这类零件时，一般选用 1~2 个基本视图，其主视图经常是按加工位置，将轴线水平放置，采用适当的剖视和简化画法。如图 8-4（b）所示，采用一个全剖的主视图，基本上清楚地反映了法兰的结构；采用一个局部放大图，用它表示密封槽的结构，以便于标注密封槽的尺寸；采用简化画法，表示法兰孔的分布情况。

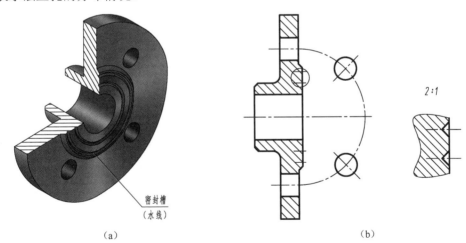

（a） （b）

图 8-4　法兰的表达方法

3. 叉架类零件

（1）结构特点　叉架类零件包括拨叉、支架、连杆、轴座等零件。叉架类零件一般由三部分构成，即支持部分、工作部分和连接部分。连接部分多是肋板结构，且形状弯曲、扭斜的较多，如图 8-5（a）所示。这类零件形状比较复杂，且加工位置多变，毛坯多为铸件，需经多道工序加工制成。

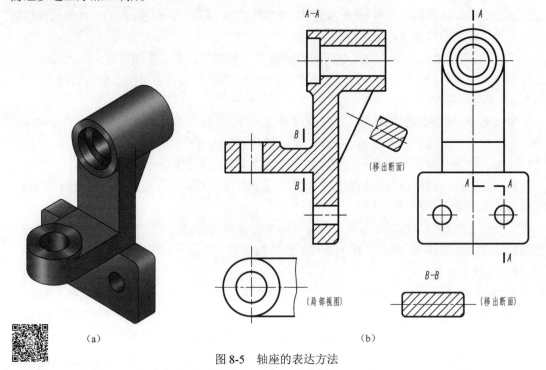

图 8-5　轴座的表达方法

（2）**常用的表达方法**　由于叉架类零件加工位置经常变化，因此选主视图时，主要考虑零件的形状特征和工作位置。叉架类零件常需要两个或两个以上的基本视图，为了表达零件上的弯曲或扭斜结构，还要选用斜视图、单一斜剖切面剖切的全剖视图、断面图和局部视图等表达方法。

图 8-5（b）为轴座的表达方案。主视图按轴座的工作位置安放，采用两个平行剖切面剖切的全剖视图。左视图表达竖板的形状，并进一步表示各部分的相对位置。另外还用了一个局部视图（省略未注）及 *A—A* 全剖视和两个移出断面（一个 *B—B*，另一个省略未注）。

第二节　零件图的尺寸标注

零件图中的尺寸是制造、检验零件的重要依据，生产中要求零件图中的尺寸不允许有任何差错。在零件图上标注尺寸，除要求正确、完整和清晰外，还应考虑合理性，既要满足设计要求，又要便于加工、测量。

一、正确地选择尺寸基准

要合理标注尺寸，必须恰当地选择尺寸基准，即尺寸基准的选择应符合零件的设计要求并便于加工和测量。尺寸基准即标注尺寸的起始点，零件的底面、端面、对称面、主要的轴线、对称中心线等都可作为基准。

1. 设计基准和工艺基准

根据机器的结构和设计要求，用以确定零件在机器中位置的一些面、线、点，称为设计基准。根据零件加工制造、测量和检验等工艺要求所选定的一些面、线、点，称为工艺基准。

图 8-6 所示轴承座，轴承孔的高度是影响轴承座工作性能的功能尺寸，主视图中尺寸 40±0.02 以底面为基准，以保证轴承孔到底面的高度。其他高度方向的尺寸，如 58、10、8 均以底面为基准。在标注底板上两孔的定位尺寸时，长度方向应以底板的对称面为基准，以保证底板上两孔的对称关系，如俯视图中尺寸 68。底面和对称面都是满足设计要求的基准，是设计基准。

轴承座上方螺纹孔的深度尺寸，若以轴承底板的底面为基准标注，就不易测量。应以凸台端面为基准，标注尺寸 6，测量比较方便，故凸台端面是工艺基准。

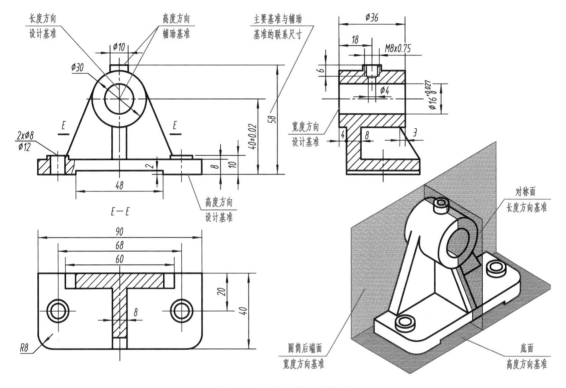

图 8-6 轴承座的尺寸基准

标注尺寸时，应尽量使设计基准与工艺基准重合，使尺寸既能满足设计要求，又能满足工艺要求。轴承座的底面是设计基准，加工时又是工艺基准。二者不能重合时，主要尺寸应从设计基准出发标注。

> 提示：功能尺寸系指对于零件的工作性能、装配精度及互换性起重要作用的尺寸，因而常具有较高的精度。例如，有装配要求的配合尺寸，有连接关系的定位尺寸，中心距等。

2. 主要基准与辅助基准

每个零件都有长、宽、高三个方向的尺寸，每个方向至少有一个尺寸基准，且都有一个主要基准，即决定零件主要尺寸的基准。如图 8-6 中底面为轴承座高度方向的主要基准，左右对称面为长度方向的主要基准，圆筒后端面为宽度方向的主要基准。

为了便于加工和测量，通常还附加一些尺寸基准，这些除主要基准外另选的基准为辅助基准。辅助基准必须有尺寸与主要基准相联系。如图 8-6 主视图所示，高度方向的主要基准是底面，而凸台端面为辅助基准（工艺基准），辅助基准与主要基准之间联系尺寸为 58。

二、标注尺寸的注意事项

1. 功能尺寸应直接标注

为保证设计的精度要求，功能尺寸应直接注出。如图 8-7（a）所示的装配图表明了零件凸块与凹槽之间的配合要求。如图 8-7（b）所示，在零件图中直接注出功能尺寸 $20_{-0.041}^{-0.020}$ 和 $20_{0}^{+0.033}$，以及 6、7，能保证两零件的配合要求。而图 8-7（c）中的尺寸，则需经计算得出，是错误的。

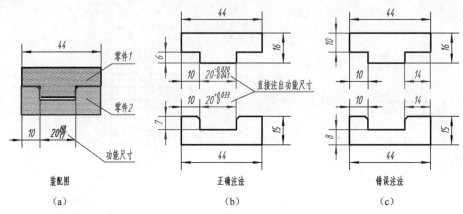

图 8-7　直接注出功能尺寸

2. 避免注成封闭的尺寸链

如图 8-8（a）所示，阶梯轴的长度方向尺寸 71、24、9、38 首尾相连，构成一个封闭的尺寸链，这种情形应避免。因为封闭尺寸链中每个尺寸的尺寸精度，都将受链中其他各尺寸误差的影响，加工时很难保证总长尺寸 71 的尺寸精度。在这种情况下，应当挑选一个不重要的尺寸空出不注，以使尺寸误差累积在此处，如图 8-8（b）的尺寸注法。

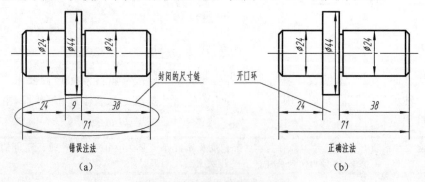

图 8-8　避免注成封闭的尺寸链

3. 考虑测量方便

孔深尺寸的标注，除了便于直接测量，也要便于调整刀具的进给量，图 8-9（a）所示的注法是正确的；如图 8-9（b）所示，孔深尺寸 14 的注法，不便于用深度尺直接测量。如图 8-9（c）所示，套筒零件的外径、内径、筒深等尺寸可直接测量，其注法是正确的；若按图 8-9（d）所示注法标注，红色的尺寸 5、38、5、29 在加工时无法直接测量，套筒的外径需经计算才能得出。

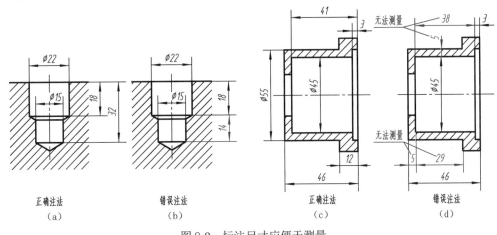

图 8-9　标注尺寸应便于测量

三、零件上常见结构的尺寸标注

零件上常见的销孔、锪平孔、沉孔、螺孔等结构，可参照表 8-1 标注尺寸。它们的尺寸标注分为普通注法和旁注法两种形式，根据图形情况及标注尺寸的位置参照选用。

表 8-1　零件上常见孔的简化注法

类型	普通注法	旁注法（简化后）		说　明
光孔	4×Ø4 ↧10	4×Ø4 ↧10	4×Ø4 ↧10	"↧"为深度符号 四个相同的孔，直径 ϕ4mm，孔深 10mm
锪孔	Ø13 4×Ø6.5	4×Ø6.5 ⊔Ø13	4×Ø6.5 ⊔Ø13	"⊔"为锪平符号。锪孔通常只需锪出圆平面即可，故锪平深度一般不注 四个相同的孔，直径 ϕ6.5mm，锪平直径 ϕ13mm
沉孔	90° Ø13 6×Ø6.5	6×Ø6.5 ⌵Ø13×90°	6×Ø6.5 ⌵Ø13×90°	"⌵"为埋头孔符号。该孔为安装开槽沉头螺钉所用 六个相同的孔，直径 ϕ6.5mm，沉孔锥顶角 90°，大口直径 ϕ13mm
螺纹孔	3×M6 EQS	3×M6 EQS	3×M6 EQS	"EQS"为均布孔的缩写词 三个相同的螺纹通孔均匀分布，公称直径 D=M6，螺纹公差为 6H（省略未注）

第三节　零件图上技术要求的注写

零件图中除了图形和尺寸外，还应具备加工和检验零件的技术要求。技术要求主要是指几何精度方面的要求，如表面粗糙度、尺寸公差、零件的几何公差、材料的热处理和表面处理，以及对指定加工方法和检验的说明等。

一、表面结构的表示法（GB/T 131—2006）

在机械图样上，还要根据零件的功能需要，对零件的表面质量——表面结构提出要求。表面结构是表面粗糙度、表面波纹度、表面缺陷、表面纹理和表面几何形状的总称。表面结构的各项要求在图样上的表示法在 GB/T 131—2006《产品几何技术规范（GPS）　技术产品文件中表面结构的表示法》中均有具体规定。这里简要介绍常用的表面粗糙度表示法。

1. 表面粗糙度的基本概念

零件在机械加工过程中，由于机床、刀具的振动，以及材料在切削时产生塑性变形、刀痕等原因，经放大后可见其加工表面是高低不平的，如图 8-10 所示。零件加工表面上具有较小间距与峰谷所组成的微观几何形状特性，称为表面粗糙度。表面粗糙度与加工方法，刀具形状及进给量等各种因素都有密切关系。

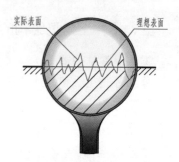

图 8-10　零件的真实表面

表面粗糙度是评定零件表面质量的一项重要技术指标，对于零件的配合、耐磨性、耐蚀性以及密封性等都有显著影响，是零件图中必不可少的一项技术要求。一般情况下，凡是零件上有配合要求或有相对运动的表面，表面粗糙度参数值要小。表面粗糙度参数值越小，表面质量越高，加工成本也越高。因此，在满足使用要求的前提下，应尽量选用较大的参数值，以降低成本。

国家标准规定评定粗糙度轮廓中的两个高度参数 Ra 和 Rz，是机械图样中最常用的评定参数。

（1）轮廓的算术平均偏差 Ra　是指在一个取样长度内，纵坐标值 $Z(x)$ 绝对值的算术平均值，如图 8-11 所示。

（2）轮廓的最大高度 Rz　是指在同一取样长度内，最大轮廓峰高和最大轮廓谷深之和的高度，如图 8-11 所示。

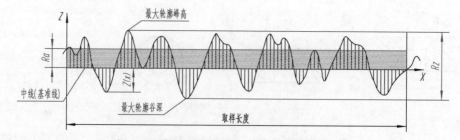

图 8-11　算术平均偏差 Ra 和轮廓最大高度 Rz

2. 表面粗糙度的图形符号

标注表面粗糙度时的图形符号的种类、名称、尺寸及含义见表 8-2。

表 8-2 表面粗糙度图形符号的含义

符号名称	符 号	含 义
基本图形符号（简称基本符号）	符号粗细为 h/10 h=字体高度 60° 60° 1.4h 3h	对表面结构有要求的图形符号 仅用于简化代号标注，没有补充说明时不能单独使用
扩展图形符号（简称扩展符号）		对表面结构有指定要求（去除材料）的图形符号 在基本图形符号上加一短横，表示指定表面是用去除材料的方法获得，如通过机械加工获得的表面；仅当其含义是"被加工表面"时可单独使用
		对表面结构有指定要求（不去除材料）的图形符号 在基本图形符号上加一圆圈，表示指定表面是不用去除材料的方法获得
完整图形符号（简称完整符号）	允许任何工艺　去除材料　不去除材料	对基本图形符号或扩展图形符号扩充后的图形符号 当要求标注表面结构特征的补充信息时，在基本图形符号或扩展图形符号的长边上加一横线

3. 表面粗糙度在图样中的注法

在图样中，零件表面粗糙度是用代号标注的。表面粗糙度符号中注写了具体参数代号及数值等要求后，即称为表面粗糙度代号。

① 表面粗糙度对每一表面一般只注一次，并尽可能注在相应的尺寸及其公差的同一视图上，除非另有说明，所标注的表面粗糙度是对完工零件表面的要求。

② 表面粗糙度的注写和读取方向与尺寸的注写和读取方向一致，如图 8-1、图 8-3、图 8-12 所示。

③ 表面粗糙度可标注在轮廓线上，其符号应从材料外指向并接触表面，如图 8-12、图 8-13 所示。必要时，表面粗糙度也可用带箭头或黑点的指引线引出标注，如图 8-14 所示。

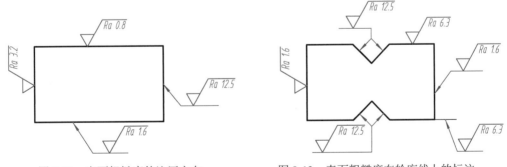

图 8-12 表面粗糙度的注写方向　　　　图 8-13 表面粗糙度在轮廓线上的标注

④ 在不致引起误解时，表面粗糙度可以标注在给定的尺寸线上，如图 8-15 所示。

⑤ 圆柱表面的表面粗糙度只标注一次，如图 8-16 所示。

⑥ 表面粗糙度可以直接标注在延长线上，或用带箭头的指引线引出标注，如图 8-16。

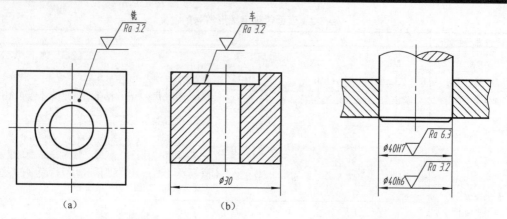

图 8-14 用指引线引出标注表面粗糙度 　　　　图 8-15 表面粗糙度标注在尺寸线上

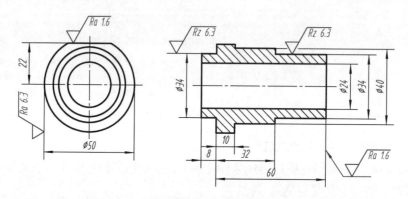

图 8-16 表面粗糙度标注在圆柱特征的延长线上

4. 表面粗糙度的简化注法

① 如果工件的全部表面具有相同的表面粗糙度时，则其表面粗糙度可统一标注在图样的标题栏附近（右上方），如图 8-17（a）所示。

② 如果工件的多数表面有相同的表面粗糙度时，则其粗糙度要求可统一标注在图样的标题栏附近（右上方），并在表面粗糙度符号后面的圆括号内，给出无任何其他标注的基本符号，如图 8-17（b）所示；或给出不同的表面粗糙度，如图 8-17（c）所示。此时，将不同的表面粗糙度直接标注在图形中。

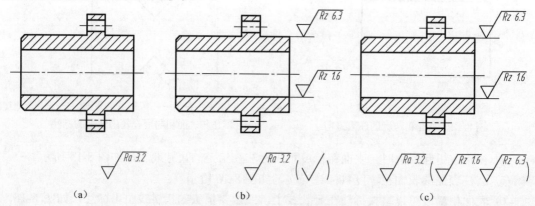

图 8-17 大多数表面有相同表面粗糙度的简化注法

③ 只用表面粗糙度符号的简化注法。如图 8-18 所示，用表面粗糙度符号，以等式的形式给出对多个表面共同的表面粗糙度。

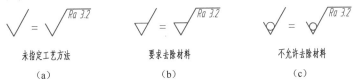

图 8-18　只用表面粗糙度符号的简化注法

5. 表面粗糙度代号的识读

在图样中，零件表面粗糙度是用代（符）号标注的，它由规定的符号和有关参数组成。表面粗糙度代号一般按下列方式识读：

① ，读作"表面粗糙度 Ra 的上限值为 3.2μm（微米）"；

② ，读作"表面粗糙度的最大高度 Rz 为 6.3μm（微米）"。

二、极限与配合（GB/T 1800.1—2020）

在一批相同的零件中任取一个，不需修配便可装到机器上并能满足使用要求的性质，称为互换性。

就尺寸而言，互换性要求尺寸的一致性，并不是要求零件都准确地制成一个指定的尺寸，而只是限定其在一个合理的范围内变动。对于相互配合的零件，这个范围，一是要求在使用和制造上是合理、经济的；再就是要求保证相互配合的尺寸之间形成一定的配合关系，以满足不同的使用要求。前者要以"公差"的标准化——极限制来解决，后者要以"配合"的标准化来解决，由此产生了"极限与配合"制度。

1. 尺寸公差与公差带

如图 8-19（a）、（b）所示，轴的直径尺寸 $\phi 40^{+0.050}_{+0.034}$ 中，$\phi 40$ 是由图样规范定义的理想形状要素的尺寸，称为公称尺寸。$\phi 40$ 后面的 $^{+0.050}_{+0.034}$ 的含义分别是：

上极限尺寸：尺寸要素（轴的直径）允许的最大尺寸，即 40mm+0.05mm=40.05mm。

下极限尺寸：尺寸要素（轴的直径）允许的最小尺寸，即 40mm+0.034mm=40.034mm。

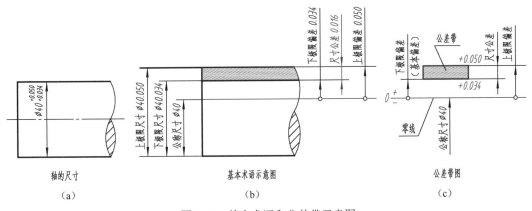

图 8-19　基本术语和公差带示意图

上极限偏差：上极限尺寸减其公称尺寸所得的代数差，即 40.05mm-40mm=0.05mm。

下极限偏差：下极限尺寸减其公称尺寸所得的代数差，即 40.034mm-40mm=0.034mm。

公差：上极限尺寸与下极限尺寸之差，也可以是上极限偏差与下极限偏差之差。即

公差=上极限尺寸-下极限尺寸，即 40.05mm-40.034mm=0.016mm；

或公差=上极限偏差-下极限偏差，即 0.05mm-0.034mm=0.016mm。

也就是说，轴的直径最粗（上极限尺寸）为 ϕ40.05mm、最细（下极限尺寸）为 ϕ40.034mm。轴径的实际尺寸只要在 ϕ40.034～ϕ40.05mm 范围内，就是合格的。

极限偏差是一个带符号的值，可以是正值、负值或零。公差是一个没有符号的绝对值，恒为正值，不能是零或负值。

在机械加工过程中，不可能将零件的尺寸加工得绝对准确，而是允许零件的实际尺寸在合理的范围内变动。公差越小，零件的精度越高，实际尺寸的允许变动量也越小；反之，公差越大，尺寸的精度越低。

在公差分析中，常把公称尺寸、极限偏差及尺寸公差之间的关系简化成公差带图，如图 8-19（c）所示。

在公差带图中，由代表上、下极限偏差的两条直线所限定的一个区域，称为公差带。在极限与配合图中，表示公称尺寸的一条直线称为零线，以其为基准确定极限偏差和尺寸公差。

2．标准公差与基本偏差

公差带由公差带大小和公差带位置两个要素来确定。

（1）标准公差　线性尺寸公差ISO代号体系中的任一公差，称为标准公差。缩略语字母"IT"代表"国际公差"，标准公差等级用字符IT和等级数字表示，如IT7。标准公差分为20个等级，即IT01、IT0、IT1、IT2、…、IT18。IT01公差值最小，精度最高。IT18公差值最大，精度最低。标准公差数值可由附表11中查得。公差带大小由标准公差来确定。

（2）基本偏差　确定公差带相对公称尺寸位置的那个极限偏差，称为基本偏差。基本偏差是指最接近公称尺寸的那个极限偏差，它可以是上极限偏差或下极限偏差。当公差带在零线上方时，基本偏差为下极限偏差（EI, ei）；当公差带在零线下方时，基本偏差为上极限偏差（ES, es），如图 8-20 所示。公差带相对零线的位置由基本偏差来确定。

GB/T 1800.1—2020《产品几何技术规范（GPS）　线性尺寸公差 ISO 代号体系　第 1 部分：公差、偏差和配合的基础》对孔和轴各规定了 28 个不同的基本偏差。基本偏差代号用拉丁字母表示。其中，用一个字母表示的有 21 个，用两个字母表示的有 7 个。从 26 个拉丁字母中去掉了易与其他含义相混淆的 I、L、O、Q、W（i、l、o、q、w）5 个字母。大写字母表示孔，小写字母表示轴。轴和孔的基本偏差代号与数值可由附表 12、附表 13 中查得。

如果基本偏差和标准公差确定了，那么，孔和轴的公差带大小和位置就确定了。

> 提示：如图 8-20 所示，图中各公差带只表示了公差带位置，即基本偏差，另一端开口，由相应的标准公差确定。

3．配合

类型相同且待装配的外尺寸要素（轴）和内尺寸要素（孔）之间的关系，称为配合。根据使用要求的不同，配合有松有紧。

（1）间隙配合　孔和轴装配时总是存在间隙的配合。此时，孔的下极限尺寸大于或在

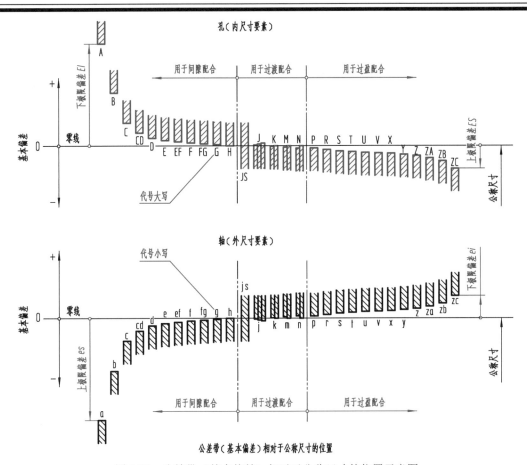

图 8-20 公差带（基本偏差）相对于公称尺寸的位置示意图

极端情况下等于轴的上极限尺寸。也就是说孔的最小尺寸大于或等于轴的最大尺寸，如图 8-21 所示。

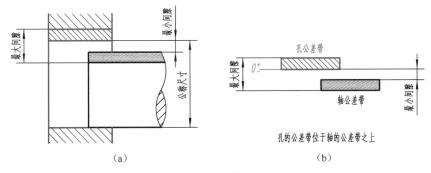

图 8-21 间隙配合

（2）过盈配合 孔和轴装配时总是存在过盈的配合。此时，孔的上极限尺寸小于或在极端情况下等于轴的下极限尺寸。也就是说轴的最小尺寸大于或等于孔的最大尺寸，如图 8-22 所示。

（3）过渡配合 孔和轴装配时可能具有间隙或过盈的配合。孔和轴的公差带或完全重叠或与部分重叠，因此，是否形成间隙配合或过盈配合取决于孔和轴的实际尺寸。也就是说轴与孔配合时，有可能产生间隙，也可能产生过盈，产生的间隙或过盈都比较小，如图 8-23 所示。

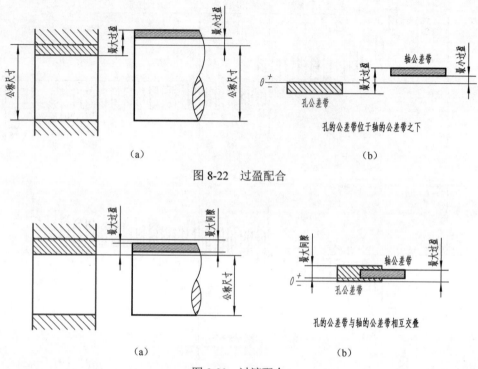

图 8-22　过盈配合

图 8-23　过渡配合

4. 配合制

在加工制造相互配合的零件时，采取其中一个零件作为基准件，使其基本偏差不变，通过改变另一零件的基本偏差以达到不同的配合要求。国家标准规定了两种配合制。

（1）基孔制配合　孔的基本偏差为零的配合，即其下极限偏差等于零。基孔制配合是孔的下极限尺寸与公称尺寸相同的配合制。所要求的间隙或过盈，由不同公差带代号的轴与一基本偏差为零的基准孔相配合得到，如图 8-24 所示。在基孔制配合中选作基准的孔，称为基准孔（其特点是：基本偏差为 H，下极限偏差 0）。由于轴比孔易于加工，所以应优先选用基孔制配合。

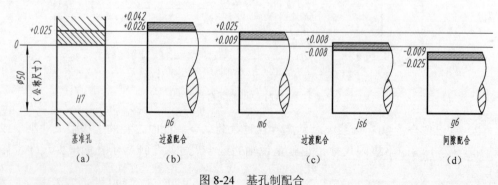

图 8-24　基孔制配合

（2）基轴制配合　轴的基本偏差为零的配合，即其上极限偏差等于零。基轴制配合是轴的上极限尺寸与公称尺寸相同的配合制。所要求的间隙或过盈，由不同公差带代号的孔与一基本偏差为零的基准轴相配合得到，如图 8-25 所示。在基轴制配合中选作基准的轴，称为基准轴（其特点是：基本偏差为 h，上极限偏差为 0）。

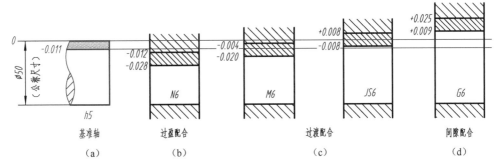

图 8-25 基轴制配合

5．极限与配合的标注

（1）装配图中的注法 在装配图中，极限与配合一般采用代号的形式标注。分子表示孔的公差带代号（大写），分母表示轴的公差带代号（小写），如图 8-26（a）所示。

（2）零件图中的注法 在零件图中，与其他零件有配合关系的尺寸可采用三种形式进行标注。一般采用在公称尺寸后面标注极限偏差的形式；也可以采用在公称尺寸后面标注公差带代号的形式；或采用两者同时注出的形式，如图 8-26（b）所示。

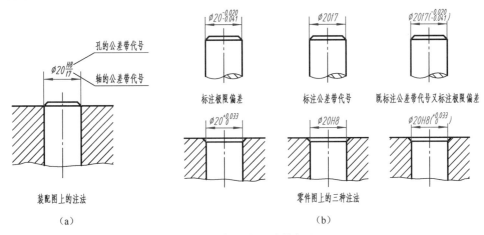

图 8-26 极限与配合的标注

（3）极限偏差数值的写法 标注极限偏差数值时，极限偏差数值的数字比公称尺寸数字小一号，下极限偏差与公称尺寸注在同一底线，且上、下极限偏差的小数点必须对齐，如图 8-26（b）所示。同时，还应注意以下几点：

① 上、下极限偏差符号相反，绝对值相同时，在公称尺寸右边注"±"号，且只写出一个极限偏差数值，其字体大小与公称尺寸相同，如图 8-27（a）所示。

② 当某一极限偏差（上极限偏差或下极限偏差）为"0"时，必须标注"0"。数字"0"应与另一极限偏差的个位数对齐注出，如图 8-27（b）所示。

③ 上、下极限偏差中的某一项末端数字为"0"时，为了使上、下极限偏差的位数相同，用"0"补齐，如图 8-27（c）所示；当上下极限偏差中小数点后末端数字均为"0"时，"0"

一般不需注出，如图 8-27（d）所示。

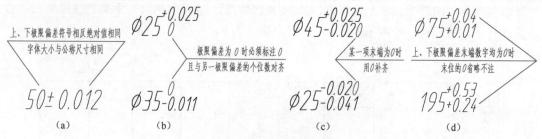

图 8-27　极限偏差数值的写法

6. 极限与配合应用举例

由图 8-26 中可以看出，极限与配合代号一般用基本偏差代号（拉丁字母）和标准公差等级（阿拉伯数字）组合来表示。通过查阅国家标准（附表 13～附表 17）可获得标准公差和极限偏差的数值。

查表时，首先要查阅"优先选用的轴（孔）的公差带"（附表 16、附表 17），直接获得极限偏差数值。若表中没有，再通过查阅"标准公差数值"（附表 13）和"轴（孔）的基本偏差数值"（附表 14、附表 15）两个表，通过计算获得。

通过以下例题中"含义"的解释，可了解极限与配合代号的识读方法。

【例 8-1】　试解释 ϕ35H7 的含义，直接查表确定其极限偏差数值。

解　① 公差代号的含义为：公称尺寸为 ϕ35、公差等级为 IT7 的基准孔。

② 查附表 13：查竖列 IT7、横排 30～50 的交点，得到其上极限偏差为+0.025（基准孔的下极限偏差为 0）。写作 $\phi35^{+0.025}_{0}$。

【例 8-2】　试解释 ϕ50f7 的含义，直接查表确定其极限偏差数值。

解　① 公差代号的含义为：公称尺寸为 ϕ50、基本偏差为 f、公差等级为 IT7 的轴。

② 查附表 16（优先选用的轴的公差带）：查竖列 f→7、横排 40 至 50 的交点，得到其上极限偏差为-25μm，下极限偏差为-50μm。写作 $\phi50^{-0.025}_{-0.050}$。

【例 8-3】　试解释 ϕ30g7 的含义，查表并计算其极限偏差数值。

解　① 公差代号的含义为：公称尺寸为 ϕ30、基本偏差为 g、公差等级为 IT7 的轴。

② 查附表 13：查竖列 IT7、横排 18～30 的交点，得到其标准公差为+0.021μm。

③ 查附表 14：查竖列"上极限偏差"→g、横排 24～30 的交点，得到上极限偏差为-7μm（因为 g 位于零线下方，所以其上、下极限偏差均为负值）。

④ 计算其下极限偏差。因为上极限偏差-下极限偏差=公差，所以下极限偏差=上极限偏差-公差，即下极限偏差=（-0.007）mm-（0.021）mm=-0.028mm。写作 $\phi30^{-0.007}_{-0.028}$。

【例 8-4】　试解释 ϕ55E8 含义，查表并计算其极限偏差数值。

解　① 公差代号的含义为：公称尺寸为 ϕ55、基本偏差为 E、公差等级为 IT8 的孔。

② 查附表 13：查竖列 IT8、横排 50～80 的交点，得到标准公差+46μm。

③ 查附表 15：查竖列"下极限偏差"→E、横排 50～65 的交点，得到下极限偏差为+60μm（因为 E 位于零线上方，所以其上、下极限偏差均为正值）。

④ 计算其上极限偏差。因为上极限偏差-下极限偏差=公差，所以上极限偏差=公差+下极限偏差，即上极限偏差=（0.06）mm+（0.046）mm=0.106mm。写作 $\phi55^{+0.106}_{+0.060}$。

【例 8-5】 试写出孔 $\phi25H7$ 与轴 $\phi25n6$ 的配合代号，并说明其含义。

解 ① 配合代号写作： $\phi25\dfrac{H7}{n6}$ 。

② 配合代号的含义为：公称尺寸为 $\phi25$、公差等级为 IT7 的基准孔，与相同公称尺寸、基本偏差为 n、公差等级为 IT6 的轴，所组成的基孔制、过渡配合。

【例 8-6】 试写出孔 $\phi40G6$ 与轴 $\phi40h5$ 的配合代号，并说明其含义。

解 ① 配合代号写作： $\phi40\dfrac{G6}{h5}$ 。

② 配合代号的含义为：公称尺寸为 $\phi40$、公差等级为 IT5 的基准轴，与相同公称尺寸、基本偏差为 G、公差等级为 IT6 的孔，所组成的基轴制、间隙配合。

三、几何公差简介（GB/T 1182—2018）

零件的几何公差是指形状公差、方向公差、位置公差和跳动公差。对于精度要求较高的零件，要规定其几何公差，合理地确定几何公差是保证产品质量的重要措施。

1．几何公差的几何特征和符号

国家标准 GB/T 1182－2018《产品几何技术规范（GPS） 几何公差 形状、方向、位置和跳动公差标注》规定，几何公差的几何特征共 19 项、符号 14 个，即形状公差 6 项、方向公差 5 项、位置公差 6 项、跳动公差 2 项，详见表 8-3。

表 8-3 几何公差的分类、几何特征及符号（摘自 GB/T 1182－2018）

公差类型	几何特征	符号	有无基准	公差类型	几何特征	符号	有无基准
形状公差	直线度	——	无	位置公差	位置度	⨁	有或无
	平面度	▱	无		同心度（用于中心点）	◎	有
	圆 度	○	无		同轴度（用于轴线）	◎	有
	圆柱度	⌭	无		对称度	═	有
	线轮廓度	⌒	无		线轮廓度	⌒	有
	面轮廓度	⌓	无		面轮廓度	⌓	有
方向公差	平行度	//	有	跳动公差	圆跳动	↗	有
	垂直度	⊥	有		全跳动	↗↗	有
	倾斜度	∠	有		——	——	——
	线轮廓度	⌒	有		——	——	——
	面轮廓度	⌓	有		——	——	——

2．几何公差的标注

几何公差要求在矩形框格中给出。该框格由两格或多格组成，框格中的内容从左到右按几何特征符号、公差值、基准字母的次序填写，其标注的基本形式及其指引线、框格、几何特征符号（比例和尺寸见 GB/T 39645－2020）、数字和字母的规格、基准符号的画法等，如图 8-28 所示。

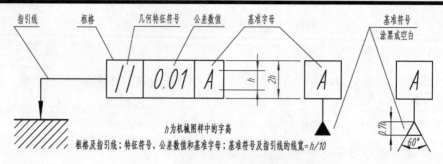

图 8-28　几何特征符号及基准三角形

图 8-29 所示为标注几何公差的示例。从图中可以看到，标注几何公差时应遵守以下规定：

① 当被测要素是表面或素线时，从框格引出的指引线箭头，应指在该要素的轮廓线或其延长线上。

② 当被测要素是轴线时，应将箭头与该要素的尺寸线对齐（如 M8×1 轴线的同轴度要求的注法）。

③ 当基准要素是轴线时，应将基准符号中的三角形与该要素的尺寸线对齐（如基准 A）。

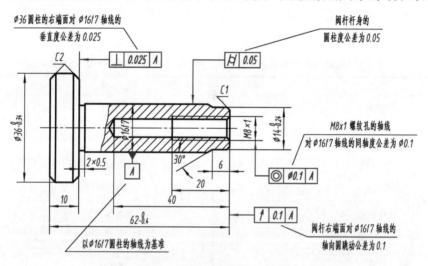

图 8-29　几何公差的标注示例

第四节　零件上常见的工艺结构

零件的结构形状主要根据零件在机器、设备中所起的作用，即根据其功能的要求而定。但也有部分结构是根据零件的制造工艺和装配工艺的要求来确定的。因此，要正确地表达零件各个部分的结构形状，必须熟悉零件上常见的工艺结构及其表达方法。

一、铸造工艺对结构的要求

1. 起模斜度

在铸造零件毛坯时，为了便于在砂型中取出木模，一般沿着起模方向设计出起模斜度（通常为 1∶20，约 3°），如图 8-30（a）、（b）所示。铸造零件的起模斜度在图中可不画出、不标注。必要时，可在技术要求中用文字说明，如图 8-30（c）所示。

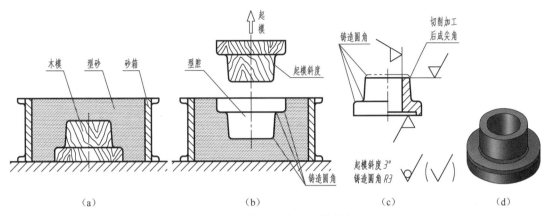

图 8-30　铸造圆角和起模斜度

2. 铸造圆角及过渡线

为便于铸件造型时起模，防止铁液冲坏转角处，将铸件的转角处制成圆角，此种圆角称为铸造圆角，如图 8-31（a）、（b）所示。圆角尺寸通常较小，一般为 R2～R5，在零件图上可省略不画。圆角尺寸常在技术要求中统一说明，如"铸造圆角 R3"或"未注圆角 R4"等，不必一一注出，如图 8-30（c）所示。

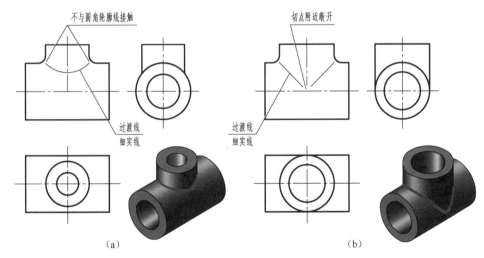

图 8-31　两圆柱面相交的过渡线画法

由于铸件表面的转角处有圆角，因此其表面产生的交线不清晰。为了看图时便于区分不同的表面，在图中仍要画出理论上的交线，但两端不与轮廓线接触，此线称为过渡线。过渡线用细实线绘制。图 8-31 所示为两圆柱面相交的过渡线画法。

二、机械加工工艺结构

1. 倒角和倒圆

为便于安装和安全，在轴或孔的端部，一般都加工成倒角；为避免应力集中产生裂纹，在轴肩处往往加工成圆角过渡，称为倒圆。倒角和倒圆的标注如图 8-32 所示。

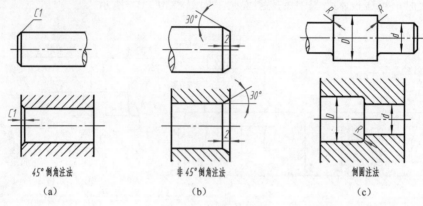

（a）45°倒角注法　　　　（b）非45°倒角注法　　　　（c）倒圆注法

图 8-32　倒角与倒圆

2. 退刀槽和砂轮越程槽

在车削内孔、车削螺纹和磨削零件表面时，为便于退出刀具或使砂轮可以稍越过加工面，常在待加工面的末端预先制出退刀槽或砂轮越程槽，如图 8-33 所示。退刀槽或砂轮越程槽的尺寸可按"槽宽×槽深"或"槽宽×直径"的形式标注。

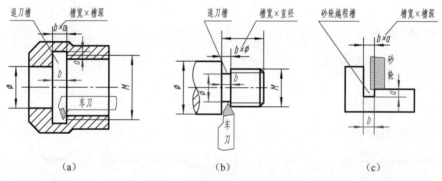

（a）　　　　　　（b）　　　　　　（c）

图 8-33　退刀槽和砂轮越程槽

3. 凸台和凹坑

为使零件的某些装配表面与相邻零件接触良好，也为了减少加工面积，常在铸造零件加工面处作出凸台、锪平成凹坑和凹槽，如图 8-34 所示。

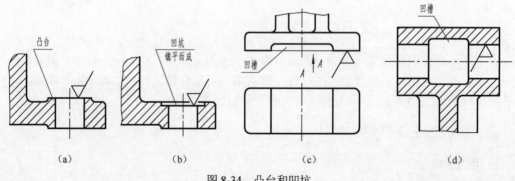

（a）　　　　　　（b）　　　　　　（c）　　　　　　（d）

图 8-34　凸台和凹坑

<h1 style="text-align:center">第五节　零件测绘</h1>

　　零件测绘是根据现有零件，进行分析、目测尺寸、徒手绘制草图，测量并标注尺寸及技术要求，经整理画出零件图的过程。在仿制和修配机器、设备及其部件时，常要对零件进行测绘。因此，测绘是工程技术人员必须掌握的基本技能之一。

一、了解和分析零件

　　① 了解零件的名称、用途、材料及其在机器或部件中的位置和作用。

　　② 对零件的结构形状和制造方法进行分析了解，以便考虑选择零件表达方案和进行尺寸标注。

图 8-35　填料压盖轴测图

二、确定表达方案

　　先根据零件的形状特征、加工位置、工作位置等情况选择主视图；再按零件内外结构特点选择其他视图及剖视、断面等表达方法。

　　图 8-35 所示零件为填料压盖，用来压紧填料，其主要结构分为腰圆形板和圆筒两部分。选择其加工位置方向为主视图，并采用全剖视，表达填料压盖的轴向板厚、圆筒长度、三个通孔等内外结构形状。选择 K 向（右）视图，表达填料压盖的腰圆形板结构和三个通孔的相对位置。

三、画零件草图

　　目测比例，徒手画成的图，称为草图。零件草图是绘制零件图的依据，必要时还可以直接指导生产，因此它必须包括零件图的全部内容。绘制零件草图的步骤如下：

　　① 布置视图，画出主、K 向（右）视图的定位线，如图 8-36（a）所示。

　　② 以目测比例，徒手画出主视图（全剖视）和 K 向（右）视图，如图 8-36（b）所示。

　　③ 选定尺寸基准，画出全部尺寸界线、尺寸线和箭头，如图 8-36（c）所示。

　　④ 测量并填写全部尺寸，标注各表面的表面粗糙度代号；填写技术要求和标题栏，如图 8-36（d）所示。

四、审核草图，根据草图画零件图

　　零件草图一般是在现场绘制的，受时间和条件所限，有些问题只要表达清楚就可以了，不一定是完善的。因此，画零件图前需对草图的视图表达方案、尺寸标注、技术要求等进行审核，经过补充、修改后，即可根据草图绘制零件图。

　　零件测绘是一项比较复杂的工作，要认真对待每个环节，测绘时应注意以下几点：

　　① 对于零件制造过程中产生的缺陷（如铸造时产生的缩孔、裂纹，以及该对称的不对称等）和使用过程中造成的磨损、变形等，画草图时应予以纠正。

　　② 零件上的工艺结构，如倒角、圆角、退刀槽等，虽小也应完整表达，不可忽略。

　　③ 严格检查尺寸是否遗漏或重复，相关零件尺寸是否协调，以保证零件图、装配图的顺利绘制。

④ 对于零件上的标准结构要素，如螺纹、键槽、轮齿等尺寸，以及与标准件配合或相关联结构（如轴承孔、螺栓孔、销孔等）的尺寸，应将测量结果与标准进行核对，并圆整成标准数值。

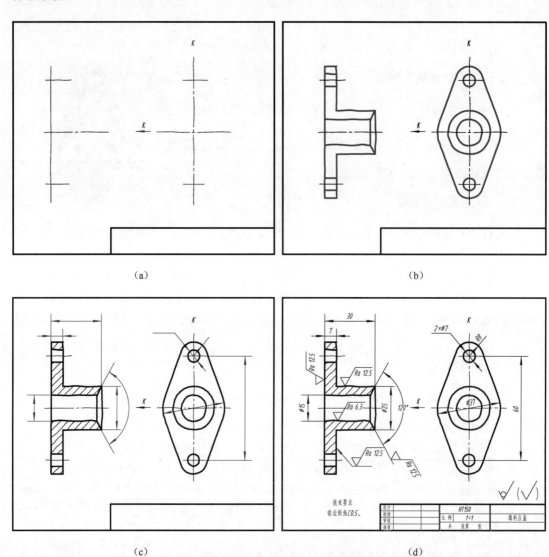

图 8-36　零件草图的绘图步骤

第六节　读零件图

读零件图就是根据零件图想象出零件的结构形状，了解零件的尺寸和技术要求，以便指导生产和解决有关技术问题。下面以图 8-37 所示零件图为例，说明读图的方法和步骤。

一、概括了解

首先通过标题栏了解零件的名称、材料、画图比例等，并粗略地看视图，大致了解该零件的作用、结构特点和大小。图 8-37 所示零件为传动器箱体，属于箱体类零件。画图比例为 1∶2，材料为 HT200（灰铸铁），毛坯是通过铸造获得的。

二、分析视图、想象零件的结构形状

概括了解后，接着应了解零件图的视图表达方案，各视图的表达重点，采用了哪些表达方法等。

如图 8-37 所示，传动器箱体的零件图采用了主、俯、左三个基本视图。主视图采用全剖视，重点表达其内部结构；左视图内外兼顾，采用了半剖视，并附加采用一个局部剖视，表达底板上安装孔的结构；俯视图采用 A—A 剖视，既表达了底板的形状，又反映了连接支承部分的断面形状，显然比画出俯视图的表达效果要好。

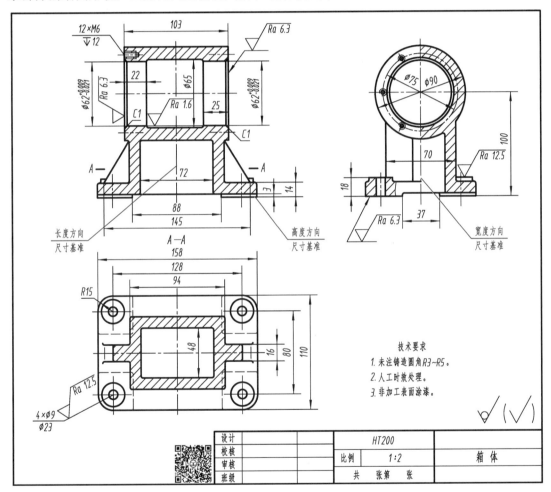

图 8-37 箱体零件图

在读懂视图表达的基础上，运用形体分析的方法，根据视图间的投影关系，逐步分析清楚零件各组成部分的结构形状和相对位置。在构思出零件主体结构形状的基础上，进一步搞清各部分细节的结构形状，最后综合想象出零件的完整结构。

如图 8-37 所示，按投影关系可想象出箱体主要由下方的底板、上方的空心圆柱体、中部的中空四棱柱及两侧的两块肋板组合而成，箱体的结构如图 8-38 所示。

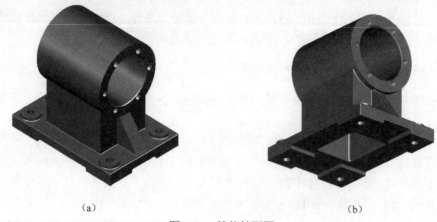

（a）　　　　　　　　　　　　　　　　（b）

图 8-38　箱体轴测图

细部结构　上方的空心圆柱体内部有 $\phi62$、$\phi65$ 台阶孔，台阶孔的左右两外侧加工出 $C1$ 倒角，空心圆柱的左右两端面分别加工出 M6 螺纹盲孔 6 个；中空四棱柱的断面在俯视图上看得最清楚，而在主、左视图上可见其上部与圆柱相交，下部与底板叠加，且内孔相通；在底板上方、中空四棱柱的左右两侧各有一厚度为 16 的肋板；底板上方带有 4 个凸台，且凸台位置各加工出 $\phi9$ 的安装孔；底板下方带有 4 个凸台支承面（俯视图中的细虚线）。

三、分析尺寸和技术要求

首先分析零件长、宽、高三个方向上尺寸的主要尺寸基准。然后从基准出发，通过形体分析，找出各组成部分的定形尺寸和定位尺寸，并搞清哪些是功能尺寸。

如图 8-37 所示，箱体长度方向以左右对称面为基准，长度方向的尺寸 103、72、88、145、158、128、94 均以左右对称面为基准注出；宽度方向以前后对称面为基准，宽度方向的尺寸 48、16、80、110、70、37 均以前后对称面为基准注出；高度方向的主要基准是底板的底面，空心圆柱体轴线的定位尺寸 100、底板高 14、下凸台高 3、上凸台高 18 均由此注出。

空心圆柱体两侧轴孔 $\phi62^{+0.009}_{-0.021}$ 为优先配合的孔，它们的基本偏差（查附表 17）为 K，标准公差为 IT7，其表面粗糙度 Ra 的上限值为 1.6μm；空心圆柱体左右两端面和底板底面的表面粗糙度 Ra 的上限值为 6.3μm；安装孔的表面粗糙度 Ra 的上限值为 12.5μm；其余是不经切削加工的铸件表面。未注铸造圆角为 $R3\sim R5$。

四、综合归纳

在以上分析的基础上，对零件的形状、大小和质量要求进行综合归纳，对零件有一个较全面的详细了解。

对于复杂的零件图，还需参考有关的技术资料和图样，包括该零件所在的装配图以及与它有关的零件图等，以利对零件进一步了解。

第九章　装　配　图

第一节　装配图的表达方法

一、装配图的作用和内容

任何机器（或部件），都是由若干零件按照一定的装配关系和技术要求装配而成的。装配图是用于表示产品及其组成部分的连接、装配关系的图样。装配图和零件图一样，都是生产中的重要技术文件。零件图表达零件的形状、大小和技术要求，用于指导零件的加工制造；而装配图是表达装配体（即机器或部件）的工作原理，零件之间的装配关系及基本结构形状，用于指导装配体的装配、检验、安装及使用和维修。

图 9-1 所示为旋塞轴测剖视图。这张图是为了便于读者学习装配图的表达方法，了解装配体的结构而绘制的，而不是工程所必须绘制的图样。

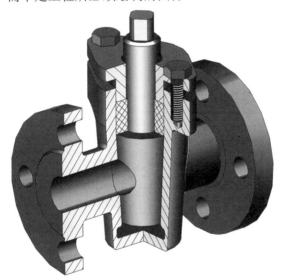

图 9-1　旋塞轴测剖视图

图 9-2 所示为旋塞装配图。从图中可看出，一张完整的装配图，具有下列内容：

（1）一组视图　用于表达机器或部件的工作原理、零件之间的装配关系及主要零件的结构形状。

（2）必要的尺寸　根据装配和使用的要求，标注出反映机器的性能、规格、零件之间的相对位置、配合要求和安装等所需的尺寸。

（3）技术要求　用文字或符号说明装配体在装配、检验、调试及使用等方面的要求。

（4）零（部）件序号和明细栏　根据生产和管理的需要，将每一种零件编号并列成表格，以说明各零件的序号、名称、材料、数量、备注等内容。

（5）标题栏　用以注明装配体的名称、图号、比例及责任者签字等。

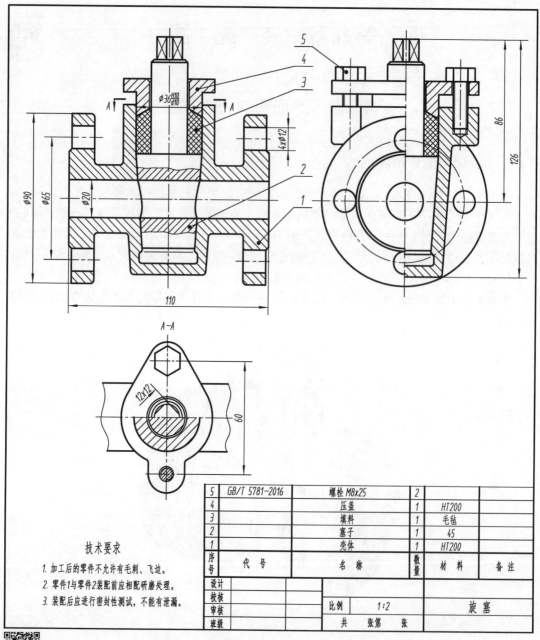

5	GB/T 5781-2016	螺栓 M8x25	2		
4		压盖	1	HT200	
3		填料	1	毛毡	
2		塞子	1	45	
1		壳体	1	HT200	
序号	代　号	名　称	数量	材　料	备注
设计					
校核		比例	1:2		旋塞
审核					
班级		共　张第　张			

技术要求

1. 加工后的零件不允许有毛刺、飞边。

2. 零件1与零件2装配前应相配研磨处理。

3. 装配后应进行密封性测试，不能有泄漏。

图 9-2　旋塞装配图

二、装配图的规定画法

零件图的各种表达方法，在装配图中同样适用。但是由于装配图所表达的对象是装配体（机器或部件），它在生产中的作用与零件图不一样，因此装配图中表达的内容、视图选择原则等与零件图不同。此外，装配图还有一些规定画法和特殊表达方法。

① 两零件的接触面或配合面只画一条线。而非接触面、非配合表面，即使间隙再小，也应画两条线。

② 相邻零件的剖面线倾斜方向应相反，或方向一致但间隔不等。同一零件的剖面线，在各个视图中其方向和间隔必须一致。

③ 联接件（如螺母、螺栓、垫圈、键、销等）及实心件（如轴、杆、球等），若剖切平面通过它们的轴线或对称面时，这些零件按不剖绘制，如图 9-2 中的螺栓、塞子、螺钉等。当剖切平面垂直它们的对称中心线或轴线时，则应在其横截面上画剖面线。

三、装配图的特殊表达方法和简化画法

1. 拆卸画法

在装配图的某一视图中，当某些零件遮住了需要表达的结构，或者为避免重复，简化作图，可假想将某些零件拆去后绘制，这种表达方法称为拆卸画法。

采用拆卸画法后，为避免误解，在该视图上方加注"拆去件××"。拆卸关系明显，不至于引起误解时，也可不加标注。如图 9-3 滑动轴承装配图的俯视图中，是拆去轴承盖、螺栓和螺母后画出的。

2. 沿结合面剖切画法

装配图中，可假想沿某些零件结合面剖切，结合面上不画剖面线。如图 9-4 中的"A—A"剖视即是沿泵盖结合面剖切画出的。注意横向剖切的轴、螺钉及销的断面要画剖面线。

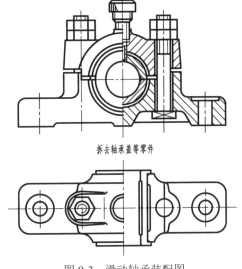

拆去轴承盖等零件

图 9-3　滑动轴承装配图

3. 单件画法

在装配图中可以单独画出某一零件的视图。这时应在视图上方注明零件及视图名称，如图 9-4 中的"泵盖 B"。

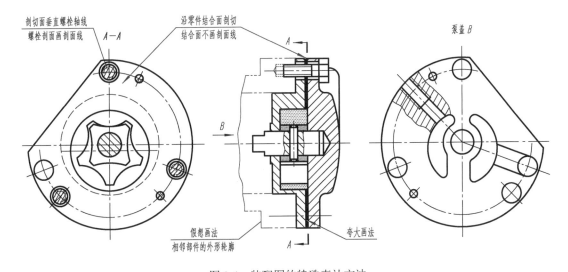

图 9-4　装配图的特殊表达方法

4. 假想画法

为了表示与本部件有装配关系，但又不属于本部件的其他相邻零（部）件时，也可用细双点画线画出其邻接部分的轮廓线，如图 9-4 中的主视图所示。

5. 夸大画法

在装配图中，对一些薄、细、小零件或间隙，若无法按其实际尺寸画出时，可不按比例而适当夸大画出。厚度或直径小于 2mm 的薄、细零件，其剖面符号可涂黑表示，如图 9-4 中的主视图所示。

6. 简化画法

① 在装配图中，零件上的工艺结构（如倒角、小圆角、退刀槽等）可省略不画。六角螺栓头部及螺母的倒角曲线也可省略不画，如图 9-2、图 9-3、图 9-4 中螺栓头部及螺母的画法。

② 在装配图中，对于若干相同的零件或零件组，如螺栓联接等，可仅详细地画出一处，其余只需用细点画线表示出其位置，如图 9-4 主视图中的螺栓画法。

③ 在装配图中可省略螺栓、螺母、垫圈等紧固件的投影，而用细点画线和指引线指明它们的位置。此时，表示紧固件组的公共指引线，应根据其不同类型从被联接件的某一端引出，如螺栓、双头螺柱联接从其装有螺母的一端引出（螺钉从其装入端引出），如图 9-5（b）、（c）所示。

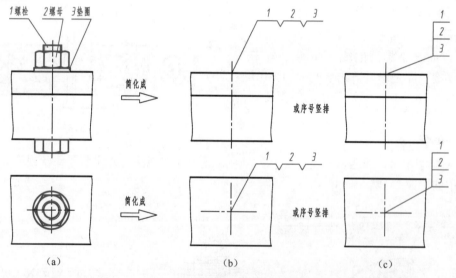

图 9-5　紧固件组的简化画法

第二节　装配图的尺寸标注、技术要求及零件编号

由于装配图与零件图的作用不同，因此对尺寸标注的要求也不同。零件图是用来指导零件加工的，所以应注出加工过程所需的全部尺寸。而根据装配图在生产中的作用，则不需要注出每个零件的尺寸。

一、装配图的尺寸标注

（1）规格（性能）尺寸　表示装配体的性能、规格和特征的尺寸，它是设计装配体的主要依据，也是选用装配体的依据，如图 9-2 中旋塞的通孔直径 $\phi20$。

（2）**装配尺寸**　表示装配体中零件之间装配关系的尺寸。一是配合尺寸（表示零件间配合性质的尺寸），如图 9-2 中的 $\phi36H10/d10$、60；二是相对位置尺寸（表示零件间较重要的相对位置，在装配时必须要保证的尺寸），如图 9-2 主视图中的 $\phi110$。

（3）**安装尺寸**　将部件安装到机器上或机器安装在基础上所需要的尺寸，如图 9-2 主视图中的 $\phi65$、$4\times\phi12$。

（4）**外形尺寸**　表示装配体总长、总宽、总高的尺寸。它是包装、运输、安装过程中所需空间大小的尺寸，如图 9-2 中的 110 和 $\phi90$、126。

（5）**其他重要尺寸**　不包括在上述几类尺寸中的重要零件的主要尺寸。运动零件的极限位置尺寸、经过计算确定的尺寸等，都属于其他重要尺寸，如图 9-2 左视图中高度方向的尺寸 86。

必须指出，一张装配图上有时并非全部具备上述五类尺寸，有的尺寸可能兼有多种含义。因此标注装配图尺寸时，必须视装配体的具体情况加以标注。

二、装配图的技术要求

装配图上的技术要求一般包括以下几个方面：

（1）**装配要求**　指装配过程中的注意事项、装配后应达到的要求等。

（2）**检验要求**　对装配体基本性能的检验、试验、验收方法的说明。

（3）**使用要求**　对装配体的性能、维护、保养、使用注意事项的说明。

由于装配体的性能、用途各不相同，因此技术要求也不相同，应根据具体的需要拟定。用文字说明的技术要求，填写在明细栏上方或图样下方空白处，如图 9-2 所示。

三、零件序号的编写

为便于读图以及生产管理，必须对所有的零部件编写序号。相同的零件（或组件）只需编一个序号。

零部件序号用指引线（细实线）从所编零件的可见轮廓线内引出，序号数字比尺寸数字大一号或两号，如图 9-6（a）所示；指引线不得相互交叉，不要与剖面线平行。装配关系清楚的零件组可采用公共指引线，如图 9-6（b）所示。

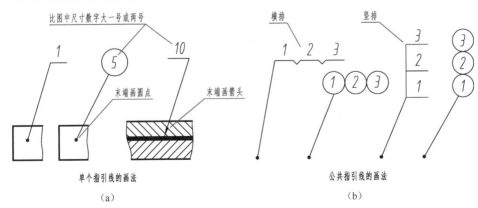

图 9-6　零部件序号

序号应水平或垂直地排列整齐，并按顺时针或逆时针方向依次编写，如图 9-2 所示。

四、明细栏

装配图上除了要画出标题栏外，还要画出明细栏。明细栏绘制在标题栏上方，按零件序号由下向上填写。位置不够时，可在标题栏左边继续编写。细栏的内容包括零部件的序号、代号、名称、数量、材料和备注等。对于标准件，要注明标准号，并在"名称"一栏注出规格尺寸，标准件的材料可不填写。明细栏的格式参见图 1-4。

第三节　读装配图和拆画零件图

在机器设备的安装、调试、操作、维修及进行技术交流时，都需要阅读装配图。通过读装配图要了解以下内容：

① 机器或部件的性能、用途和工作原理。
② 各零件间的装配关系及各零件的拆装顺序。
③ 各零件的主要结构形状和作用。

一、读装配图的方法和步骤

以图 9-7 为例，说明读装配图的方法和步骤。

1．概括了解

从标题栏中了解装配体（机器或部件）的名称、绘图比例等；按图上零件序号对照明细栏，了解装配体中零件的名称、数量、材料，找出标准件；粗看视图，大致了解装配体的结构形状及大小。

如图 9-7 所示，装配体为齿轮油泵，是一种供油装置。齿轮油泵共有 14 种零件，其中有 6 种标准件，主要零件有泵体、泵盖、主动齿轮轴、从动齿轮等。绘图比例为 1：1。

2．分析视图

了解装配图的表达方案，分析采用了哪些视图，搞清各视图之间的投影关系及所用的表达方法，并弄清其表达的目的。

齿轮油泵选用了主、俯、左三个基本视图。主视图按装配体的工作位置、采用局部剖视的方法，将大部分零件间的装配关系表达清楚，并表示了主要零件泵体的结构形状。左视图采用沿结合面剖切画法（拆去泵盖 11），将齿轮啮合情况与进、出油口的关系表达清楚，主要反映油泵的工作原理，及主要零件的结构形状。俯视图采用通过齿轮轴线剖切的 A—A 全剖，其表达重点是齿轮、齿轮轴与泵体、泵盖的装配关系，以及底板的形状与安装孔分布情况。

把齿轮油泵中每个零件的结构形状都看清楚之后，将各个零件联系起来，便可想象出齿轮油泵的完整形状，如图 9-8 所示。

3．分析工作原理与装配关系

齿轮油泵的工作原理，是通过齿轮在泵腔中啮合，将油从进油口吸入，从出油口压出。当主动齿轮轴 3 在外部动力驱动下逆时针转动时，带动从动齿轮 12 与小轴 13 一起顺时针转动，如图 9-7 所示。泵腔下侧压力降低，油池中的油在大气压力作用下，沿进油口进入泵腔，

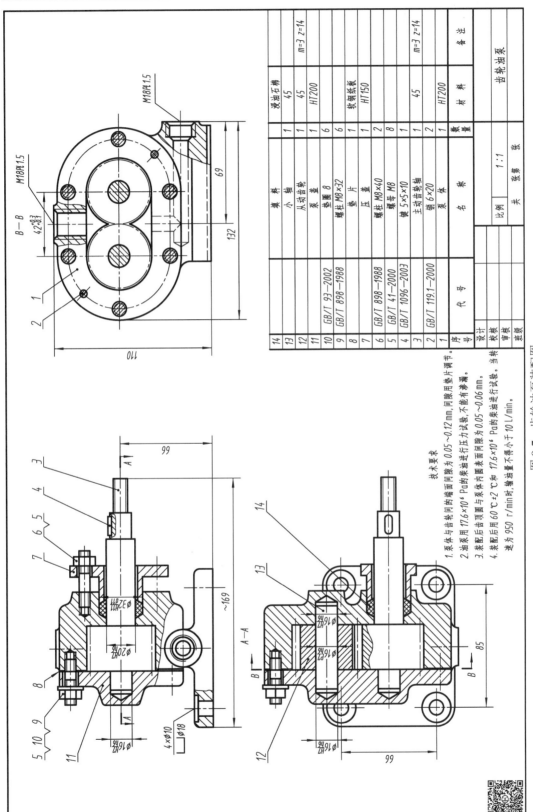

图 9-7 齿轮油泵装配图

序号	代 号	名 称	数量	材 料	备 注
14		填 料	1	浸油石棉	
13		小 齿轮	1	45	m=3 z=14
12		从动齿轮	1	45	
11		泵盖	1	HT200	
10	GB/T 93—2002	垫圈 8	6		
9	GB/T 898—1988	螺柱 M8×32	6		
8		垫 片	1	软钢纸板	
7		压盖	1	HT150	
6	GB/T 898—1988	螺柱 M8×40	2		
5	GB/T 41—2000	螺母 M8	8		
4	GB/T 1096—2003	键 5×5×10	1	45	
3		主动齿轮轴	1	45	m=3 z=14
2	GB/T 119.1—2000	销 6×20	2		
1		泵 体	1	HT200	

比例	1:1		齿轮油泵		
	张 第 张	共			
设计					
校核					
审核					
班级					

技术要求
1. 泵体与齿轮间的端面间隙为 0.05～0.12 mm, 间隙用垫片调节。
2. 油泵用 17.6×10⁶ Pa的柴油进行压力试验,不能有渗漏。
3. 装起后齿顶圆与泵体内圆表面间隙为 0.05～0.06 mm。
4. 装起后用 60 ℃±2 ℃和 17.6×10⁶ Pa的柴油进行试验。当其
转为 950 r/min时输油量不得小于 10 L/min。

B—B
M18凡1.5
M18凡1.5
42±0.1
69
132
110
1
2

3
4
6 5
7
8
5 10 9
11
99
~169
φ32凡7
φ20凡6
φ16H7/h6
4×φ10
凸18
A—A
A—A
13
14
12
φ16H7/h6
φ16H7/h6
φ16H7/h6
85
99
66

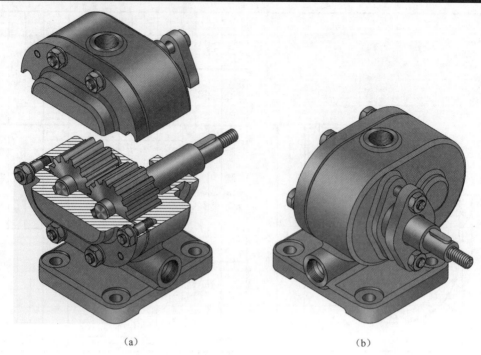

（a）　　　　　　　　　　　　　　（b）

图 9-8　齿轮油泵轴测图

随着齿轮的旋转，齿槽中的油不断沿箭头方向送到上边，从出油口将油输出，如图 9-9 所示。

分析装配体的装配关系，需搞清各零件间的位置关系、零件间的联接方式和配合关系，并分析出装配体的装拆顺序。

如齿轮油泵的泵体、泵盖在外，齿轮轴在泵腔中；主动齿轮轴在前，从动齿轮与小轴以过盈配合连成一体后；泵体与泵盖由两圆柱销定位并通过六个双头螺柱连接；填料压盖与泵体由两螺柱联接；齿轮轴与泵体、泵盖间为基孔制间隙配合。

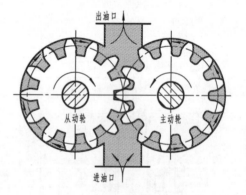

图 9-9　齿轮油泵工作原理

齿轮油泵的拆卸顺序：松开左边螺母 5、垫圈 10，将泵盖卸下，从左边抽出主动齿轮轴 3、从动齿轮 12 与小轴 13，最后松开右边螺母 5，卸下填料压盖 7 和填料 14。

4. 分析零件

读装配图除弄清上述内容外，还应对照明细栏和零件序号，逐一看懂各零件的结构形状以及它们在装配体中的作用。对于比较熟悉的标准件、常用件及一些较简单的零件，可先将它们看懂，并将它们逐一"分离"出去，为看较复杂的一般零件提供方便。

分析一般零件的结构形状时，应从表达该零件最清楚的视图入手，根据零件序号和剖面线的方向及间隔、相关零件的配合尺寸、各视图之间的投影关系，将零件在各视图中的投影轮廓范围从装配图中分离出来，利用形体分析的方法想清楚该零件的结构形状。

如图 9-7 所示，齿轮油泵的压盖 7，其作用是压紧填料，它的形状在装配图上表达不完整，需构思完善。从主视图上根据其序号和剖面线可将它从装配图中分离出来，再根据投影关系找到俯视图中的对应投影，就不难分析出其形状如图 9-10 所示。参见图 9-8（b）。

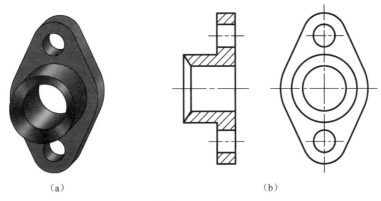

（a）　　　　　　　　　　　（b）

图 9-10　压盖

5. 归纳总结

经过以上分析，最后再围绕装配体的工作原理、装配关系、各零件的结构形状等，结合所注尺寸、技术要求，将各部分联系起来，从而对装配体的完整结构有一个全面的认识。

二、由装配图拆画零件图

根据装配图拆画零件图是一项重要的工作。在设计过程中，先画装配图，然后再由装配图拆画零件图。拆画零件图，首先要全面读懂装配图，将所要拆画的零件结构、形状和作用分析清楚，然后按零件图的内容和要求选择表达方案，画出视图，标注尺寸及技术要求。下面以齿轮油泵的主要零件泵体为例，说明拆画零件图的方法步骤。

1. 确定表达方案

零件的表达方案是根据零件的结构和形状特点考虑的，不能简单地盲目照抄装配图中该零件的视图表达方法。因为装配图的表达是从整个装配体来考虑的，很难符合每个零件的表达要求。因此，由装配图拆画零件图时，应根据零件自身的形状特征，按前面所学的加工位置或工作位置原则，从反映零件形状特征的方向确定主视图，然后按其复杂程度确定其他视图的数量与表达方法。

图 9-11 所示为泵体的视图表达方案，按泵体的工作位置及反映其形状特征的方向，作为主视图的投射方向。为表示进、出油口的内部结构，采用两处局部剖视；俯视图采用全剖视，用以表达泵腔与轴孔的结构，同时还反映安装底板的形状以及四个安装孔的分布情况；右视图采用了 B—B 局部剖视，补充表达底板与壳体间相对位置以及主、俯两视图未表达的进油口外部形状；此外，用 K 向局部视图，表示壳体后面腰圆形凸台的形状以及两个 M8 螺纹孔的位置。

2. 零件结构形状的完善

在拆画零件图时，对分离出的零件投影轮廓，应补全被其他零件遮挡的可见轮廓线。图 9-11 中泵体的俯视图、K 向视图中，补上被齿轮轴、螺柱、填料压盖等遮挡住的轮廓线。

由于装配图主要表达工作原理、装配关系以及主要零件的结构形状，而对某些非主要零件往往表达不完全，这时需根据零件的功用及要求，合理地加以完善和补充。泵体视图中的 K 向局部视图，是补充装配图上表达不充分，而根据它与压盖端面相连接的需要及其自身结构分析所确定的。

此外，零件上的一些工艺结构，如倒角、退刀槽、圆角等，在装配图上往往省略不画，但在画零件图时应根据工艺要求予以完善。

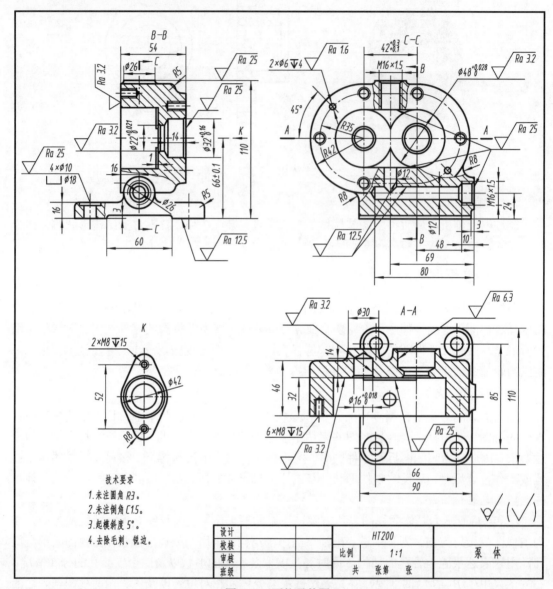

图 9-11　泵体零件图

3. 零件尺寸的确定

拆画零件图时，要按零件图的尺寸标注要求，正确、完整、清晰、合理地标注尺寸。

（1）抄注　装配图上已注出的尺寸，在有关的零件图上直接抄注。对配合尺寸，应根据配合代号注出零件的公差带代号或极限偏差。

（2）查相关标准　对于标准件、标准结构，由于在装配图上采用了规定画法和简化画法，因此与它们有关的尺寸和结构应从相关标准中查得。如螺纹、键槽、退刀槽、沉孔、与滚动轴承配合的轴和孔的尺寸等。

（3）计算 某些尺寸需计算确定，如齿轮轮齿部分的尺寸及中心距等。

（4）量取 零件上除了装配图中已给尺寸、标准尺寸以外的其余大量尺寸，可按比例直接从装配图上量取。

标注尺寸时，应注意各相关零件间尺寸的关联一致性，避免相互矛盾。如泵盖与泵体结合面的形状尺寸，螺柱联接用光孔与螺纹孔的定位尺寸等，要协调一致。

4. 零件图上技术要求的确定

应根据零件在机器上的作用及使用要求，合理地确定各表面的表面粗糙度以及其他必要的技术要求。技术要求可参考有关资料和相近产品图样选取。

第十章　AutoCAD Mechanical 基本操作及应用

素养提升

第一节　AutoCAD Mechanical 基本操作

一、AutoCAD Mechanical 的启动

启动 AutoCAD Mechanical2022 简体中文版（以下简称 AM）的方法有两种。

●双击桌面"AutoCAD Mechanical2022-简体中文（Simplified Chinese）"快捷图标。

●单击 Windows 系统桌面"开始"➤"程序"➤"AutoCAD Mechanical2022-简体中文（Simplified Chinese）"文件夹➤"AutoCAD Mechanical2022-简体中文（Simplified Chinese）"程序图标。

二、文件操作

用计算机绘制的图形都是以文件的形式存储在计算机中，故称之为图形文件。AM 提供了方便、灵活的文件管理功能。

1. 建立新文件

启动 AM 后，首先进入图 10-1 所示的 AM 开始界面。

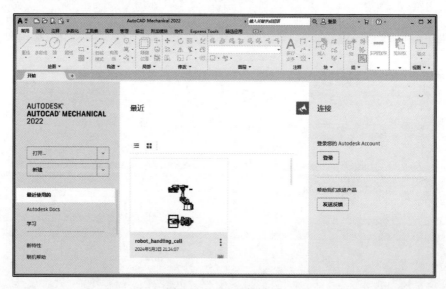

图 10-1　AM 开始界面

AM 新建一个文件的方式有。

●单击"开始"选项卡➤"新建"下拉菜单按钮➤"浏览模板..."。

●单击"应用程序"➤"新建"。

●单击快速访问工具栏上的"新建"按钮。

●快捷键 Ctrl+N。

弹出如图 10-2 所示"选择摸板"对话框，选择"am_gb.dwt"，然后单击 打开(0) ▼ 按

钮，即可进入图 10-3 所示的 AM 工作空间界面，并建立一个名为"Drawing*.dwg"文件，文件名中的"*"号为顺序数字，AutoCAD 图形文件的后缀名为.dwg。

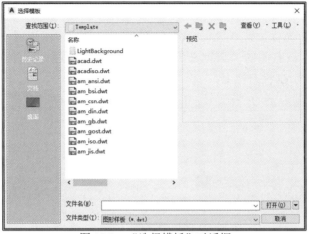

图 10-2　"选择模板"对话框

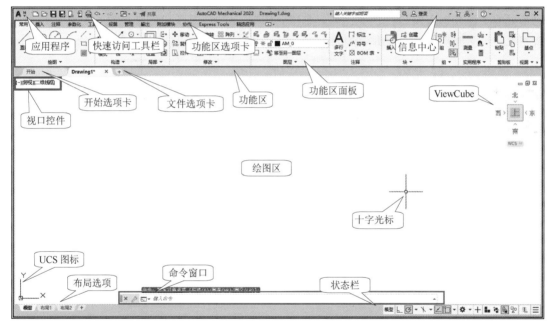

图 10-3　AM 工作空间界面

① 功能区。由一系列的选项卡组成，每个选项卡包含了多个面板，为创建或修改图形提供了所需的工具。功能区的面板可以从选项卡中拉出，放到绘图区成为"浮动面板"，也可以将"浮动面板"再放回到选项卡中。

单击面板下方标题旁边的三角箭头▼，面板将展开以显现被折叠隐藏的工具，单击其他面板时，展开的面板自动关闭。要保持面板的展开状态，单击展开面板左下角图钉按钮。

② 命令窗口。用于接受命令和系统变量输入，显示引导用户完成命令的提示信息。可以用 ctrl+9 的组合键或单击"视图"选项卡 ➤ "选项板" ➤ "命令行" 来切换窗口的关闭和显示。

用 F2 键显示或隐藏命令窗口的提示或错误信息。

可以将"命令窗口"拖拽到绘图区的顶部和底部进行固定，固定的"命令窗口"与应用程序窗口等宽。

③ 状态栏。显示光标位置、设置绘图环境的工具。默认的情况下，状态栏不会显示所有工具，单击状态栏最右侧的"自定义" ☰ 按钮，在弹出的菜单中选中"栅格""动态输入"和"线宽"以显示在状态栏上。

单击"文件"选项卡上的"+"号，或"开始"选项卡中的"新建"，直接建立一个新文件。

2. 保存文件

保存文件的方式有：

- 单击"应用程序" ➤ "保存" 🖫。
- 单击快速访问工具栏上的"保存" 🖫 按钮。
- 快捷键 Ctrl+S。

如果当前文件未曾保存，则系统弹出一个"图形另存为"对话框，如图 10-4 所示。在对话框的文件名输入框内输入文件名，单击 保存(S) 按钮，系统即按所给文件名及路径存盘。单击"文件类型"选择框右侧的 ☑，可以将文件存储为不同版本和格式。

图 10-4 "图形另存为"对话框

如果新文件或已保存的文件被修改编辑没有保存，在"文件"选项卡上文件名的右上角会出现"*"号。

3. 打开文件

打开文件就是要调出一个已存盘的图形文件。打开文件的方式有：

- 单击"应用程序" ➤ "打开" 🗁。
- 单击快速访问工具栏中的"打开" 🗁 按钮。
- 单击"开始"选项卡 ➤ "打开..."。

弹出图 10-5 所示"选择文件"对话框，单击对话框中"查找范围"下拉按钮，可以查找存放文件文件夹，在文件列表窗口中选择要打开的文件名，单击 打开(O) 按钮，系统即打开一个已经创建保存的图形文件。单击  右侧的黑三角下拉按钮，可以选择以"以只读方式打开"图形文件进行查看，不能保存，防止文件的更改。

图 10-5　"选择文件"对话框

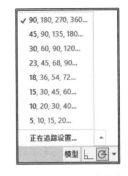

图 10-6　追踪角度指定

4．另存文件

另存文件就是将当前图形文件换名存盘，并以新的文件名作为当前文件名。图形文件另存的方式有以下三种。

● 单击"应用程序"➤"另存为"💾。

● 单击快速访问工具栏中的"另存为"💾按钮。

● 快捷键 Ctrl+Shift+S。

弹出"图形另存为"对话框，在对话框中输入新文件名，单击 保存(S) 按钮，系统即按新赋予的文件名存盘。

三、绘图中点位置的确定

在绘图过程中，必须以坐标系作为参考来指定绘图对象的位置，当系统提示输入点位置时，可以用多种方法来指定。

1．鼠标输入

移动光标到绘图区指定的位置单击鼠标左键确定点的位置，这是最简单的方式。

2．鼠标与键盘组合

用鼠标指定点相对于基准点的方向，用键盘直接输入指定点与基准点的直线距离。

单击状态栏"极轴追踪"⟳右侧的下拉按钮，在图 10-6 的列表中选择追踪角度，当光标与基准点的连线与 X 轴正方向夹角接近追踪角度时，系统自动出现一条与 X 轴正向夹角为追踪角度的绿色引导线。单击底部的"正在追踪设置"可以增加追踪角度。

3．坐标输入

● 绝对直角坐标。以 UCS 原点（0,0）为基准点来输入点坐标。当已知点坐标的 x 和 y 坐标值时，使用绝对直角坐标输入，格式为"x,y"，坐标值之间用英文逗号隔开。

● 相对直角坐标。以上一输入点为基准点来输入坐标的变化值。如果知道某点与前一点

的 x 和 y 相对位置关系，使用相对直角坐标。格式为 "@x,y"。

●绝对极坐标。以 UCS 原点（0,0）为基准点，使用距离和角度确定点位置，坐标格式为 "$l<\alpha$"。例如，输入坐标 3<45，表示该点距离原点有 3 个单位，点与坐标原点连线与 X 轴正向逆时针成 45º 角。l 数值为负，表示反向指定点；α 为负，表示点与坐标原点连线与 X 轴的正向成顺时针夹角。

●相对极坐标。以上一输入点为基准点，使用距离和角度确定下一点位置，格式为 "@$l<\alpha$"。例如，输入@3<45，此点距离上一点 3 个单位，点与上一点连线与 X 正向成逆时针 45º 夹角。

4. 自动捕捉对象特征点

AM 系统提供了自动捕捉图元对象特征点的功能。单击状态栏"对象捕捉" 右侧的下拉按钮，选择快捷菜单中"对象捕捉设置..."，打开图 10-7 所示"草图设置"对话框，选择自动捕捉对象模式后，单击 确定 完成设定。

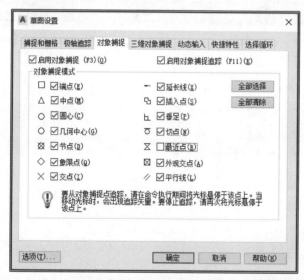

图 10-7　对象捕捉模式设定　　　　　　　　图 10-8　对象捕捉快捷菜单

启动对象捕捉被激活，当系统提示输入点时，光标移动到捕捉对象的特征点附近位置时，自动将光标磁吸到捕捉点上，并显示捕捉点的特征符号和捕捉点的说明。

5. 捕捉单一对象特征点

系统提示输入点时，按下 Shift 键同时单击鼠标右键，显示图 10-8 对象捕捉快捷菜单，用鼠标选择要捕捉的对象特征点后对话框消失，鼠标移动要捕捉对象特征点附近，光标被自动磁吸到特征点，并显示特征符号。

在快捷菜单上方有三个特殊选项。

●临时追踪点（tt）　，指定临时点作为定位点，在追踪和捕捉模式被激活情况下使用。

●参考自（from）　，指定一个临时基准点，以便使用相对坐标来定位下一个点。

●两点间的中点（mtp）　，定位指定两点间的中间位置点。

四、命令的执行与终止

AM 有多种命令输入方式，虽然各种方式略有不同，但均能实现绘图的目的。

1．命令的执行

● 左键单击功能区选项卡面板中相应命令按钮。

● 在命令窗口直接输入 AutoCAD 命令，按 Enter 或 空格 键。

● 键盘的快捷键。

执行命令后，按命令窗口的提示信息进行操作，当输入命令选项或数值后，按 Enter 键或 空格 键确认。

结合使用不同的命令执行方式可以大大提高绘图速度。

2．命令的终止

● 按键盘上的 Esc 键，即可终止正在执行的操作。

● 命令执行过程中，单击右键，在弹出的快捷菜单中选择"取消"结束命令。

● 直接选择另一个命令，系统会自动退出当前命令而执行新命令。

3．命令的重复

重复执行命令，采用以下方式。

● 当一个命令结束后，直接按下 Enter 或 空格 键可以重复执行刚结束的命令。

● 按键盘的 ↑ 或 ↓ 键，在命令窗口显示已经使用过的命令，当显示要执行的命令后，按 Enter 或 空格 键执行该命令。

● 单击鼠标右键，选择快捷菜单中重复刚结束的命令。

五、图形元素的选择

在许多命令的执行过程中，常需要选择图形元素，常用的选择方式有以下几种。

1．单个拾取

移动光标，使待选图形元素位于光标拾取盒内，图线高亮显示，单击左键，该元素被选中，可连续选择多个图形元素。

按下 Shift 键用左键选择已高亮的图形元素，可将被选择的图形元素从选择集中删除。

2．窗口选择

如图 10-9（a）所示，移动光标到预选图形左侧的空白处，单击后松开左键并向右侧移动光标，出现一粘附的蓝色矩形框，被选择的图形元素完全落在蓝色选择区域内时，单击左键完成选择。窗口选择如图 10-9（b）所示，只能选中完全处于窗口内的图元，不包括与窗口相交的图元。

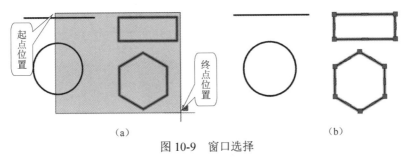

起点位置　终点位置

（a）　　　　　　　　　　　（b）

图 10-9　窗口选择

3. 窗交选择

如图 10-10（a）所示，移动光标到预选图形右侧的空白处，单击后松开左键并向左侧移动光标，出现一粘附的绿色矩形框，当被选图形高亮显示时，单击完成选择。窗交选择如图 10-10（b）所示，完全处于窗口内的图元以及与窗口相交的图元均被选择。

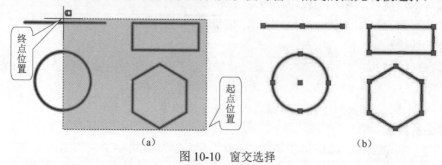

图 10-10　窗交选择

4. 栏选

当系统提示选择对象时，输入"f"，按 Enter 键，然后移动光标在图 10-11（a）的 1、2、3 点处单击，光标移动到 4 点位置时不单击，按 Enter 键创建一个 1-2-3 不闭合的多边选择路径，与路径相交的图元均被选择且高亮显示，选择结果如图 10-11（b）所示。如果在 4 点位置单击后再按 Enter 键，则创建一个 1-2-3-4 的多边选择路径，六边形也被选择。

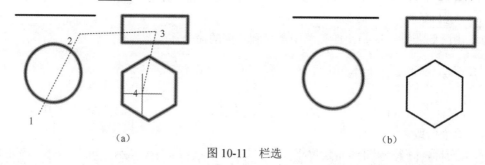

图 10-11　栏选

5. 全选

●通过快捷键 Ctrl+A 可以快速选择当前图形文件中所有可以被选择的图元。

●另一种方式是在系统提示选择对象时，输入 all。

选择对象: all↙

找到 4 个

【例 10-1】 绘制图 10-12 所示平面图形，不注尺寸。

① 新建一个以"am_gb.dwt"为模板的图形文件，用"点的应用"为文件名存盘。

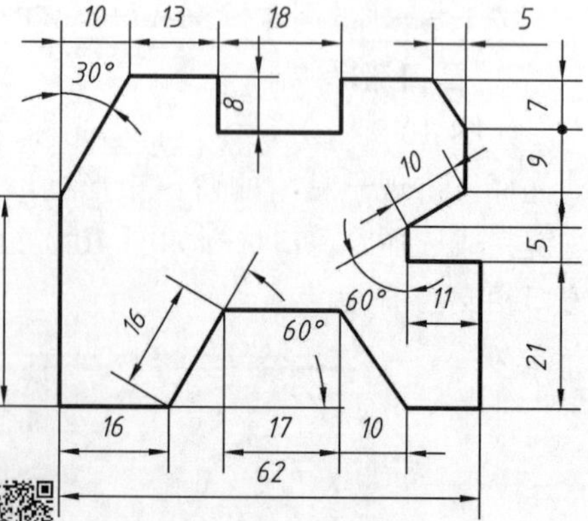

② 单击状态栏上的"动态输入" ⬚ 按钮（或按 F12 ），关闭动态输入模式。激活"线宽" ▦ 显示。激活"极轴追踪" ⬚ ，设定追踪角度为 30°。激活"对象捕捉追踪" ⬚ 。激活对象捕捉 ⬚ ，并按图 10-7"草图设置"对话框

图 10-12　平面图形（一）

中的"对象捕捉"选项卡进行设定，设定完成状态栏如图 10-13 所示。"自定义"☰用来定义状态栏中显示的项目。

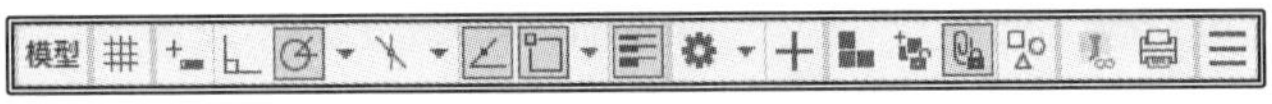

图 10-13　状态栏图标

③ 单击"常用"选项卡 ➤ "绘图"面板 ➤ "直线" ／。

命令:_line

指定第一个点: 　　//鼠标在屏幕中拾取一点

指定下一点或[放弃(U)]: 16↙　　//光标沿水平引导线向右移动任意位置，输入距离 16

指定下一点或[放弃(U)]: @16<60↙

指定下一点或[闭合(C)/放弃(U)]:17↙　　//水平向右移动光标，输入距离 17

指定下一点或[闭合(C)/放弃(U)]: _tt 指定临时对象追踪点:10↙　　//Shift+右键，选择点捕捉快捷菜单中的"临时追踪点" ▪━，水平向右移动光标指定方向，输入距离"10"，临时追踪点显示为小"+"

指定下一点或[闭合(C)/放弃(U)]: 　　//光标移动到长度为 16mm 水平线的右端点，捕捉到端点信息后（不单击鼠标），水平向右移动光标，如图 10-14 所示，与过临时追踪点垂直引导线相交时，单击左键

指定下一点或[闭合(C)/放弃(U)]: from↙　　//Shift+右键，选择点捕捉快捷菜单中的"参考自" ▫⌐

参照点: 　　//左键单击长度为 16mm 水平线的左端点

相对点: @62,0↙

指定下一点或[闭合(C)/放弃(U)]: 21↙　　//垂直向上移动光标，输入距离 21

指定下一点或[闭合(C)/放弃(U)]: 11↙　　//水平向左移动光标，输入距离 11

指定下一点或[闭合(C)/放弃(U)]: 5↙　　//垂直向上移动光标，输入距离 5

指定下一点或[闭合(C)/放弃(U)]: @10<30↙

指定下一点或[闭合(C)/放弃(U)]: 9↙　　//垂直向上移动光标，输入距离 9

指定下一点或[闭合(C)/放弃(U)]: @-5,7↙

指定下一点或[闭合(C)/放弃(U)]:↙

绘图结果如图 10-15 所示。

图 10-14　临时追踪点的使用　　　　　　　图 10-15　直线绘图

④ 直接按 Enter 或 空格 键，重复执行上次的命令。

命令:_line

指定第一个点: 　　//鼠标单击长度为 16mm 水平线的左端点

指定下一点或[放弃(U)]: 30↙　　//垂直向上移动光标，输入距离 30

指定下一点或[放弃(U)]: tt↙　　//输入"tt"，指定临时追踪点

指定临时对象追踪点:10↙　　//水平向右移动光标，输入距离 10，显示临时追踪点

指定下一点或[放弃(U)]:　　　　//向右上沿 60°引导线移动光标，与过临时追踪点垂直引导线相交时，单击左键

指定下一点或[闭合(C)/放弃(U)]:13↙　　　//水平向右移动光标，输入距离 13

指定下一点或[闭合(C)/放弃(U)]:8↙　　　//垂直向下移动光标，输入距离 8

指定下一点或[闭合(C)/放弃(U)]:18↙　　　//水平向右移动光标，输入距离 18

指定下一点或[闭合(C)/放弃(U)]:　　　//移动光标捕捉第③步绘图终点信息后，水平左移光标，出现水平和垂直引导线相交时，单击左键

指定下一点或[闭合(C)/放弃(U)]:　　　//鼠标单击绘图终点

指定下一点或[闭合(C)/放弃(U)]:*取消*　　　//按 Esc 键结束命令

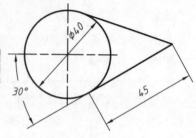

【例 10-2】 绘制图 10-16 所示圆与切线。

图 10-16　平面图形（二）

操作步骤

① 新建一个以"am_gb.dwt"为模板的图形文件。

② 绘制圆。单击"常用"选项卡 ➤ "绘图"面板 ➤ "圆心,半径"⊙。

命令:_circle

指定圆的圆心或[三点(3P)/两点(2P)/切点、切点、半径(T)]:　　　//鼠标拾取绘图区的一点

指定圆的半径或[直径(D)]:20↙　　　//输入圆半径值

③ 绘制切线。单击"常用"选项卡 ➤ "绘图"面板 ➤ "直线"╱。

命令:_line

指定第一个点:_tan 到　　　//Shift+右键，选择点捕捉快捷菜单中的"切点"，移动光标到圆与直线切点附近，出现图 10-17（a）所示的切点特征符号时，单击左键

（a）　　　　　　　　图 10-17　绘制圆与切线　　　　　　　　（b）

指定下一点或[放弃(U)]:@45<30↙

指定下一点或[放弃(U)]:　　　//移动光标捕捉图 10-17（b）中与圆切点后单击左键，完成绘图

指定下一点或[闭合(C)/放弃(U)]:*取消*　　　//按 Esc 键

④ 绘制十字中心线。单击"常用"选项卡 ➤ "绘图"面板 ➤ "中心线"╱下拉菜单 ➤ "十字中心线"┼。

命令: amcencross

指定中心点<对话框>:　　　//左键单击 φ40 的圆心

指定直径<10>:　　　//左键单击 φ40 圆的象限点

六、显示控制

1. 窗口颜色

没有执行命令时，在绘图区单击鼠标右键，选择快捷菜单中的"选项"弹出图 10-18

（a）"选项"对话框，单击"显示"选项卡，将"颜色主题"改为"明"。单击 颜色(C)... 按钮，弹出图 10-18（b）"图形窗口颜色"对话框，将"统一背景"颜色设定为"白"，单击 应用并关闭(A)，再单击 确定。本章界面均为该模式。

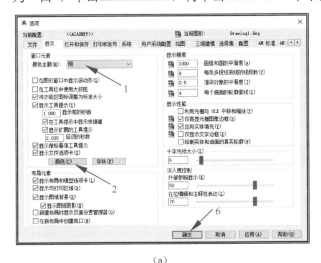
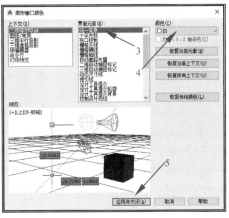

（a）　　　　　　　　　　　　　　　　（b）

图 10-18　系统窗口颜色设定

2．放大或缩小

光标在绘图区时，滚动鼠标的中间轮，可实现图形的放大或缩小，但不改变图形的尺寸，光标位置不变。缩放速率由系统参数"ZOOMF（A）CTOR"来进行设定，默认为 60。

3．图形的平移

光标在绘图区时，按下鼠标的中键并拖动，可以实现图形的平移。

4．范围缩放

●文件没有绘制图形时，双击鼠标中间轮，将图形界限范围以全屏显示。

●文件已绘制有图形时，双击鼠标中间轮，将所有图形对象显示在屏幕上。

第二节　平面图形的绘制

图层用于图形对象的组织和管理，不同的图层用于管理不同类型的图形对象。

AutoCAD Mechanical 与 AutoCAD 的图层管理有一些区别，AutoCAD 在绘制对象前必须先创建好用于管理对象类型的图层，并在当前图层上绘制图形对象。

AutoCAD Mechanical 预先配置了"自动特性管理"的功能，无论哪个图层为当前图层，在使用 AM 工具集命令时，这些命令都在特定的图层上绘制图形，如果该图层不存在，系统将自动建立。AM 指定了 31 个管理不同对象的图层。

●工作图层：图层 AM_0 到 AM_12。大多的几何图形都是在工作图层上创建的。

单击"常用"选项卡 ▶"图层"面板 ▶"轮廓"图层 ⬜▾ 右侧的下拉菜单，显示图 10-19 所示的 13 个工作图层，作图时直接选用即可。

●标准零件图层：图层 AM_0N 到 AM_12N。

●特定图层：AM_BOR（用于工程图边框），AM_PAREF（用于零件参照），AM_CL

（用于构造线），AM_VIEW（用于视口）和 AM_INV（用于不可见线）。

【例10-3】 按 1∶1 的比例，绘制图 10-20 所示平面图形，不标注尺寸。将所绘图形以"平面图形.dwg"存盘。

绘图步骤

1. 新建文件

新建一个以"am_gb.dwt"为模板的图形文件，用"平面图形"为文件名存盘。新文件默认的工作图层为"AM_0"，以粗实线绘制可见的轮廓线。

2. 绘制矩形

单击"常用"选项卡 ➤ "绘图"面板 ➤ "矩形:角点、角点" □。

命令: _amrectang

角点

指定第一个角点或[角点(R)/基础(B)/高度(H)/中心点(C)/倒角(M)/圆角(F)/中心线(L)/对话框(D)]:F　　//左键单击"圆角(F)"选项

修剪模式=开当前圆角半径=2.5

输入选项[使用现有(E)/设置(S)]<使用现有(E)>:S　　//左键单击"设置(S)"选项，弹出图 10-21 的"圆角"对话框，设定圆角尺寸为 20，单击 确定 ，继续执行矩形命令

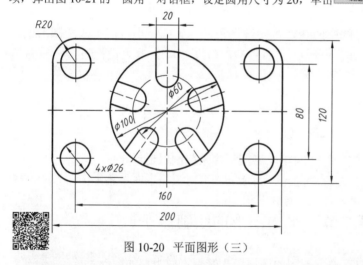

图 10-20　平面图形（三）

图 10-21　"圆角"对话框

图 10-19　工作图层

角点

指定第一个角点或[角点(R)/基础(B)/高度(H)/中心点(C)/倒角(M)/圆角(F)/中心线(L)/对话框(D)]:　　//左键单击绘图区中一点，指定矩形左下角位置点

指定另外的角点或[面积(A)/旋转(R)]:@200,120↙

绘图结果如图 10-22（a）所示。

3. 绘制圆角处的四个圆

单击"常用"选项卡 ➤ "绘图"面板 ➤ "中心线" ╱ 20 下拉菜单 ➤ "过平板的十字中心线" ⊞。

命令: amcencrplate

指定轮廓到十字中心线的偏移<10>:20↙

选择边框图元　　//选择矩形

选择对象:找到 1 个

选择对象:↙

要插入的一边:　　//在矩形内部单击左键

指定孔的直径或[标准零件(S)/没有孔(N)] <10|20|30>:26↙

绘图结果如图 10-22（b）所示。

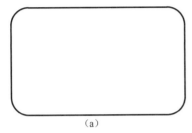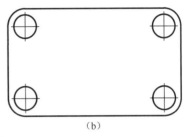

(a)　　　　　　　　　　　　　　　　(b)

图 10-22　平面图形的绘制（一）

4. 绘制中间 φ100 大圆

单击"常用"选项卡 ➤ "绘图"面板 ➤ "圆"下拉菜单 ➤ "圆心,直径" ⊕。

命令:_circle

指定圆的圆心或 [三点(3P)/两点(2P)/切点、切点、半径(T)]:　　//左键单击矩形的中心

指定圆的半径或 [直径(D)] <13.00>:_d 指定圆的直径<26.00>:100↙

绘图结果如图 10-23（a）所示。

5. 绘制均布的 5 个圆

单击"常用"选项卡 ➤ "绘图"面板 ➤ "中心线" ╱下拉菜单 ➤ "过整圆的十字中心线" 。

命令: amcencrfullcircle

指定中心点<对话框>:　　//左键单击 φ100 圆的圆心

指定直径或圆上的点<60|120>:60↙　　//输入定位圆的直径并确认

指定孔的直径或[标准零件(S)/没有孔(N)] <26>:20↙

360 度中分布有多少条中心线<6>:5↙

指定旋转角<0>:90↙　　//指定第一个圆的起始角度

绘图结果如图 10-23（b）所示。

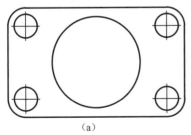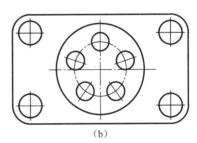

(a)　　　　　　　　　　　　　　　　(b)

图 10-23　平面图形的绘制（二）

6. 绘制 U 形槽

① 绘制小圆切线。单击"常用"选项卡 ➤ "绘图"面板 ➤ "直线" ╱。

命令:_line

指定第一个点:　　　//左键单击最上边 ϕ20 圆的左象限点

指定下一点或[放弃(U)]:　　//垂直向上移动光标到 ϕ100 圆上，出现交点特征符号时单击左键

指定下一点或[放弃(U)]:*取消*　　//按 Esc，完成切线的绘制

② 单击"常用"选项卡 ➤ "修改"面板 ➤ "镜像" 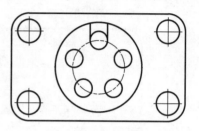。

命令:_mirror

选择对象:找到 1 个　　//选择 ϕ20 圆的切线，按 空格 键确认

选择对象:指定镜像线的第一点:　　//左键单击 ϕ100 的圆心

指定镜像线的第二点:　　//左键单击最上方 ϕ20 的圆心

要删除源对象吗? [是(Y)/否(N)] <否>:↙

③ 删除 ϕ20 圆中心线。鼠标左键连续单选 5 个 ϕ20 圆的中心线，按 Delete 键删除，结果如图 10-24 所示。

图 10-24　对象删除

④ 重画中心线。单击"常用"选项卡 ➤ "绘图"面板 ➤ "中心线" ╱。

命令:amcentline

指定中心线起点<对话框>:　　//左键单击位于 90°位置的 ϕ20 圆下方的象限点

指定中心线终点:　　//左键单击 ϕ100 圆上方的象限点

重复中心线绘制命令，绘制矩形的对称线。

⑤ 环形阵列。单击"常用"选项卡 ➤ "修改"面板 ➤ "环形阵列" 。

命令:_arraypolar

选择对象:找到 1 个　　//鼠标左键连续选择刚绘制的中心线和两条 ϕ20 圆的切线

选择对象:找到 1 个，总计 2 个

选择对象:找到 1 个，总计 3 个

选择对象:↙

类型=极轴关联=否

指定阵列的中心点或[基点(B)/旋转轴(A)]:　　//左键单击 ϕ100 圆的圆心，在功能区出现图 10-25 所示"阵列创建"上下文选项卡

选择夹点以编辑阵列或[关联(AS)/基点(B)/项目(I)/项目间角度(A)/填充角度(F)/行(ROW)/层(L)/旋转项目(ROT)/退出(X)] <退出>:

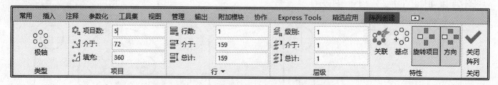

图 10-25　"阵列创建"上下文选项卡

将"项目"面板的"项目数"设定为"5"，关闭"特性"选项卡的"关联"特性，其它默认，预览阵列符合要求，单击选项卡"关闭阵列"。阵列结果如图 10-26（a）所示。

⑥ 修剪多余线条。单击"常用"选项卡 ➤ "修改"面板 ➤ "修剪" 。

命令:_trim

当前设置:投影=UCS,边=无,模式=快速

选择要修剪的对象，或按住 Shift 键选择要延伸的对象或[剪切边(T)/窗交(C)/模式(O)/投影(P)/删除(R)]：
//用鼠标左键连续单击要修剪的对象，结果如图10-26（b）所示

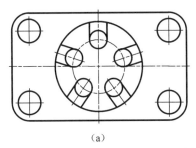
（a）

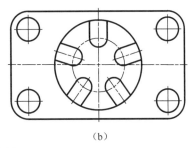
（b）

图 10-26　U 形槽绘制

7. 删除重复对象

单击"常用"选项卡 ➤ "修改"面板 ➤ "删除重复对象" ，该命令被折叠在"修改面板"中。

命令:_overkill

选择对象: all　　//选择所有图形对象

找到 37 个

选择对象:↙　　//按 Enter 键，弹出"删除重复对象"参数设定对话框，单击 确定 按钮

0 个重复项已删除

1 个重叠对象或线段已删除

8. 保存文件

检查全图，按 Ctrl+S 组合键保存文件。

【例 10-4】　按 1∶2 的比例绘制图 10-27 所示平面图形，并标注尺寸。用文件名"抄画平面图形"存盘。

本例题要求按 1∶2 的比例绘图，但为使作图方便、快捷，应先按图中所注尺寸 1∶1 绘制图形，待图形绘制完成后，再进行比例缩放，使之达到题目绘图要求。

绘图步骤

1. 建立新文件

新建一个以"am_gb.dwt"为模板的图形文件，用"抄画平面图形"为文件名存盘。

图 10-27　平面图形（四）

2. 绘制同心圆

① 单击"常用"选项卡 ➤ "绘图"面板 ➤ "中心线" ╱ 下拉菜单 ➤ "带孔十字中心线" ⊕。

命令: amcencrhole

指定中心点<对话框>:　　//在绘图区单击左键，确定左下角同心圆的位置

指定孔的直径或[没有孔(N)] <10|20|30>: 80|36↙　　//同心圆的直径值用"|"分开

指定中心点<对话框>:　　//按 Esc 键

② 按空格键。

命令:amcencrhole

指定中心点<对话框>:   //Shift+右键，选择点捕捉快捷菜单中"参考自"

参照点: //左键单击 φ80 的圆心

　　相对点: @210,30↙

指定孔的直径或[没有孔(N)] <80|36>:68|36↙

指定中心点<对话框>:   //按 Esc 键

③ 按空格键。

命令:amcencrhole

指定中心点<对话框>:   //Shift+右键，选择点捕捉快捷菜单中"参考自"

参照点: //左键单击 φ80 的圆心

　　相对点: @40,110↙

指定孔的直径或[没有孔(N)] <68|36>:36|60↙

绘图结果如图 10-28 所示。

3．绘制两圆的公切线

单击"常用"选项卡 ➤ "绘图"面板 ➤ "直线" ／ 。

命令:_line

指定第一个点:_tan 到   //Shift+右键，选择点捕捉快捷菜单中"切点"，光标靠近 φ80 切点附近的
边线，出现切点特征符号时，单击左键

指定下一点或[放弃(U)]:_tan 到   //Shift+右键，选择点捕捉快捷菜单中"切点"，光标靠近 φ60 切
点附近的边线，出现切点特征符号时，单击左键

指定下一点或[放弃(U)]:*取消*   //按 Esc 键

绘图结果如图 10-29 所示。

   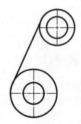

图 10-28　绘制同心圆　　　　　　　　　　　　　　　　图 10-29　绘制两圆公切线

4．利用"构造线"绘制 $R60$ 和 $R56$ 中间弧

① 单击"常用"选项卡 ➤ "构造"面板 ➤ "构造线" ／ 下拉菜单 ➤ "全距离平行"
⇇ 。

命令:_amconstpar

选择直线,射线或构造线: //选择 φ80 圆的竖直中心线

指定插入点或距离(xx|xx|xx..) <10|20|30>:70↙   //构造线到 φ80 圆的竖直中心线距离

在要偏移的一侧指定点: //光标在 φ80 圆竖直中心线右侧任意位置单击左键

选择直线,射线或构造线:*取消*   //按 Esc 键

② 单击"常用"选项卡 ➤ "构造"面板 ➤ "构造圆" ⊙ 。

命令:_amconst_circle

指定中心点: //左键单击 φ80 圆的圆心

半径:100↙

_circle

指定圆的圆心或[三点(3P)/两点(2P)/切点、切点、半径(T)]:

指定圆的半径或[直径(D)] <18.00>:100 _.draworder

选择对象:找到 1 个

选择对象:

输入对象排序选项[对象上(A)/对象下(U)/最前(F)/最后(B)] <最后>:_back

③ 单击"常用"选项卡 ➤ "绘图"面板 ➤ "圆心,半径" ⊙。

命令:_circle

指定圆的圆心或[三点(3P)/两点(2P)/切点、切点、半径(T)]: //左键单击构造线与构造圆的交点

指定圆的半径或[直径(D)] <100.00>:60↙

绘图结果如图 10-30（a）所示。

④ 重复①至③步骤，绘制 R56 中间弧，绘图结果如图 10-30（b）所示。

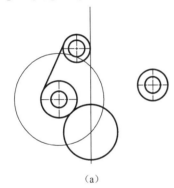
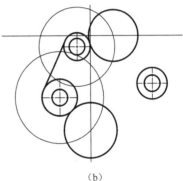

（a） （b）

图 10-30 绘制中间弧

⑤ 单击"常用"选项卡 ➤ "构造"面板 ➤ "全部"。删除全部的构造线。

"选定"命令仅删除选择的构造线。"选定"和"全部"命令重叠在"构造"面板的一个按钮中。

5. 绘制连接弧

① 单击"常用"选项卡 ➤ "绘图"面板 ➤ "圆"下拉菜单 ➤ "相切、相切、半径" ⊙。

命令:_circle

指定圆的圆心或[三点(3P)/两点(2P)/切点、切点、半径(T)]:_ttr

指定对象与圆的第一个切点: //移动光标至 R56 圆与连接弧实际切点附近，单击左键

指定对象与圆的第二个切点: //移动光标至 φ68 圆与连接弧实际切点附近，单击左键

指定圆的半径<56.00>:136↙

绘图结果如图 10-31（a）所示。

② 同样的操作步骤绘制 R146 的中间弧，结果如图 10-31（b）所示。

③ 单击"常用"选项卡 ➤ "修改"面板 ➤ "修剪" ✂，用"修剪"命令去除多余的图线。

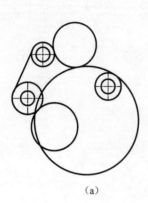 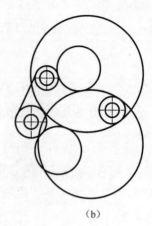

（a）　　　　　　　　　　　　　　　　　　　（b）

图 10-31　绘制连接弧

6. 缩放图形

单击"常用"选项卡 ➤ "修改"面板 ➤ "缩放" ⬚。

命令:_scale

选择对象:指定对角点:找到 17 个　　//框选所有对象

选择对象:　　//按 空格 键结束选择

指定基点:　　//左键单击 *R*34 的圆心

指定比例因子或[复制(C)/参照(R)]: 0.5✓

图形缩小为原来的 1/2。

7. 标注尺寸

① 设置文字样式。

单击"注释"选项卡 ➤ "文字"面板 ➤ "文字样式"下拉菜单 [Standard ▾] ➤
"管理文字样式…"。弹出图 10-32"文字样式"对话框，AM 提供了 3 种符合国标要求的
中文字形，gbeitc.shx、gbenor.shx 用于标注斜体和直体字母及数字，gbcbig.shx 用于标注
中文。

图 10-32　"文字样式"对话框

选中"STANDARD"样式，选用"SHX 字体"为"gbeitc.shx"，勾选"使用大字
体"，选用"大字体"为"gbcbig.shx"，单击 [应用(A)] 按钮。

单击 [新建(N)…] 按钮，"样式名"为"长仿宋"，单击 [确定]，返回"文字样式"对话

框。清除勾选 □使用大字体(U)，"字体"选用"仿宋"，"宽度因子"改为"0.7"，单击 应用(A) 。选择"STANDARD"样式，单击 置为当前(C)，单击 关闭(C)。

② 设置标注样式。

单击"注释"面板 ➤ "标注"选项卡 ➤ "标注设置"按钮 ⌄，打开图 10-33（a）的"标注设置"对话框。当前标注样式为"AM_GB"，单击 编辑(E)… 按钮，弹出图 10-33（b）所示的"编辑标注样式"对话框，"AM_GB"为选中状态时，单击 修改(O)… 按钮，弹出"修改标注样式:AM_GB"对话框，按图 10-34（a）修改"线"选项卡中的"超出尺寸线"和"起点偏移量"数值，将"主单位"选项卡中的"比例因子"设定为"2"，如图 10-34（b）所示，单击 确定 按钮，返回"编辑标注样式"对话框。

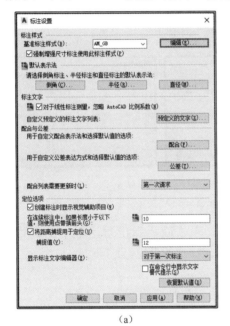

（a）　　　　　　　　　　　　　　（b）

图 10-33　标注设置（一）

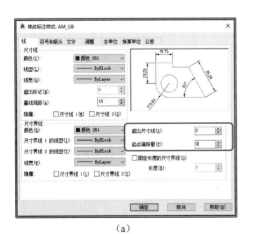
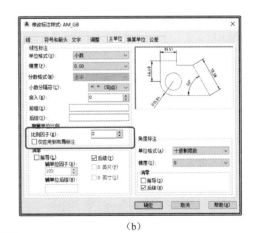

（a）　　　　　　　　　　　　　　（b）

图 10-34　标注设置（二）

测量单位的"比例因子"，为要标注线性尺寸数值与对应的图形元素线性尺寸之比。按 1:2 图形绘制的图形，绘制的图形元素缩小成原来的 1/2，因此"比例因子"设定为 2，这样长度为 1mm 的线段，标注的长度尺寸为 2mm。

选择"编辑标注样式"对话框中的"角度"，单击 修改(O)... 按钮，弹出"修改标注样式:AM_GB:角度"对话框，将"文字"选项卡中的"文字对齐"方式改为"水平"，单击 确定 。

删除<样式替代>标注样式，单击 确定 按钮，返回"标注设置"对话框。

单击 倒角(C)... 按钮，图 10-35（a）中"C10"倒角表示法的样式并不符合国标要求，因此修改倒角标注样式为的"10×45°"方式，标注完成后，将"10×45°"倒角尺寸改为"C10"。

单击 半径(R)... 按钮，参照图 10-35（b）修改"半径"标注样式。

单击 直径(M)... 按钮，参照图 10-35（c）修改"直径"标注样式。

勾选"标注设置"对话框中的 ☑强制增强尺寸标注使用此标注样式(P) 。

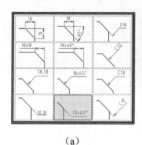

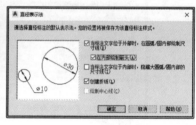

（a）　　　　　　　　　　（b）　　　　　　　　　　（c）

图 10-35　标注设置（三）

清除 ☐对于线性标注测量，忽略 AutoCAD 比例系数(N) 选项，单击随后弹出对话框中的 遵照 DIMLFAC 按钮，依次单击 应用(A) 和 确定 按钮，完成标注样式的设定。

③ 标注圆的直径尺寸。

单击"注释"选项卡 ➤ "标注"面板 ➤ "直径"按钮 ⊘。

命令:_ampowerdim_dia

选择圆弧或圆: //左键单击最上边圆的边线

指定尺寸线位置或[线性(L)/选项(O)]: //左键单击放置尺寸位置，在<φ36>前输入"3x"，按 Enter 键

选择圆弧或圆:*取消* //按 Esc 键

④ 标注半径尺寸。

单击"注释"选项卡 ➤ "标注"面板 ➤ "半径"按钮 ⟋。

命令:_ampowerdim_rad

选择圆弧或圆: //左键单击 R30 的弧

指定尺寸线位置或[线性(L)/选项(O)]: //左键单击放置尺寸的位置

同样操作，标注出图 10-36（a）中的其他半径尺寸。

选择圆弧或圆:*取消* //按 Esc 键

⑤ 标注折弯半径尺寸。

单击"注释"选项卡 ➤ "标注"面板 ➤ "折弯"按钮 ⟋。

命令:_ampowerdim_jog

选择圆弧或圆: //左键单击 R136 的弧

指定中心位置替代：　　//左键单击圆弧替代中心点位置

指定尺寸线位置：　　　//移动光标，左键单击放置尺寸线位置

指定折弯位置：　　//移动光标，左键单击折弯位置，如图 10-36（b）所示，按 Enter 键

选择圆弧或圆：*取消*　　//按 Esc 键

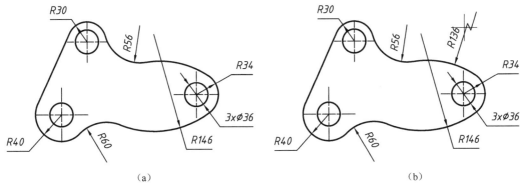

（a）　　　　　　　　　　　　　　　　（b）

图 10-36　尺寸标注（一）

⑥ 标注线性尺寸。

单击"注释"选项卡 ➤ "标注"面板 ➤ "增强尺寸标注" 按钮。

命令:_ampowerdim

指定第一个尺寸界线原点或[线性(L)/角度(A)/斜剖(R)/倒角(M)/基线(B)/连续(C)/更新(U)]<选择对象>:
//左键单击上方 φ36 圆水平中心线的左端点

指定第二个尺寸界线原点：　　//左键单击左下方 φ36 圆水平中心线的左端点

指定尺寸线位置或[水平(H)/竖直(V)/对齐(A)/已旋转(R)/定位选项(P)]：　　//光标右移，尺寸线被自动
吸附后，单击左键，移动光标离开尺寸数值再单击左键，完成标注 110 尺寸

重复上述步骤标注出图 10-37（a）中 70、24、30 的尺寸，标注 70 和 24 尺寸时要捕捉
圆心点。

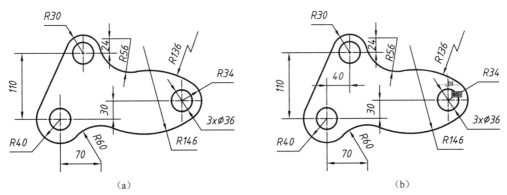

（a）　　　　　　　　　　　　　　　　（b）

图 10-37　尺寸标注（二）

指定第一个尺寸界线原点或[线性(L)/角度(A)/斜剖(R)/倒角(M)/基线(B)/连续(C)/更新(U)]<选择对象>:
//左键单击左下方 φ36 圆竖直中心线的上端点

指定第二个尺寸界线原点：　　//左键单击上方 φ36 圆竖直中心线的下端点

指定尺寸线位置或[水平(H)/竖直(V)/对齐(A)/已旋转(R)/定位选项(P)]:H↙　　//仅标注水平尺寸

指定尺寸线位置或[拖放(D)/竖直(V)/对齐(A)/已旋转(R)/定位选项(P)]:　　//左键单击 40 尺寸放置位置

指定第一个尺寸界线原点或[线性(L)/角度(A)/斜剖(R)/倒角(M)/基线(B)/连续(C)/更新(U)]<选择对象>:C
//左键单击"连续（C）"选项，标注连续尺寸

指定下一个尺寸界线原点或[放弃(U)/选择(S)/基线(B)]:　　//在右侧 φ36 圆竖直中心线上移动光标，出现图 10-37（b）所示垂直特征符号时单击左键

指定下一个尺寸界线原点或[放弃(U)/选择(S)/基线(B)]:　　//按 Esc 键

8. 保存文件

检查全图，保存文件。

第三节　绘制零件图

【例 10-5】　按 1∶1 的比例，抄画图 10-38 所示的支承座三视图，不标注尺寸。

1. 新建文件

新建一个以"am_gb.dwt"为模板的图形文件，用"支承座-01"为文件名存盘。

2. 绘制主视图可见轮廓线

在当前图层"AM_0"上绘制图形。

① 利用"带孔十字中心线"命令，绘制 φ22 和 φ35 的同心圆。

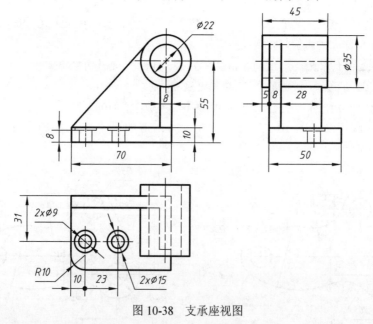

图 10-38　支承座视图

② 绘制底座矩形。单击"常用"选项卡 ▶ "绘图"面板 ▶ "矩形:角点、角点" ▢。

命令:_amrectang

角点

指定第一个角点或[角点(R)/基础(（B）)/高度(H)/中心点(C)/倒角(M)/圆角(F)/中心线(L)/对话框(D)]:
//Shift+鼠标右键，快捷菜单选择"参考自"

参照点:　　//左键单击两个同心圆的圆心

　　　相对点:@-66,-55↙　　//确定矩形的左下角点位置

176

指定另外的角点或 [面积(A)/旋转(R)]: @70,10↙

绘图结果如图 10-39（a）所示。

③ 用直线命令绘制可见轮廓线。

命令: _line

指定第一个点:　　　　//左键单击矩形的右上角点

指定下一点或[放弃(U)]:　　　　//垂直向上移动光标，出现与 φ35 圆的交点特征符号时左键单击

指定下一点或[放弃(U)]: *取消*　　　　//按 Esc 键，绘图结果如图 10-39（b）所示

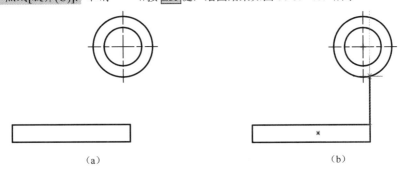

（a）　　　　　　　　　　　　　　　　　（b）

图 10-39　主视图可见轮廓线的绘制

重复直线命令，绘制 φ35 圆的切线。

④ 单击"常用"选项卡 ➤ "修改"面板 ➤ "偏移" 。

命令: _amoffset

模式=普通(N)

指定偏移距离或[通过(T)/模式(M)] <10|20|30>:8↙

选择要偏移的对象或<退出>:　　　　//选择肋板右侧的边线

在要偏移的一侧指定点:　　　　//向左移动光标，然后单击左键

选择要偏移的对象或<退出>:*取消*　　　　//按 Esc 键

3. 绘制底板和圆筒水平投影可见轮廓线

① 绘制底板俯视图的轮廓外形。单击"常用"选项卡 ➤ "绘图"面板 ➤ "矩形:角点、角点" 。

命令: _amrectang

角点

指定第一个角点或[角点(R)/基础(B)/高度(H)/中心点(C)/倒角(M)/圆角(F)/中心线(L)/对话框(D)]:　　　　//用鼠标左键捕捉主视图矩形的左下角点坐标信息，垂直向下移动光标，在合适位置单击左键

指定另外的角点或[面积(A)/旋转(R)]: @70,-50↙

按 空格 键或 Enter 键，重复执行矩形命令。

命令: _amrectang

角点

指定第一个角点或[角点(R)/基础(B)/高度(H)/中心点(C)/倒角(M)/圆角(F)/中心线(L)/对话框(D)]:
//Shift+鼠标右键，快捷菜单选择"参考自"

参照点:　　　　//左键单击俯视图矩形的右后角点

　　　　相对点:@13.5,5↙

指定另外的角点或[面积(A)/旋转(R)]:@-35,-45↙　　　//完成圆筒水平投影的绘制

② 利用"中心线" ╱ 命令，以圆筒前后端面的水平投影中点为端点绘制中心线。

③ 单击"常用"选项卡 ➤ "修改"面板 ➤ "圆角" ⌐。

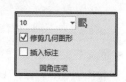

命令:_amfillet2d 当前设置:标注模式=关,修剪模式=开,当前圆角半径=2.50

//在功能区弹出图 10-40 所示的上下文"圆角选项"面板，将圆角半径设定为 10，按 Enter 键确认

图 10-40　圆角面板

选择第一个对象或[多段线(P)/添加标注(D)]:　　//用鼠标左键拾取倒圆角的第一条边线，光标移动到倒圆角的第二条边时预览圆角，圆角正确单击左键确认。按下 Shift 键再选择第二条线，则创建圆角半径值为"0"的直角

命令:当前设置:标注模式=关,修剪模式=开,当前圆角半径=10.00

选择第一个对象或 [多段线(P)/添加标注(D)]:*取消*　　//按 Esc 键

绘图结果如图 10-41 所示。

4. 绘制安装孔

① 单击"工具集"选项卡 ➤ "孔"面板 ➤ "沉头孔" 𝄜。

命令:_amcountb2d　　　　//选择图 10-42（a）中的"自定义沉头孔"类型，两次单击右侧窗口中"俯视"图标

指定插入点:　　//Shift+右键，选择快捷菜单中"参考自"

参照点:　　//左键单击俯视图底板投影的左后角点

相对点:@10,-31↙

(*** ***)

指定旋转角<0>:↙

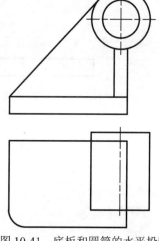

图 10-41　底板和圆筒的水平投影

弹出图 10-42（b）的"沉头孔参数"对话框，参照此对话框设定好沉头孔参数，然后单击 完成 按钮。

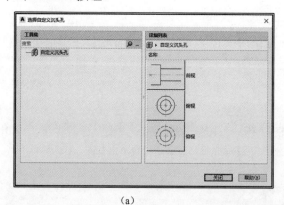

（a）

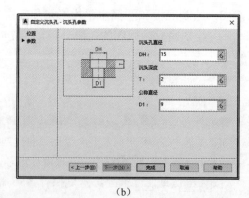

（b）

图 10-42　沉头孔定义

② 单击"常用"选项卡 ➤ "修改"面板 ➤ "增强复制" 𝄜。

命令:_ampowercopy

选择对象:　　//选择 φ9 沉头孔的水平投影，系统自动选定孔中心为复制距离的基准点

指定插入点:23↙　　//水平向右移动光标，键入复制距离"23"，按 Enter 键

指定旋转角<0>:↙

③ 单击"常用"选项卡 ➤ "图层"面板 ➤ "图层"下拉菜单 ⬜▾ ➤ "隐藏" 🖼 。将 "AM_3"设定为当前图层，绘制虚线。

④ 单击"工具集"选项卡 ➤ "工具"面板 ➤ "增强视图" 🖼 。

命令:_ampowerview

选择对象：　//鼠标选择 φ9 沉头孔的水平投影，选择"选择新视图"对话框中的"前视"图标

指定插入点：　//垂直向上移动光标到底板主视图的上边线，出现如图 10-43（a）"垂直"特征符合时，单击左键

指定孔深度：　//垂直向下移动光标到底板主视图的下边线，出现"垂直"特征符合时，单击左键

同样方法绘制另一个沉头孔的主视图投影，绘图结果如图 10-43（b）所示。

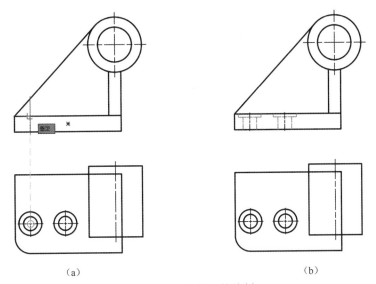

（a）　　　　　　　　　　　　　　（b）

图 10-43　安装孔的绘制

5．绘图水平投影的其他图元

① 单击"常用"选项卡"修改"面板 ➤ "打断于点" ⬜ 。

命令:_breakatpoint

选择对象：　//选择俯视图中底板的后边线

指定打断点：　//移动光标到主视图直线与圆的切点附近，捕捉到图 10-44（a）中交点或端点的特征符号后，单击左键，选中的线被断开

同样方法打断图 10-44（b）中底板俯视图的右边线。

② 单击"常用"选项卡 ➤ "图层"面板 ➤ "移至另一图层" 🖋 。

命令:_amlaymove

选择对象:找到 1 个　　//选要俯视图中被遮挡的粗实线

选择对象:↙

通过使用对象、图层表或键盘指定新的图层(按回车键显示对话框):ACADM~HIDW

新图层:AM_3　　//左键单击"轮廓" ⬜▾ 下拉菜单，选择"隐藏"图层

③ 利用"直线""修剪"以及"偏移"等命令，完成俯视图其他图形元素的绘制，注

意图层的使用，绘制过程不再赘述。

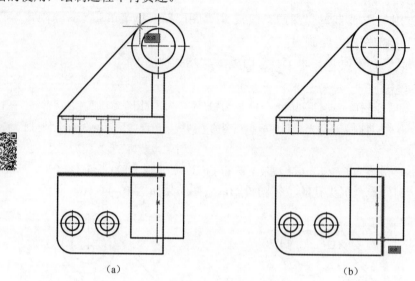

（a）
（b）

图 10-44　图形元素分割

6. 利用"投影"绘制左视图

① 单击"常用"选项卡 ➤ "构造"面板 ➤ "投影" ⫻。

命令:_amprojo

投影[关(OFF)/开(ON)] <关(OFF)>: ON　　//左键单击"开（ON）"选项，启用投影线的创建

指定插入点:　　//在绘图区合适位置单击左键，指定投影的插入点

指定旋转角:　　//水平向右移动光标到任意位置，单击左键，完成投影的创建

② 单击"常用"选项卡 ➤ "构造"面板 ➤ "构造线" ⫻ 下拉菜单 ➤ "水平" ⎯。

命令:_amconsthor

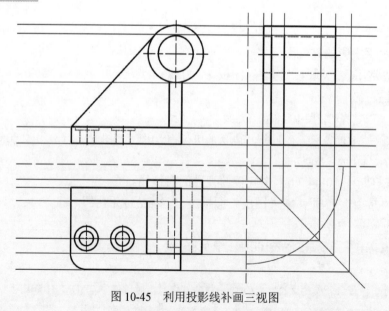

图 10-45　利用投影线补画三视图

指定插入点:　　//光标移动到主、俯视图的任一轮廓线上，当系统出现图形对象的特征符号时，单击左

键，创建一条水平构造线，水平构造线遇到投影中 45°的角平分线时自动向上折弯

重复指定插入点，完成需要创建的水平构造线。

指定插入点:*取消*　　//按 Esc 键

③ 图 10-45 为未完成的侧面投影，水平和竖直构造线的交点确定了左视图中图形元素的位置和大小。在不同的图层，利用"绘图"和"修改"面板中的命令，完成左视图的绘制，具体过程不再赘述。在绘图过程中，构造线随时建立或删除，不必一次建全。

④ 利用"全部" 全部 命令，删除所有的构造线和投影坐标轴。

【例 10-6】 绘制图 10-46 所示支承座的零件图。

绘图步骤

1. 新建文件

新建一个以"am_gb.dwt"为模板的图形文件，用"支承座-02"为文件名存盘。

2. 绘制图框

① 利用"矩形:角点、角点" □命令，绘制左下角在（0,0）点，右上角在（420,297）点的矩形框。

② 利用"偏移" ⊑命令，绘制偏移距离为 5mm 的图框线。

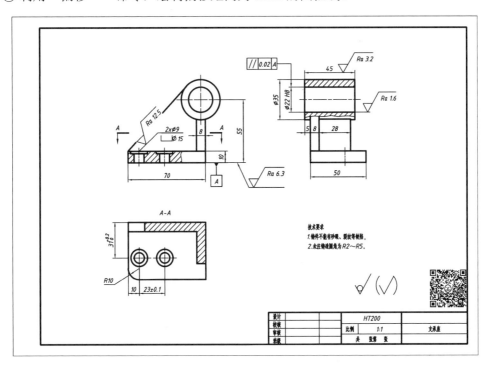

图 10-46　支承座零件图

③ 利用图元夹点编辑内框的大小。未执行命令时，选中内部的矩形框，矩形框边线上出现蓝色夹点，单击左边框的中点，系统提示：

拉伸

指定拉伸点:20　　//如图 10-47 所示，向右沿水平引导线移动光标，输入拉伸距离 20

命令:*取消*　　//按 Esc 键

④ 利用"移至另一图层" 命令，将图幅边框线移动到"辅助线"图层。

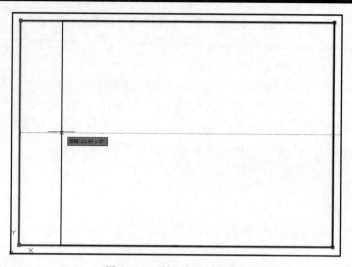

图 10-47　利用夹点编辑

3. 绘图支承座的基本视图

参照【例 10-5】的绘制方法，绘制支承座的基本图形。

4. 绘图剖切符号及断裂线

① 单击"常用"选项卡 ➤ "局部"面板 ➤ "剖切线" A-A。

命令: _amsectionline

选择点或[可见性(V)]:　　//在剖切线的起始位置单击左键

指定剖切线的下一个点或[圆心(C)]:　　//水平移动光标，在剖切线的终点位置单击左键

指定剖切线的下一个点或[半剖(H)/名称(N)/圆弧(A)]:↙　　//空格键或 Enter 键，完成剖切位置确定

指定第一个剖切符号<A>↙　　//输入视图名称

指定剖视方向　　//沿投射方向移动光标到合适位置单击左键

指定视图名称的原点　　//在放置剖视图名称位置单击左键，如图 10-48（a）中 *A—A* 位置

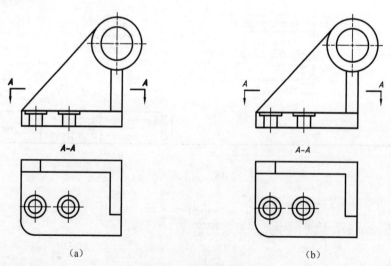

（a）　　　　　　　　　　　　　　　（b）

图 10-48　剖切符号的标注

② 单击"常用"选项卡 ➤ "修改"面板 ➤ "分解" □。

命令:_amexplode

选择对象:找到 1 个　　//选择剖切符号

选择对象:_EXPLODE　　//按空格键或 Enter 键

③ 将剖切符号分解后，利用"移至另一图层"命令，将视图名称字母、投射方向移动到"尺寸/注释"图层，字母和投射方向箭头线变为细实线，绘图结果如图 10-48（b）所示。

④ 单击"常用"选项卡 ➤ "局部"面板 ➤ "局部剖切线" 。按系统提示完成图 10-49 中的主、左视图中局部剖切线的绘制，局部剖切线的端点要落在图形元素上以形成封闭区域。

⑤ 用"直线"命令绘图俯视图中支承板的剖切边界线。

⑥ 利用"修剪"命令，将多余的线条修剪。

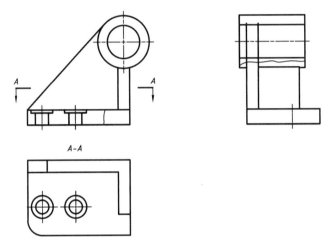

图 10-49　局部剖切线的绘制

5．图案填充

① 单击"常用"选项卡 ➤ "图层"面板 ➤ "图层"下拉列表 ➤ "填充"。将"AM_8"设定为当前图层，绘制剖面线。

② 单击"常用"选项卡 ➤ "绘图"面板 ➤ "填充"下拉菜单 ➤ "填充"。在功能区出现图 10-50 的"图案填充创建"上下文选项卡。

图 10-50　图案填充选项卡

● "图案"面板。用于选择填充图案。

● "特性"面板。"角度"确定剖面线的倾斜方向，常用 0° 和 90°，当填充轮廓线倾斜为 45°时，填充角度常用 15°或 75°。"填充图案比例"设定了剖面线间隔的大小。

● "选项"面板。激活"关联"选项时，当改变填充图案的边界形状自动更新图案填充。

命令:_hatch

拾取内部点或[选择对象(S)/放弃(U)/设置(T)]:正在选择所有对象…　//用鼠标左键依次单击主视图中底板安装孔周围填充剖面线的封闭区域内部的任意位置

正在选择所有可见对象…

正在分析所选数据…

正在分析内部孤岛…

……

拾取内部点或[选择对象(S)/放弃(U)/设置(T)]:　//单击"图案填充创建"选项卡中的"关闭图案填充创建"按钮，结束图案填充命令

③ 按 空格 键或 Enter 键，重复"填充"命令，完成俯视图的填充。再次执行"填充"命令，完成左视图的填充，结果如图 10-51 所示。

若是一次填充完不同视图的剖面线，在单独移动某个基本视图时，剖面线不随图形移动。

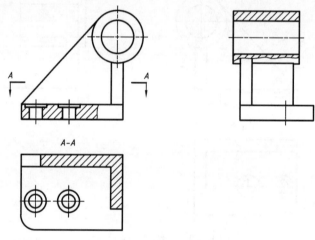

图 10-51　图案填充

6. 标注尺寸

① 按【例 10-4】的方法设定文字和标注样式，将标注样式"主单位"选项卡中的"比例因子"设定为"1"。

② 单击"注释"选项卡 ▶ "标注"面板 ▶ "增强尺寸标注" 按钮。

选择左视图 ϕ22 内孔两条素线的左端点作为线性尺寸的分界点，向左移动光标，尺寸线被吸附到固定位置时单击左键，在功能区上下文的"增强尺寸标注"选项卡上的所有面板才能被激活。

将光标移动尺寸数字"<22>"的前面，单击图 10-52 "插入"面板中的直径符号。

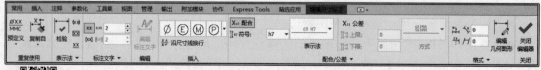

图 10-52　增强尺寸标注选项卡

将光标移动到尺寸数字"<22>"的后面，单击"配合/公差"面板 ▶ 。单击"表

示法"下拉按钮，选择图 10-53（a）样式列表中最下方中间样式。单击"符号" 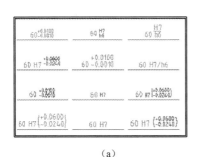 的下拉按钮，单击 配合对话框..., 弹出图 10-53（b）的"配合"对话框，在"孔"选项卡中正确选择基本偏差代号和公差等级，单击 确定 ，左键单击"关闭编辑器" ✔ 按钮。

（a）

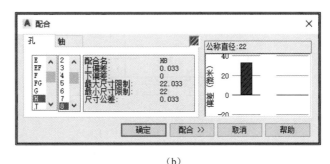

（b）

图 10-53　尺寸配合公差设定

如果尺寸不标注公差，将光标移到尺寸数字后面，单击"配合/公差"面板 ► X-h7 配合 按钮，关闭"配合"标注即可。

③ 标注完俯视图连续尺寸 10 和 23 后，双击 23 尺寸，然后单击"插入"面板中的"±"号，再输入"0.1"，左键单击"关闭编辑器" ✔ 按钮，完成 23±0.1 的尺寸标注。

④ 标注俯视图的 31 尺寸，退出尺寸标注前，单击"配合/公差"面板的 X±1 公差，上限值输入"0.2"，下限值输入"0"，单击"关闭编辑器" ✔ 按钮，完成 31 尺寸标注。

⑤ 标注其他尺寸。

7. 引线注释

单击"注释"选项卡 ► "标注"面板 ► "引线注释" A。

命令: _amnote

选择装入的对象或[重新组织(E)/库(L)]:　　//左键单击主视图底板的上边线

指定起点:　　//左键单击孔轴线与底板上边线的交点

指定下一点或[符号(S)/起点(P)]<符号>:　　//移动光标左键，单击放置注释文本的位置

指定下一点或<符号>:↙

符号已经装入。　　//在功能区弹出图 10-54 的"引线注释"上下文选项卡

图 10-54　引线注释选项卡

单击"引线和文字"面板的 ►按标准 引线样式下拉按钮，选择箭头样式为"无"，"文字对齐方式"设定为"居中对齐"，"引线对齐方式"设定为"参照线上的顶行文字"，设定完成后，输入"2×φ9"，按 Enter 键，再输入"⌴φ15"，注释中的 ∅ 和 ⌴ 符号，在插入面板符号列表中选择，单击"关闭编辑器"按钮，结果如图 10-55 所示。

8. 几何公差标注

① 单击"注释"选项卡 ► "符号"面板 ► "基准标识符号" A。

185

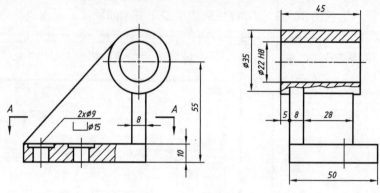

图 10-55　引线注释

命令:_amdatumid

选择要装入的对象:　　//左键单击主视图的底边

输入选项[下一个(N)/接受(A)] <接受(A)>:✓　　//按 空格 键或 Enter 键

指定起点或[曲面(F)]:　　//移动光标到放置基准符号的位置，单击左键

指定下一点或[符号(S)/起点(P)] <符号>:　　//向下移动光标到合适位置，单击左键，放置基准框格

指定下一点或<符号>:✓　　//按 空格 键或 Enter 键

符号已经装入。　　//弹出图 10-56 "基准标识符号 GB" 对话框中，输入基准符号，单击 确定

② 单击 "注释" 选项卡 ➤ "符号" 面板 ➤ "形位公差符号" ⊞1 ▾。

命令:_amfcframe

选择装入的对象或[库(L)]:　　//单击左视图 φ22H8 尺寸上边界

指定起点或[曲面(F)]:　　//移动光标捕捉 φ22H8 尺寸线的端点后，单击左键

指定下一点或[符号(S)/起点(P)] <符号>:　　//向上移动光标到合适位置，单击左键

指定下一点或<符号>:　　//向放置几何公差框格的一侧移动光标，然后单击鼠标右键确认

符号已经装入。　　//弹出图 10-57 所示的 "形位公差符号 GB" 对话框

　　单击对话框的 ▭ 特征符号，选择 ∥，在公差框格中输入 0.02，如果公差值前面有直径符号或公差值后面有其它符号，通过单击 ∅ ▾ 下拉按钮来选择，基准框格中输入 "A"，完成后，单击 确定 。

图 10-56　"基准标识符号 GB" 对话框

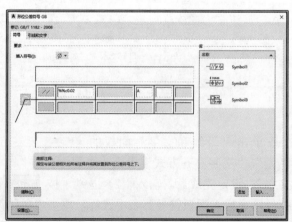

图 10-57　"形位公差符号 GB" 对话框

绘图结果如图 10-58 所示。

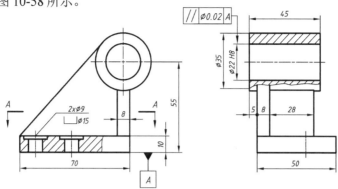

图 10-58　几何公差的绘制

9. 表面粗糙度标注

① 标注 2× ϕ9 锪孔的表面粗糙度。

单击"注释"选项卡 ➤ "符号"面板 ➤ "表面粗糙度" $\sqrt{}$ 。

命令:_amsurfsym

选择装入的对象或[库(L)]:　//左键单击锪孔标注的引线

指定下一个点或[曲面(F)/符号(S)] <符号>:↙

指定旋转角度:　//左键单击锪孔标注的引线和横线的转折点

符号尚未装入。

弹出如图 10-59 所示"表面粗糙度 GB"对话框,选择"去除材料"符号,选择粗糙度值为 Ra 12.5,单击 确定 ,完成粗糙度的绘制。

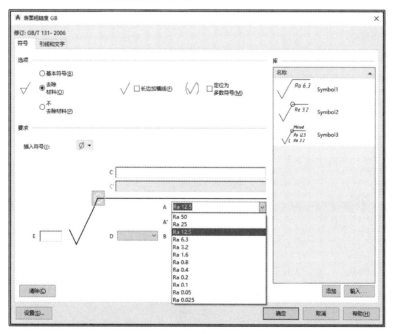

图 10-59　"表面粗糙度 GB"对话框

如果表面粗糙度对话框修订标准为"GB/T 131—93",则系统不提供粗糙度值选择功能。更改的方式是在没有命令执行时，在绘图区的空白处右键单击，选择快捷菜单的"选项"命令，打开"选项"对话框，展开"AM 标准"选项卡中的"表面粗糙度"标准元素，将"GB/T 131—2006"激活，并"置为当前"标注样式。

粗糙度符号标注附着在图形对象上，移动光标指定粗糙度放置的起始点位置，继续指定下一点，粗糙度以引线形式标注。

粗糙度符号标注附着在图形对象上，移动光标指定放置粗糙度的起始点后，直接按 `Enter` 键，则隐藏指引线，系统提示选择边，确定粗糙度的标注方向。

② 当粗糙度被线穿过时，应在两点间断开穿过的对象，防止标注被遮挡。

单击"常用"选项卡 ➤ "修改"面板 ➤ "打断" ⌐。

命令:_break

选择对象: //如图 10-60 所示，选择要打断的图形对象，选择点作为打断的第一个点

指定第二个打断点或[第一点(F)]:   //移动光标，预览打断结果，在合适位置单击左键

③ 大多数表面相同粗糙度的标注。

单击"注释"选项卡 ➤ "符号"面板 ➤ "表面粗糙度" √。

命令:_amsurfsym

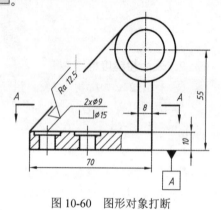

图 10-60　图形对象打断

选择装入的对象或[库(L)]:   //在标题栏附近单击鼠标左键，确定粗糙度的标注位置

没有选中任何对象

指定下一个点或[曲面(F)/符号(S)] <符号>:↙

指定旋转角度: 0↙

符号尚未装入。

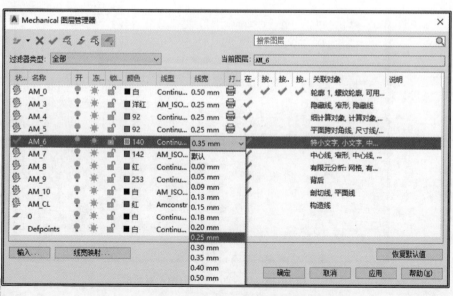

图 10-61　图层管理器

弹出的"表面粗糙度"对话框，选择 ^不去除材料(P) 标注样式，勾选 ^{定位为}多数符号(M)，删除粗糙度值，单击对话框左下角的 设置(S)...，将"多数符号"标注样式设定为⚪简化(M)，单击 确定，返回"表面粗糙度"对话框，单击 确定。

10．利用表格绘制标题栏

① 单击"常用"选项卡 ➤ "图层"面板 ➤ "图层"下拉菜单 □ · ➤ "文字" A。将"AM_6"设定为当前图层。

② 单击"常用"选项卡 ➤ "图层"面板 ➤ "Mechanical 图层管理器" ⚙。

打开图 10-61 所示的图层管理器对话框，将图层"AM_6"的线宽由 0.35mm 改为 0.25mm，为在"文字"图层放置标题栏设好线宽。

③ 单击"注释"选项卡 ➤ "图纸"面板 ➤ "表" ⊞。

弹出图 10-62 的"插入表格"对话框，在对话框中，设置"列数"为 3，"列宽"为 15，"数据行数"为 1，"行高"为 1，"设置单元样式"所有行全部为"数据"。

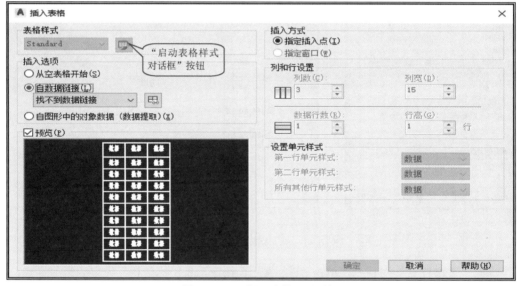

图 10-62　"插入表格"对话框

（a）

（b）

图 10-63　单元格样式设定（一）

189

④ 单击"插入表格"对话框左上方的"启动表格样式对话框"按钮 ，弹出"表格样式"对话框，单击 新建(N)...，在弹出的"创建新的表格样式"对话框中，输入新建表格样式名"标题栏"，单击 继续，弹出图 10-63（a）所示"新建表格样式:标题栏"对话框。

选择"单元样式"为数据，在"常规"选项卡中，选择"对齐"为"正中"，选择"格式"为"文字"。选择"页边距"的"水平"和"垂直"值均为"0"。

在"文字"选项卡中，设置"文字高度"为 5，如图 10-63（b）所示。

在"边框"选项卡中选择所有边框的"线宽"及"线型"均 —— ByLayer ，然后单击" 田 "所有边框按钮，如图 10-64（a）所示。选择"线宽"为图纸中粗实线的宽度0.5mm，单击" 田 "外边框按钮，如图 10-64（b）所示。在左侧表格样式预览框中显示设定的样式。设定完成后，单击 确定 。

（a）

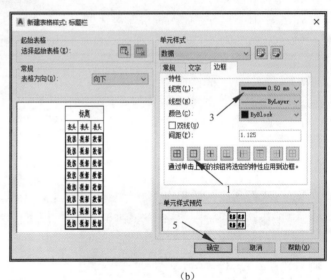

（b）

图 10-64　单元格样式设定（二）

返回"表格样式"对话框，单击" 置为当前(U) "按钮，将"标题栏"设定为当前样式，单击" 关闭 "按钮，再单击"插入表格"对话框的 确定 按钮，返回到绘图状态。

此时表格挂在十字光标上并随之移动，单击左键在绘图区指定插入点，插入表格。

⑤ 编辑表格成为图纸标题栏样式。

a. 修改行高。单击表格第一行中的任一单元格，单击右键，在弹出的快捷菜单中，选择"特性"，弹出图 10-65 所示"特性"选项板，将"单元高度"值设定为 10，按 Enter 键确认。同样方式设定其他两行高度为 9。

b. 修改列宽。选择第二列任意单元格，在特性栏中设置"单元宽度"为 40，按 Enter 键确认。设置第三列"单元宽度"为 60。

将"特性选项板"拖动到绘图区的左侧固定，单击选项板顶部的" "自动隐藏按钮，鼠标离开后选项板自动隐藏。

c. 合并单元格。如图 10-66 所示，在要合并的第一个单元格单击左键不松开，拖动鼠标到要合并的最后一个单元格再松开，完成相邻单元格的选择。单击功能区"表格单元"上下文选项卡 ➤ "合并"面板 ➤ "合并单元" ➤ "合并全部" 合并全部。

同样步骤合并第三行第一列和第二列单元格。

d. 修改线宽。选中第三列的全部单元格，单击功能区"表格单元"上下文选项卡 ➤ "单元样式"面板 ➤ "编辑边框" ⊞ 编辑边框 。弹出图 10-67 所示"单元边框特性"对话框。

选择边框"线宽"为粗实线宽度 0.50mm，单击"左边框" ▎按钮，单击 确定 。

⑥ 移动表格到图框的右下角。

单击"常用"选项卡 ➤ "修改"面板 ➤ "移动" ✛。

命令:_move

选择对象:找到 1 个　　　//选择标题栏，右键确认

选择对象:

指定基点或[位移(D)] <位移>:　　　//左键单击标题栏的右下角

指定第二个点或<使用第一个点作为位移>:　　　//左键单击图框的右下角

⑦ 同样方法步骤，用"标题栏"样式绘制四行三列，边框为粗实线的表格，所有行高为 7，中间列单元格宽度为 30，右边列单元格宽度为 20。移动表格的右下角与上一个表格的左下角重合。

⑧ 左键双击要输入文字内容的单元格，键入需要的文字。

11．书写技术要求

单击"常用"选项卡 ➤ "注释"面板 ➤ "多行文字" **A**。

命令:_mtext

当前文字样式: "长仿宋" 文字高度: 2.5 注释性: 否

指定第一角点:　　　//左键单击图框内一点，指定矩形的一个角点

指定对角点或[高度(H)/对正(J)/行距(L)/旋转(R)/样式(S)/宽度(W)/栏(C)]:　　　//左键单击矩形的另一个角点，指定多行文字的输入宽度，在功能区显示如图 10-68 所示的"文字编辑器"上下文选项卡

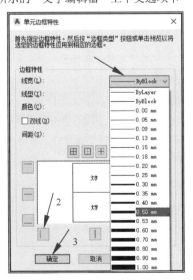

图 10-65　特性选项板

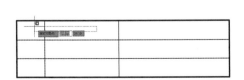

图 10-66　单元格选定

图 10-67　"单元边框特性"对话框

图 10-68　文字编辑器选项卡

在"样式"面板可以设定输入文字样式和文字高度。"格式"和"段落"选项卡类似于 Word 文字编辑，不再赘述。"插入"面板用于文字输入过程中插入特殊字符等。

在绘图区出现图 10-69 所示的文字输入窗口，在窗口中输入"技术要求"的文字内容，窗口顶部的标尺上有用于编辑文字段落的制表位、首行缩进、悬挂缩进等。文字输入完毕，单击"关闭文字编辑器" ✔ 按钮。

12. 保存图形文件

对全图进行检查修改，保存文件。

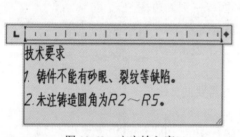

图 10-69　文字输入窗口

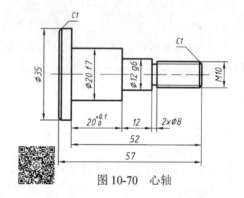

图 10-70　心轴

【例 10-7】 绘制图 10-70 所示心轴零件图。

绘图步骤

1. 新建文件

新建一个以"am_gb.dwt"为模板的图形文件，设定"文字样式""标注样式"等绘图环境，用"心轴"为文件名存盘。

2. 绘制图形

单击"工具集"选项卡 ➤ "轴"面板 ➤ "轴生成器" 🔲 。

命令:_amshaft2d

指定起点或选择中心线[新建轴(N)]:　//在绘图区合适位置单击左键，确定绘制轴的起点

指定中心线终点:　//向右沿水平引导线移动光标，在合适位置单击左键，确定轴的摆放位置，弹出图 10-71 所示的"轴生成器"对话框。单击"外轮廓"面板中精确绘制"圆柱体"命令图标

指定长度<50>:5✓　//输入 ϕ35 圆柱的长度，按 空格 键或 Enter 键

指定直径<40>:35✓　//输入圆柱的直径，按 空格 键或 Enter 键，返回"轴生成器"对话框

……　//重复执行添加"圆柱体"命令绘制完成 ϕ20×20、ϕ12×12 和 ϕ8×2 的圆柱。单击轴生成器的添加外螺纹图标，在弹出的"螺纹"对话框中，单击选择列表"GB/T 196—81-外螺纹（普通螺纹）"选项，弹出图 10-72 所示"GB/T 196—81-外螺纹（普通螺纹）"对话框，选择"M10"螺纹规格，长度 l=18，单击 确定 ，返回"轴生成器"对话框，AM 轴生成器外螺纹创建提供的 GB/T 196 为 1981 年的标准，创建内螺纹提供的是 GB/T 196 为 2003 年标准。再单击外轮廓面板中的"倒角"命令图标

选择对象:　//单击 ϕ40×5 圆柱体的倒角部位，系统在倒角处提示圆圈

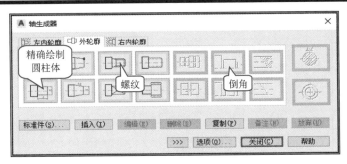

图 10-71 "轴生成器"对话框

指定长度(最大 5) <2.5>:1✓ //输入倒角宽度

指定角度(0-83)或[距离(D)] <45>:✓ //返回"轴生成器"对话框，单击 关闭(C) 按钮

绘图结果如图 10-73 所示。如绘制的螺纹收尾不符合图纸要求，利用修改命令进行修正，不再赘述。

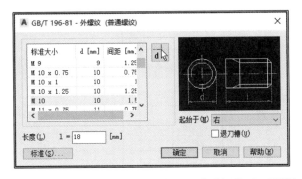

图 10-72 "GB/T 196—81-外螺纹（普通螺纹）"对话框

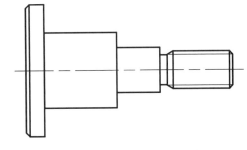

图 10-73 轴生成器绘图结果

3. 标注尺寸

（绘制过程略）

4. 保存图形文件

对全图进行检查修改，保存文件。

第四节 装配图的绘制

在 AM 中绘制装配图，可以在"Mechanical"和"结构"两个工作空间进行绘制。

① 在"Mechanical"工作空间，先绘出各零件，或将不同文件的图样复制、粘贴到当前文件中，根据装配关系利用绘图和修改等命令画出装配图。

② 在"结构"工作空间，将不同的图形组合成零件的不同视图，利用局部隐藏功能实现装配图的自动绘制。

【例 10-8】 绘制图 10-74 所示齿轮架装配图，标准件按简化画法绘制。

绘图步骤

1. 新建文件

新建一个以"am_gb.dwt"为模板的图形文件，设定"文字样式""标注样式"等绘图环境，用"齿轮架"为文件名存盘。

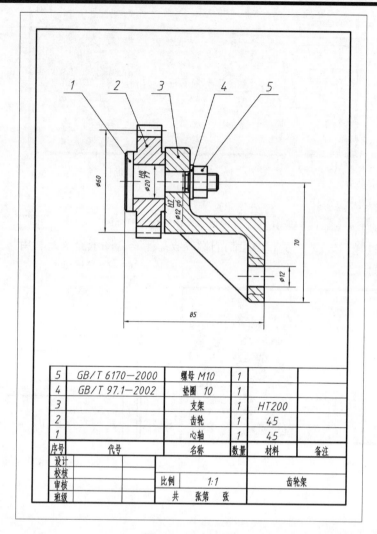

图 10-74 齿轮架

5	GB/T 6170—2000	螺母 M10	1		
4	GB/T 97.1—2002	垫圈 10	1		
3		支架	1	HT200	
2		齿轮	1	45	
1		心轴	1	45	
序号	代号	名称	数量	材料	备注
设计					
校核			比例	1:1	齿轮架
审核					
班级			共　张第　张		

2. 绘制图形

① 利用所学的命令绘制 A4 幅面及图框、标题栏以及图 10-75 中所有的非标零件并进行装配，装配结果如图 10-76 所示。

② 设定标准工具集的默认表示形式。没有执行命令的情况下，在绘图区的空白位置单击鼠标右键，单击快捷菜单的"选项"命令，选择图 10-77"选项"对话框中的"AM:工具集"选项卡，将"标注工具集的默认表示"设定为"简化"，单击 确定 按钮。

③ 单击"工具集"选项卡 ▶ "紧固件"面板 ▶ "垫圈" ◎。

命令:_amwasher2d

弹出图 10-78（a）所示的"选择垫圈"对话框，选择"普通"类型"GB/T 97.1—2002"垫圈的"前视"图形，返回到绘图界面。

指定插入点: //左键单击垫圈的插入点

指定旋转角<0>: //光标水平右移，然后单击，确定垫圈的旋转角度，弹出图 10-78（b）"GB/T 97.1—2002-公称直径"对话框，选择 10mm 的尺寸，单击 完成 按钮

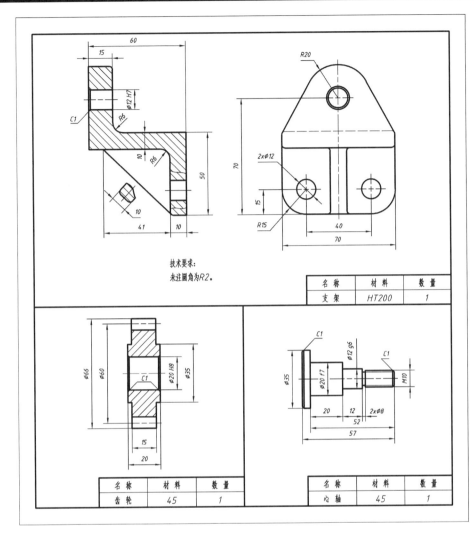

图 10-75　齿轮架零件图

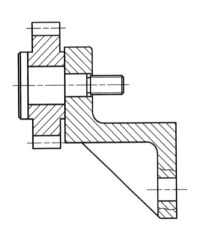

图 10-76　非标件装配绘制

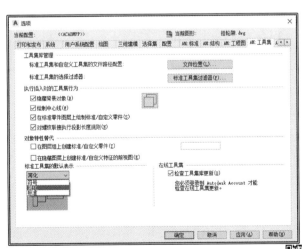

图 10-77　标准件绘图样式的设定

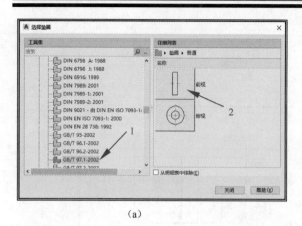
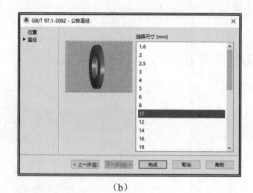

（a）　　　　　　　　　　　　　　（b）

图 10-78　插入垫圈选择对话框

④ 单击"工具集"选项卡 ➤ "紧固件"面板 ➤ "螺母" ⊙。

绘图步骤同"垫圈"的插入，系统给定的螺母规格为 2000 年标准，选择"GB/T 6170—2000"标准、"六角螺母"的"前视"，规格为 M10。

3．标注必要的尺寸

① 删除图 10-79 中支架的剖面线。

② 完成必要的尺寸标注。

③ 利用"修改"面板中"打断"命令，将穿过 ϕ20H8/f7 中心线打断，符合绘图要求。

④ 利用"填充"命令，在"填充"图层绘制第①步删除的支架剖面线， ϕ12H7/g6 的尺寸自动被隔离开，结果如图 10-80 所示。

4．编写零部件序号

① 单击"常用"选项卡 ➤ "图层"面板 ➤ "零件参照图层开/关" ⊠。显示图层"AM_PAREF"中零部件参照。

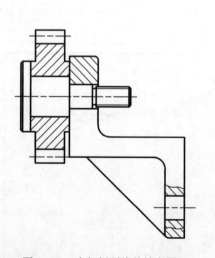
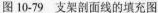

图 10-79　支架剖面线的填充图

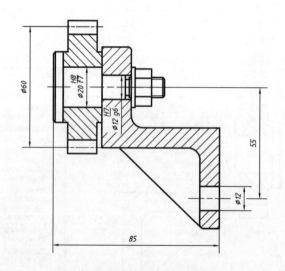

图 10-80　装配图尺寸标注

② 编写非标件的序号。零部件序号是基于零件参照创建的，因此非标件要先创建零件参照，才能创建零件序号。

单击"注释"选项卡 ➤ "引出序号"面板 ➤ "引出序号"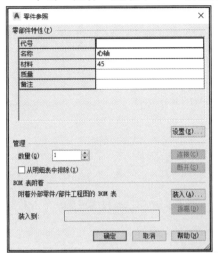

命令:_ (a) m (b) (a) lloon

当前 (B) OM 表=M (A) IN

选择零件/部件或[自动(T)/全部自动(（A)）/设置（B）OM

表(（B)）/合并(C)/箭头插入(I)/手动(M)/单个(O)/重新编号(R)/

重新组织(E)/注释视图(V)]:M　　//左键单击"手动"选项

选择对象或[块(（B)）/复制(C)/参照(R)]:　　//左键单击心

轴的轮廓线,弹出图 10-81 所示"零件参照"对话框,填写在

明细栏显示的"零部件特性"信息,"代号"用于填写国标号或

图号,"数量"表示明细栏中该零件的个数

选择引出序号的起始点:　　//左键单击心轴轮廓线内部,

不要拾取图形元素,确定序号引线的起点

指定下一点:　　//左键单击心轴序号数字的放置点,右键

单击确认,完成心轴序号线的创建

图 10-81　"零件参照"对话框

同样的步骤完成"齿轮"和"支架"的零件参照

和序号的创建。

③ 编写标准件的引出序号。

用 AM"工具集"插入标准件,标准件图形作为一个块插入,同时为标准件创建了一

个零件参照。

单击"注释"选项卡 ➤ "引出序号"面板 ➤ "引出序号" 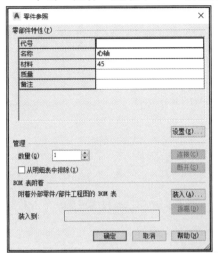。

命令:_ amballoon

当前(B)OM 表=M(A)IN

选择零件/部件或[自动(T)/全部自动(A)/设置

(B)OM 表(B)/合并(C)/箭头插入(I)/手动(M)/单个(O)/重

新编号(R)/重新组织(E)/注释视图(V)]: O　　//左键单击

"单个"选项

选择拾取对象:　　//左键单击垫圈的零件参照

输入选项[下一个(N)/接受(A)] <接受(A)>:　//右键

确认

选择引出序号的起始点:　　//左键单击垫圈序号

的起点,若拾取了零件的轮廓,引线端点变成箭头

指定下一点:　　//左键单击垫圈序号数字的放

置点

指定下一点:　　//右键确认

选择拾取对象:　　//左键单击螺母序号的起点

输入选项[下一个(N)/接受(A)]<接受(A)>:　　//右

键确认

选择引出序号的起始点:　　//左键单击螺母序号的起点

指定下一点:　　//左键单击螺母序号数字的放置点

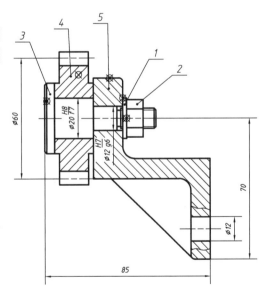

图 10-82　零件序号创建

197

指定下一点: //右键确认

选择抬取对象:✓ //右键确认，或按 空格 键

如图 10-82 所示，零件序号完成后，序号并没有按顺序连续编写，需要重新对零部件序号进行编排。

④ 重编引出序号。

单击"注释"选项卡 ➤ "引出序号"面板 ➤ "重编引出序号" ⚿²。

命令:_amballoon_renum

当前(B)OM 表=M(A)IN

输入起始表项号:<1>:✓ //设定引出序号编排的起始号

输入增量:<1>:✓ //设定引出序号的编排的增量数

选择引出序号: //左键单击序号编排的第一个序号，第二个序号，……，编排完成后，单击右键确认

⑤ 水平或垂直对齐零部件序号。

单击"注释"选项卡 ➤ "引出序号"面板 ➤ "重新组织引出序号" ⚿⚿。

命令:_amballoon_reorg

当前(B)OM 表=M(A)IN

选择引出序号:指定对角点:找到 3 个 //选择零部件序号 3、4、5

选择引出序号:指定对角点:找到 2 个，总计 5 个 //选择零部件序号 1、2

选择引出序号:✓

选择一个点或[角度(A)/独立(S)/水平(H)/竖直(V)/周边(R)]<竖直(V)>:H //左键单击"水平"选项，如图 10-83 所示，然后单击水平放置零部件序号的位置

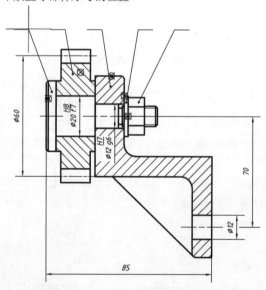

图 10-83　重新组织零部件序号

⑥ 单击"常用"选项卡 ➤ "图层"面板 ➤ "零件参照图层开/关" 🔳。关闭图层"AM_PAREF"中零部件参照的显示。

5．创建明细栏

① 未执行命令时，在绘图空白处单击右键，然后单击右键快捷菜单的"选项"命令，

选择"选项"对话框的"AM:标准"选项卡，左键双击"标准元素"列表中的"BOM表"，弹出图10-84所示"BOM表设置（GB）"对话框，选择"明细栏"选项卡。

左键单击"可用的零部件特性"列表中没有在"明细栏"中显示的选项，可拖拉到明细栏中。

左键单击明细栏中特性前的灰色方块，选择零件特性，用左侧的 上移(U) 、下移(W) 、 删除(R) 按钮排列特性在明细栏中的显示顺序或进行删除。

设定零件特性值在标题栏中的对齐方式为"居中"，设定明细栏各特性所在列的宽度，设定结果如图10-84所示，单击 确定 按钮，单击"选项"对话框中的 确定 按钮。

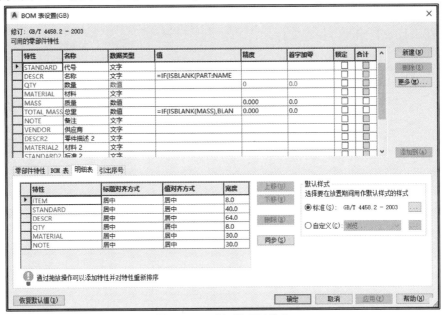

图 10-84　明细栏项目设定

② 将文字图层置于当前图层，并将文字"（A）M_6"图层线宽设定为0.2mm。
③ 单击"注释"选项卡 ➤ "图纸"面板 ➤ "明细表"。

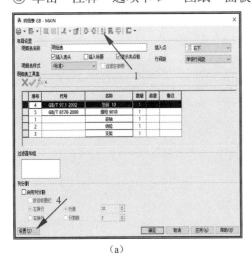

（a）

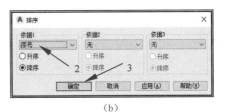

（b）

图 10-85　明细栏创建设定

命令:_ampartlist

指定要创建或设为当前的(B)OM 表[M（a）in/?] <M(A)IN>:↙

当前(B)OM 表=M(A)IN

弹出图 10-85（a）的"明细表 GB-MAIN"对话框，单击对话框中的"排序"按钮，选择图 10-85（b）中的依据"序号"降序排列，单击 确定 返回。单击 设置(S)... 按钮，选中明细栏粗体样式选项☑**粗体样式（显示线宽）(L)**，两次单击 确定 按钮。

指定位置： //左键单击标题栏的右上角，完成明细表的绘制

明细表已经装入到几何图形。

6. 保存文件

对全图进行检查修改，保存文件。

第十一章　Inventor 三维实体造型基础

素养提升

安装 Autodesk Inventor Professional 2022 简体中文版（以下简称 Inventor）软件后，启动 Inventor 即可进入图 11-1 所示的主页界面。

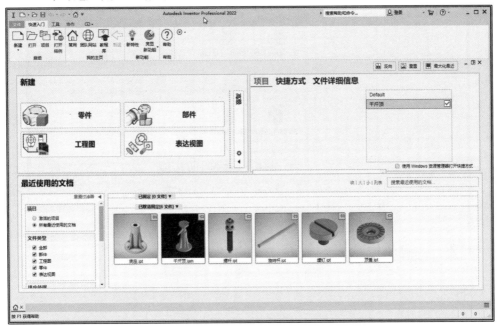

图 11-1　Inventor 2022 主页界面

通过"新建"面板可以新建以.ipt 为后缀名的零件文件，以.iam 为后缀名的部件文件，以.dwg 或.idw 为后缀名的工程图文件和以.ipn 为后缀名的表达视图文件。单击"新建"面板右侧的"高级"窗口，在"高级模板"窗口可以选择不同的模板以创建新文件。单击类似齿轮的图标✿可以配置默认模板的度量单位和绘图标准，本章节默认的度量单位为毫米，绘图标准为 GB。

第一节　草图绘制

Inventor 的零件建模是从草图开始的，所有草图几何图元都是在草图环境中进行创建和编辑的，进入 Inventor 零件建模环境的方式有多种。

- 单击"文件" ➤ "新建" ➤ "零件"▣。
- 单击"我的主页" ➤ "新建"面板 ➤ "零件"⊕按钮。
- 单击"启动"面板 ➤ "新建"按钮▢，弹出图 11-2 所示的"新建文件"对话框。

选择 "Standard.ipt" 模板，然后单击"创建"按钮，新建一个零件文件。

进入零件建模环境，单击功能区左侧的"开始创建二维草图"▣按钮，选取绘制草图所依附的坐标系平面，进入图 11-3 所示的草图环境。

功能区包含用于创造设计的命令，当鼠标放到某一命令上暂停后时，会显示该命令的相

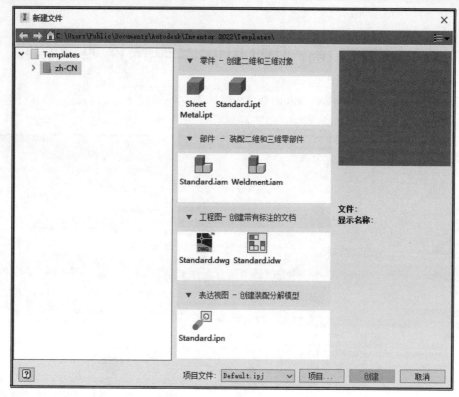

图 11-2　"新建文件"对话框

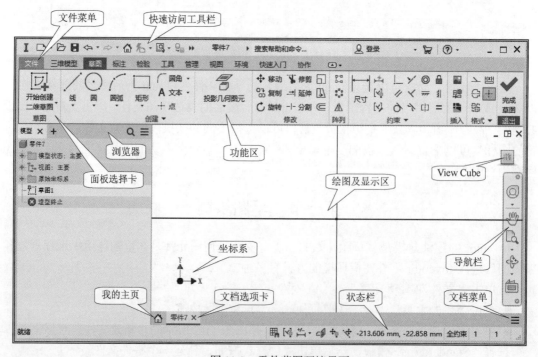

图 11-3　零件草图环境界面

关信息。在功能区上点击鼠标右键，可以设定功能区的外观、功能区面板显示的选项，设定功能区在屏幕上固定的位置以及用户自定义命令等。

通过"用户自定义命令…"可以在功能区添加"用户命令"选项卡，并定义该选项卡上显示的命令。定义不同命令的键盘快捷键。定义不同绘图环境下，点击鼠标右键所显示的"标记菜单"中的命令和"溢出式菜单"的样式。

一、屏幕显示控制

Inventor 提供了用于只改变图形在屏幕上的显示位置、大小和范围等，但不改变图形尺寸的显示控制，为用户绘制三维图形的观察和选择提供了方便。

单击"工具"选项卡 ➤ "选项"面板 ➤ "应用程序选项" 🖵，打开"应用程序选项"对话框，在"显示"选项卡中可以设定鼠标中键功能。Inventor 默认按下鼠标的中键并拖动，平移绘制的图形；Shift+中键并拖动，动态观察绘制图形。Ctrl+中键并拖动，平移绘制图形；滚动鼠标中键，可以放大或缩小绘制的图形。

Inventor 还设定用于图形显示的键盘快捷键，如 F2 平移绘制图形；F3 放大或缩小绘制图形；Home 绘图区显示所有的图形元素。在功能区点击鼠标右键，选择"自定义用户命令…"，打开"自定义"对话框，选择"键盘"选项卡，过滤显示"已指定"，可以查看 Inventor 默认指定的用户快捷键，

通过使用"ViewCube"或"导航栏"来控制图形的显示，只有当光标位于其上方时，它们才被激活。单击"ViewCube"图标的面、边线、顶点、左上角的主视图、其旁边的旋转箭头，会变换图形的显示方位。导航栏中集中了"全导航控制盘""平移""缩放选定的实体""自由动态观察"等显示图形的命令按钮。

单击"视图"选项卡 ➤ "外观"面板 ➤ "视觉样式"下拉菜单，可以定义三维模型的外观样式。

二、草图的绘制工具

1. 绘制直线、圆弧和折弯

用直线命令，可以绘制水平线、垂直线、倾斜的直线或与直线相切的圆弧。

操作步骤

① 命令调用。

● 单击"草图"选项卡 ➤ "创建"面板 ➤ "直线"
╱ 。

● 快捷键"L"。

● 在绘图区单击鼠标右键弹出图 11-4 所示的快捷菜单，在"标记菜单"中选"创建直线"。

② 在绘图区的起点位置单击鼠标左键，依次在其他位置单击，以创建直线，如图 11-5 所示，结束命令按 Esc 键。

执行命令的过程中，一定要根据"状态栏"左端的命令提示进行操作。

③ 在线段的端点处单击，光标点由黄色变为灰色

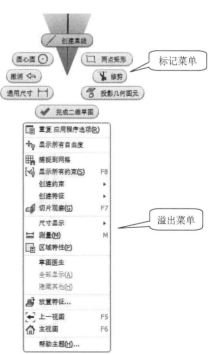

图 11-4　草图右键快捷菜单

后拖动鼠标，可创建与已有线段相切或垂直的直线或圆弧，释放鼠标按键以结束圆弧绘制，如图 11-6 所示。

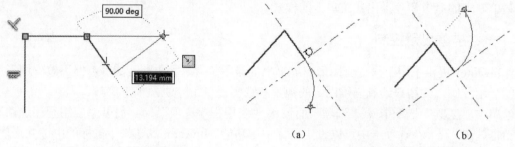

图 11-5　绘制连续直线　　　　　　　　图 11-6　利用直线工具绘制圆弧

　　在绘图过程中可以精确定位图元对象上的关键点，当系统提示选择点时，单击鼠标右键，在溢出菜单中选择"点捕捉"，选择要捕捉的对象关键点类型，然后选择对象。

2．绘制圆

圆的绘制提供了圆心和半径、三条直线相切的两种方式。

（1）圆心圆

操作步骤

① 命令调用。

● 单击"草图"选项卡 ➤ "创建"面板 ➤ "圆心圆" ⊙。

● 快捷键"Ctrl+Shift+C"。

● 在绘图区单击鼠标右键，在"标记菜单"中选"圆心圆"。

② 在绘图区的圆心处单击设定圆心，移动光标单击圆通过的点，以创建"圆心圆"，如果第二点在直线、圆弧、圆或椭圆上，则会应用相切约束，如图 11-7 所示。

③ 继续执行"圆心圆"命令，结束命令按 Esc 键。

（2）相切圆

操作步骤

① 单击"草图"选项卡 ➤ "创建"面板 ➤ "相切圆" ◯。

② 在绘图区，当光标靠近直线时，系统会自动亮显可以相切的直线，连续选择三条相切直线，绘制一个相切圆，如图 11-8 所示。

③ 继续执行"相切圆"命令，结束命令按 Esc 键。

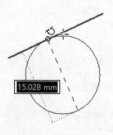

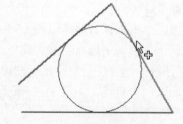

图 11-7　圆心圆绘制　　　　　　　　　图 11-8　相切圆绘制

3．绘制圆弧

圆弧的绘制提供了"三点圆弧""圆心圆弧"或与已有的图形元素相切的"相切圆弧"

三种方式。

（1）三点圆弧

操作步骤

① 单击"草图"选项卡 ➤ "创建"面板 ➤ "三点圆弧" ⌒。

② 在绘图区指定圆弧的起点，再指定圆弧的终点，然后指定圆弧经过的点。

③ 继续执行"三点圆弧"命令，结束命令按 Esc 键。

（2）圆心圆弧

操作步骤

① 命令调用。

● 单击"草图"选项卡 ➤ "创建"面板 ➤ "圆心圆弧" ⌒。

● 快捷键"Ａ"。

② 在绘图区指定圆弧的圆心，移动光标再指定圆弧的起点，然后指定圆弧的终点。

③ 继续执行"圆心圆弧"命令，结束命令按 Esc 键。

（3）相切圆弧

操作步骤

① 单击"草图"选项卡 ➤ "创建"面板 ➤ "相切圆弧" ⌐。

② 在绘图区选择相切的图形元素，系统自动选择靠近图形元素的一端作为圆弧的起点，然后指定圆弧的终点。

③ 继续执行"相切圆弧"命令，结束命令按 Esc 键。

4．绘制矩形

矩形的绘制提供了"两点矩形""三点矩形""两点中心矩形"和"三点中心矩形"四种方式。

操作步骤

① 命令的调用。

● 单击"草图"选项卡 ➤ "创建"面板 ➤ "两点矩形" □。

● 在绘图区单击鼠标右键，在"标记菜单"中选"两点矩形"。

● 单击"草图"选项卡 ➤ "创建"面板 ➤ "三点矩形" ◇。

● 单击"草图"选项卡 ➤ "创建"面板 ➤ "两点中心矩形" ⊡。

● 单击"草图"选项卡 ➤ "创建"面板 ➤ "三点中心矩形" ◈。

② 在绘图区指定一点，作为矩形的一个角点或中心点，这取决于所绘制矩形的类型。

③ 根据所选绘制矩形的类型，移动光标在绘图区指定第二点或第三点，完成矩形绘制。

④ 继续执行矩形绘制命令，结束命令按 Esc 键。

单击矩形的对角构造线或边线不放开，如图 11-9 所示，当光标旁出现移动标记时，拖动鼠标可以改变矩形的大小。

5．绘制椭圆

"椭圆"命令和"圆"命令重叠在"创建"面板的一个按钮中，点击"圆"下面的隐藏黑三角标记，可以显示出来。

操作步骤

① 单击"草图"选项卡 ➤ "创建"面板 ➤ "椭圆" ⊙。

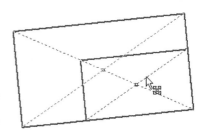

图 11-9　矩形的绘制

② 在绘图区指定椭圆的圆心。

③ 沿出现的中心线指定第一条轴的端点，以此来确定第一条轴的长度和方向。

④ 移动光标预览椭圆的大小，然后单击创建椭圆。

⑤ 继续执行椭圆绘制命令，结束命令按 Esc 键。

6. 绘制槽

"槽"命令和"矩形"命令重叠在"创建"面板的同一个按钮中。

操作步骤

① 命令的调用。

● 单击"草图"选项卡 ➤ "创建"面板 ➤ "中心到中心槽"⊂⊃。

● 单击"草图"选项卡 ➤ "创建"面板 ➤ "整体槽"⊂⊃。

● 单击"草图"选项卡 ➤ "创建"面板 ➤ "中心点槽"⊂⊃。

● 单击"草图"选项卡 ➤ "创建"面板 ➤ "三点圆弧槽"⌒。

● 单击"草图"选项卡 ➤ "创建"面板 ➤ "圆心弧槽"⌒。

② 在绘图区指点绘制槽的第一个定位点。

③ 根据所选绘制槽的类型，移动光标在绘图区指定槽第二点、第三点或第四点，完成槽的绘制。

④ 继续执行槽绘制命令，结束命令按 Esc 键。

7. 绘制圆角

"圆角"和"倒角"命令重叠在"创建"面板的同一个按钮中。

操作步骤

① 单击"草图"选项卡 ➤ "创建"面板 ➤ "圆角"⌐。

② 弹出图 11-10 所示"二维圆角"对话框，输入圆角半径值。

③ 选择要添加圆角的第一条直线，亮显第二条直线时预览圆角，单击以创建圆角；将光标移动到两直线的尖角处可以预览圆角，单击创建圆角。

④ 继续执行圆角命令，结束命令按 Esc 键。

图 11-10　"二维圆角"对话框

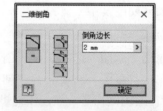

图 11-11　"二维倒角"对话框

8. 绘制倒角

操作步骤

① 单击"草图"选项卡 ➤ "创建"面板 ➤ "倒角"⌐。

② 弹出图 11-11 所示"二维倒角"对话框。可选择参数有：标注倒角尺寸▧，等边修剪▧创建倒角，不等边修剪▧创建倒角，距离和角度▧方式创建倒角，根据需要进行设定。

③ 在图形中选择要倒角的直线，以创建倒角。

④ 继续执行倒角命令，结束命令按 Esc 键。

三、草图的编辑工具

1．移动
操作步骤

① 单击"草图"选项卡 ➤ "修改"面板 ➤ "移动" ✛ 。

② 弹出"移动"对话框，"选择"模式处于活动状态，可以采用下列方式进行移动对象的选择。

● 单击或连续单击单个图形对象。

● 利用"窗选"方式进行对象选择，在要选择对象左侧位置单击左键并向右侧拖动，当要选择对象完全位于窗口内部时，松开左键完成选择。

● 利用"交选"方式进行对象选择，在要选择对象右侧位置单击左键并向左侧拖动，位于选择窗口内部或与选择窗口边线相交的对象均被选择，松开左键完成选择。

● 单击鼠标右键，在溢出菜单中单击"全选"。

③ 单击"移动"对话框中"基准点"的"选择" ⬚ 箭头，指定对象移动的"基准点"。

④ 移动光标，被移动的对象随光标移动，在目标点单击，完成对象移动。

激活对话框中的"精确输入"复选框，可以在弹出的"Inventor 精确输入"工具栏中输入位移数值。

⑤ 继续执行移动命令，结束命令按 Esc 键。

2．旋转
操作步骤

① 单击"草图"选项卡 ➤ "修改"面板 ➤ "旋转" ↻ 。

② 弹出"旋转"对话框，"选择"模式处于活动状态，选择要旋转的对象。

③ 单击对话框中"中心点" ⬚ 选择按钮，指定旋转对象的"基准点"，若旋转对象与现有的"几何约束"有冲突，系统会弹出图 11-12 对话框，单击"是"按钮，才能旋转被选定的对象。

在"旋转"对话框中单击"更多" ≫ ，显示处理约束冲突的方式。

④ 移动光标，被选定对象会围绕"基准点"进行旋转预览，在目标点单击完成对象旋转。也可以在"旋转"对话框"角度"中精确输入旋转角度，角度为正值，对象逆时针旋转，角度为负值，对象顺时针旋转。

图 11-12　约束冲突提示对话框

3．修剪和延伸
操作步骤

① 单击"草图"选项卡 ➤ "修改"面板 ➤ "修剪" ✂ 。

② 光标移动到要修剪的图形对象上暂停，被修剪的部分以虚线显示。

③ 单击修剪曲线。若选择的对象没有实际或虚拟交点，则对象会被删除。

④ 继续执行修剪命令，结束命令按 Esc 键。

系统提供了"延伸" ⊣ 命令，操作方法与"修剪"命令类似，在执行命令过程中，按下 Shift 键，"延伸"和"修剪"命令互换。

4. 偏移

操作步骤

① 单击"草图"选项卡 ➤ "修改"面板 ➤ "偏移" ⌒。

② 选择要偏移复制的曲线。

③ 移动光标到目标点，被选择的对象将创建为副本。也可以在浮动的偏移距离框中输入要偏移的距离，偏移方向由光标移动位置指定。

④ 继续执行偏移命令，结束命令按 Esc 键。

5. 环形阵列

操作步骤

① 单击"草图"选项卡 ➤ "阵列"面板 ➤ "环形" ⊶。弹出图 11-13 所示的"环形阵列"对话框。

② 默认状态下，对话框中"几何图元"选择模式处于激活状态，选择要阵列的几何图形。

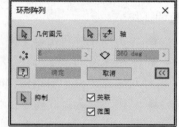

图 11-13　"环形阵列"对话框

③ 单击"环形阵列"对话框中"轴"选择箭头按钮，定义环形阵列旋转轴。如选择图 11-14（a）中水平构造线的左端点，在"数量"和"角度"数值中输入"4""360"，显示预览结果，若要反方向旋转阵列，单击"反向" ⇄ 按钮。

"抑制"：被选中的对象不包含在截面轮廓中。"关联"：对阵列对象进行更改时，阵列会更新。"范围"：取消选择，阵列角度范围变为阵列相邻对象元素之间角度。

④ 单击"确定"按钮，完成环形阵列，结果如图 11-14（b）所示。

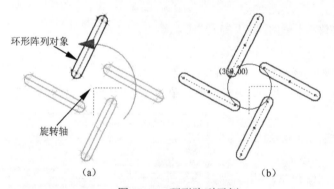

图 11-14　环形阵列示例

图 11-15　"矩形阵列"对话框

6. 矩形阵列

操作步骤

① 单击"草图"选项卡 ➤ "阵列"面板 ➤ "矩形" ⊞，弹出图 11-15 所示的"矩形阵列"对话框。

② 默认状态下，对话框中"几何图元"选择模式处于激活状态，选择要阵列的几何图形。选择图 11-16（a）中要矩形阵列的槽。

③ 单击"矩形阵列"对话框中"方向 1"选择器，选择水平构造线定义阵列第一个方向，方向箭头为绿色，若要反方向阵列，单击"方向 1"右侧"反向" ⇄ 按钮。

④ 在"方向 1"的"数量"和"间距"输入 5 和 10，表示在"方向 1"创建 5 个图形元素，阵列相邻对象间距为 10mm，预览结果如图 11-16（b）所示。

⑤ 方向 2 的阵列，重复步骤③和步骤④。

"抑制"：被选中的对象不包含在截面轮廓中。"关联"：对阵列对象进行更改时，阵列会更新。"范围"：阵列相邻对象间距变为整个阵列总距离。

⑥ 单击"确定"按钮，或单击鼠标右键，选择"标记菜单"的"确定"按钮，完成矩形阵列，矩形阵列结果如图 11-16（c）所示。

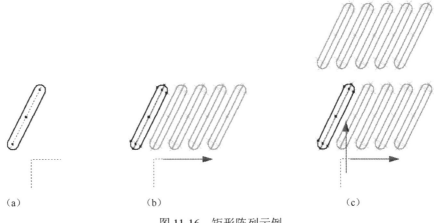

图 11-16　矩形阵列示例

四、草图的尺寸约束

Inventor 草图是参数化驱动，草图绘制后要对图形进行尺寸标注，以确定图形元素的大小和相对位置，尺寸改变后相对应的图形元素会发生相应的改变。

1．手动标注尺寸

操作步骤

① 单击"草图"选项卡 ➤ "约束"面板 ➤ "尺寸"⊢。

② 在绘图区，选择要标注尺寸的图形元素，然后移动鼠标放置尺寸。

单击"草图"选项卡 ➤ "约束"面板 ➤ "约束设置"⊠，选中弹出"约束设置"对话框中的"在创建后编辑尺寸"复选框，放置尺寸后将显示"编辑尺寸"对话框。

● 线性尺寸。

光标靠近一线段，光标旁出现"⟷"标识，标注水平或垂直距离尺寸。

光标靠近倾斜线段，单击左键，光标旁"⟷"标识变为"⟋"标识，标注线段的对齐尺寸。

选择两条平行线或一点一线时，光标旁出现"⟍"标识，标注它们之间的距离。

选择两点后，直接移动光标将标注两点间的水平或垂直距离尺寸；单击左键后再移动光标将标注两点间的对齐尺寸。

另一种设定标注样式的方式是，在手动放置尺寸前，点击鼠标右键，在弹出图 11-17 所示的溢出菜单中选择"对齐""竖直"或"水平"标注样式。

图 11-17　线性标注快捷菜单

选中"编辑尺寸"选项，在放置尺寸后将显示"编辑尺寸"对话框。

● 角度尺寸。选择两条不平行线或不共线的三点，标注夹角尺寸。

● 半径尺寸。选择圆弧，系统自动标注圆弧半径，若放置尺寸前，单击鼠标右键，可在弹出的溢出菜单中选择"半径""直径"或"弧长"标注样式。

● 直径尺寸。选择圆，系统自动标注圆直径，若放置尺寸前，单击鼠标右键，可在弹出的溢出菜单中选择 "半径"或"直径"标注样式。

2. 编辑尺寸

操作步骤

① 双击要编辑的尺寸。

② 在弹出的"编辑尺寸"对话框中输入设计数值。

③ 按键盘 Enter 键或单击"编辑尺寸"对话框中的"确认" ✔ 按钮。

五、草图的几何约束

Inventor 草图除了尺寸约束外还提供了几何约束，在绘制草图时，系统会根据推断自动进行几何约束的设定。Inventor 提供了如下的几何约束。

● 重合约束 ⌐ 。约束选定的两个点重合在一起，或者使一个点约束在曲线上。

● 共线约束 ✗ 。约束选定的两直线或椭圆的轴线在同一条直线上。

● 同心约束 ◎ 。约束选定的两个圆弧、圆或椭圆的圆心重合。

● 固定约束 🔒 。约束点和曲线固定在相对于草图坐标系的某个位置。

● 平行约束 ∥ 。约束选定的直线或椭圆轴相互平行。

● 垂直约束 ✕ 。约束选定的直线、曲线或椭圆轴互成 90° 角。

● 水平约束 ╍ 或竖直约束 ⫴ 。约束选定的直线、椭圆轴或成对的点平行于坐标系的第一个坐标轴或第二个坐标轴。

● 相切约束 ○ 。约束选定的直线与曲线、两条曲线之间为相切关系。

● 平滑（G2）约束 ⌐ 。在样条曲线和其他曲线（例如直线、圆弧或样条曲线）之间创建连续曲率（G2）。

● 对称约束 ⊏⊐ 。约束选定的直线或曲线绕选定直线对称。

● 等于(=)约束 ＝ 。约束同类型两条线等长。

六、草图的绘制实例

【例 11-1】 在草图环境下绘制图 11-18 所示的图形。

操作步骤

① 新建文件。启动 Inventor，单击"新建"面板中 ➤ "零件"，创建后缀名为.ipt 的文件，将文件保存并命名为"拉伸练习.ipt"。

② 新建草图。单击功能区左侧的"开始创建二维草图" ▣ 按钮，选择绘图区的 *XY* 平面进入草图绘制界面。也可以单击左侧浏览器中"原始坐标系"前的"+"号，在展开的列表中选择"*XY* 平面"进入草图绘制界面。

③ 绘制同心圆。绘制如图 11-19 所示同心圆，圆的大小和位置根据系统提示与图纸尺寸接近即可， φ60 和 φ92 同心圆的圆心约束在坐标原点。

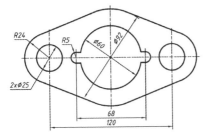

图 11-18　草图绘制实例

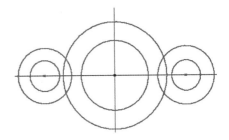

图 11-19　绘制同心圆

④　绘制切线。执行"直线"命令，当光标吸附到圆上后，按下左键并拖动到另一个圆，当直线两端出现"相切"⌒标识后松开鼠标，完成切线的绘制，如图 11-20 所示。

⑤　绘制槽。单击执行"中心点槽"，拾取原点，向右拖动鼠标大约 34mm 距离单击左键，向上移动光标绘制出长槽。

⑥　草图修剪。执行"修剪"命令，将多余的线修剪，结果如图 11-21 所示。

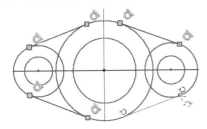

图 11-20　绘制切线

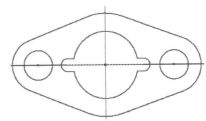

图 11-21　槽的绘制和修剪

⑦　添加约束。激活"格式"面板中的"中心线"，利用"直线"绘制一条端点在"原点"的竖直中心线。

单击"对称"约束，选择图 11-22 中 1、2 两侧的小圆，再选择竖直的中心线，再选择 3、4 圆弧，选择 5、6 圆弧，完成对称约束，按 Esc 键退出约束命令。

单击"等于（=）"约束，约束 7 和 8 圆弧等长，9 和 10 圆弧等长。

单击"水平约束"，约束圆 1、弧 5 的圆心 2 点水平共线。

⑧　标注尺寸。单击"约束"面板中的"尺寸"，标注尺寸，结果如图 11-23 所示。

⑨　完成草图绘制。单击"退出"面板的"完成草图"按钮。在左侧浏览器树状列表中显示此草图的名称"草图 1"，两次单击草图名称可以重命名。

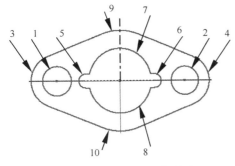

图 11-22　添加约束

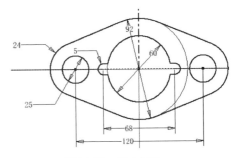

图 11-23　尺寸标注

⑩　保存文件。

211

第二节　零件建模

零件建模过程就是对"特征"的灵活运用，Inventor 建模常遇到三种特征类型：定位特征、基于草图的特征和基于特征的特征。

（1）定位特征　包括工作平面、工作轴和工作点。

（2）基于草图的特征　包括拉伸、旋转、扫掠、放样、加强筋等。

（3）基于特征的特征　包括圆角、倒角、孔、螺纹、阵列等。

一、零件建模

【例 11-2】　利用"拉伸练习"的草图创建不同的模型。

操作步骤

① 打开名称为"拉伸练习.ipt"的文件。

② 单击"三维模型"选项卡 ➤ "创建"面板 ➤ "拉伸" ▇。

弹出如图 11-24 所示的"拉伸"特性面板，面板顶部的面包屑导航的右侧，"曲面模式" ▇默认为非激活状态，激活"曲面模式"拉伸结果为曲面。

③ 选取图 11-23 所示的拉伸截面，设定"行为"参数下的拉伸"距离"为 15mm，单击"确定"按钮，草图被拉伸成 15mm 厚度的零件，结果如图 11-25 所示。

图 11-24　拉伸特性面板 1

图 11-25　拉伸效果 1

"行为"参数下的拉伸"方向"有"默认" ▨、"翻转方向" ▨、"对称" ▨ 和"不对称" ▨ 四种拉伸选项，以确定拉伸效果。

④ 在模型"浏览器"中"草图 1"图标上单击右键，将草图设定为"共享草图"。若"草图 1"图标隐藏，单击"拉伸 1"左侧的"+"号展开。

⑤ 单击"三维模型"选项卡 ➤ "创建"面板 ➤ "拉伸" ▇。

弹出图 11-26 所示"拉伸"特性面板，模型中已有生成的实体，拉伸面板的参数也增加。

"行为"参数下"距离"选项有：

● 贯通▇。在指定方向上贯通所有特征和草图拉伸截面轮廓。

● 到▇。对于零件拉伸，选择终止拉伸的终点、顶点、面或平面。对于点和顶点，在平行于通过选定的点或顶点的草图平面的平面上终止零件特征。对于面或平面，在选定的面上或者在延伸到终止平面外的面上终止零件特征。

● 到下一个 🔲。选择下一个实体可用的面或平面，以终止指定方向上的拉伸。

拉伸"输出"结果可以指定四种"输出"类型：

● 求并 🔲。将拉伸特征产生的体积添加到另一个特征或实体。

● 剪切 🔲。从一个特征实体中将拉伸特征去除。

● 求交 🔲。将拉伸特征与另一个实体特征的公共体积创建一特征。

● 新建实体 🔲。将拉伸特征创建成为一个新的实体。

选择"共享草图 1"的两个直径为 $\phi25$ 的圆孔截面，在"拉伸"特性面板中设定拉伸长度为 35，单击"确定"按钮。

右键单击"共享草图 1"图标，清除图 11-27 中右键关联菜单中的"可见性"选项，隐藏"共享草图 1"，拉伸效果如图 11-28 所示。

图 11-26　拉伸特性面板 2

图 11-27　右键关联菜单

⑥ 单击"三维模型"选项卡 ➤ "创建"面板 ➤ "拉伸" 🔲。

设定"共享草图 1"可见，选择"共享草图 1"中直径 $\phi60$ 的圆孔截面，单击"拉伸"特性面板中"输入几何图元"下的"介于两面之间" 🔲 按钮，选择零件后表面为拉伸起始面，拉伸终止表面为直径 $\phi25$ 圆柱的前端面，隐藏"共享草图 1"，拉伸效果如图 11-29 所示。

图 11-28　拉伸效果 2

图 11-29　拉伸效果 3

【例 11-3】　完成千斤顶零件"底座"的模型创建。

操作步骤

1. 旋转特征

① 新建名称为"底座.ipt"的文件。

② 绘制草图。单击"开始创建二维草图"按钮，选择 XZ 平面为草图绘制平面，单击"ViewCube"旁逆时针转动箭头，调整坐标系 Z 轴为水平方向，利用绘制直线命令绘制如图 11-30 所示图形，并进行尺寸约束，单击"完成草图"按钮，退出草图绘制环境。

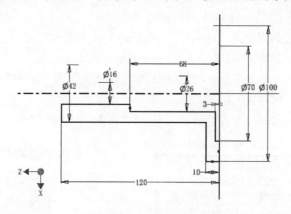

图 11-30　底座草图

③ 单击"三维模型"选项卡 ➤ "创建"面板 ➤ "旋转" 。

弹出如图 11-31 所示"旋转"特性面板。因为草图中只有一个封闭轮廓和一条中心线，系统自动判断并旋转成为一实体，单击"确定"按钮，旋转结果如图 11-32 所示。

单击"轮廓"选择器右侧的"清除选择" ⊗ 按钮，可以重新选择封闭截面，同样单击"轴"选择器右侧的"清除选择" ⊗ 按钮，可以重新定义旋转轴，"轴"可以是草图中存在的任一条线，也可以是工作轴或构造线，工作轴可以在"浏览器"中进行选择。

图 11-31　旋转特性面板

图 11-32　底座旋转特征

"行为"参数中的"角度"可以自定义旋转角度，也可以点击"周角" 实现 360°旋转，也可以选择"到"，按选择的起始和终止面夹角旋转。

2. 倒角特征

① 命令的调用。

● 单击"三维模型"选项卡 ➤ "修改"面板 ➤ "倒角"。

● 快捷键"Ctrl+Shift+k"。

弹出图 11-33 所示的"倒角"特性对话框。

在"倒角"选项卡中，有三种倒角形式供选择：

- 倒角边长 。从面交线偏移相等的距离来创建倒角。
- 倒角边长和倒角 。先选择与倒角面成设定角度的面，再选择倒角边来创建倒角。
- 两个倒角边长 。从面交线偏移两个设定的距离来创建倒角。

"链选边"模式有两种：

- 所有相切链接边 。一次选定所有与选定边相切的边线。
- 独立边 。只为选定的边线倒角。

"过渡"模式有两种：

- 过渡 。在多边倒角相交处创建一个倒角平面。
- 无过渡 。在多边倒角相交处形成尖角。

② 选用"倒角边长"，设定"倒角边长"为 2mm，选择图 11-32 中 $\phi42$ 轴和 $\phi16$ 孔上边线，单击"确定"按钮，完成倒角。

若倒角边选择错误，可按下 Shift 键同时，再选择从选择集中要去除的边线。

3．圆角特征

① 命令的调用。

- 单击"三维模型"选项卡 ➤ "修改"面板 ➤ "圆角" 。
- 快捷键 "F"。

弹出图 11-34 所示的"圆角"特性对话框，系统自动激活"添加等半径边集"模式。

图 11-33　倒角特性对话框

图 11-34　圆角特性对话框

"等半径"圆角边有四种选择优先级：

- 边 。添加或删除（在按住 Ctrl 键的同时单击）单条边。
- 回路 。选择或删除面上的封闭回路的边。
- 特征 。选定特征上与其他特征相交的边线。
- 实体 。选择实体所有的边线。

圆角的方式有：

- "相切" 。应用与相邻面相切的凸圆角（相切 G1）。
- "平滑 G2" 。应用与相邻面具有连续曲率的平滑（G2）圆角。应用此选项会逐步发生曲率更改，在面之间生成更平滑、更美观的过渡。
- "倒置" 。应用与相邻面具有连续曲率的凹圆角。

图 11-35（a）所示为"添加变半径圆角"模式的"圆角"特性对话框，图 11-35（b）所示为变半径圆角预览。

215

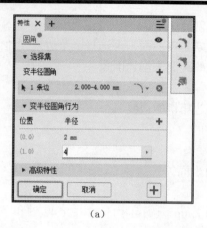

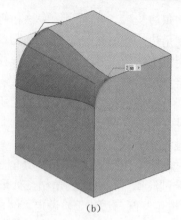

（a）　　　　　　　　　　　　　　　　　（b）

图 11-35　变半径圆角

图 11-36（a）所示为"添加拐角过渡"模式的"圆角"特性对话框，图 11-36（b）所示为添加拐角过渡圆角结果预览。

②选用"等半径"模式，设定圆角半径为 3mm，选择图 11-37 中需要圆角的边线，单击"确定"按钮，完成圆角操作。

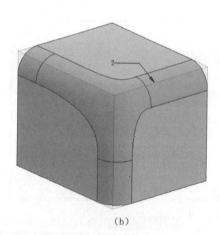

（a）　　　　　　　　　　　　　　　　　（b）

图 11-36　拐角过渡圆角

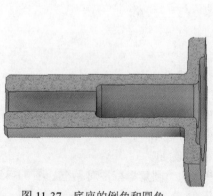

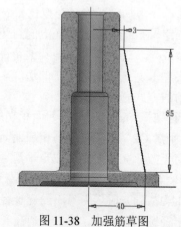

图 11-37　底座的倒角和圆角　　　　　　　　　图 11-38　加强筋草图

4．加强筋特征

①　单击"开始创建二维草图"按钮，从屏幕左侧浏览器中选择"XZ平面"，按 F7 切片观察，显示草图平面，绘制图 11-38 所示的草图并标注尺寸，单击"完成草图"。

②　单击"三维模型"选项卡 ➤ "创建"面板 ➤ "加强筋" 。弹出图 11-39 所示"加强筋"特性对话框。

图 11-39　"加强筋"特性对话框

加强筋拉伸方向：

● 平行于草图平面。拉伸方向平行于草图平面，拉伸厚度垂直于草图平面。

● 垂直于草图平面。拉伸方向垂直于草图平面，拉伸厚度平行于草图平面。

设置加强筋的厚度：

● 到表面或平面。拉伸加强筋到下一个面。

● 有限的。拉伸加强筋到设定的数值，激活该选项，会在下方提示输入拉伸数值。

"延伸截面轮廓"复选框被选择，截面轮廓的末端将自动延伸到与零件相交。

执行"加强筋"命令后，"截面轮廓"选择器自动激活，选择图 11-38 绘制的截面图形，拉伸方向设定为"垂直于草图平面"，拉伸厚度设定为 6mm，如果屏幕预览没有生成加强筋，切换"形状"选项卡下的"方向 1" 和"方向 2" 选项，单击"确定"按钮，完成加强筋的绘制。

5．圆角特征

单击"三维模型"选项卡 ➤ "修改"面板 ➤ "圆角" 。

①　弹出"圆角特性"对话框，设定等半径值为 3mm，选择加强筋上方棱线，单击"应用并创建新圆角特征" 。

②　设定等半径值为 30，选择加强筋下方与直径 ϕ100 圆柱上表面外侧的交线，单击"确定"按钮，结果如图 11-40 所示。

6．环形阵列特征

①　单击"三维模型"选项卡 ➤ "阵列"面板 ➤ "环形阵列" 。弹出图 11-41 所示"环形阵列"对话框。

● "阵列各个特征" 。阵列形成实体的各特征，为默认的阵列类型。

● "阵列实体" 。形成实体阵列，不包含形成实体的特征。

● "引用数目" 。指定环形阵列的数量。

● "引用夹角" 。角间距取决于放置方法。"范围"放置，角度数值为填充角度。"增量"放置，角度数值为填充间隔。点击展开 可以进行"放置方法"的设定。

图 11-40　加强筋创建

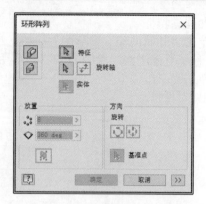

图 11-41　"环形阵列"对话框

若要反方向填充，单击"旋转轴"选择器右侧的"反向" 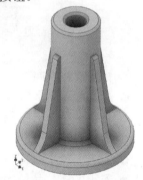 按钮。

● "中间面" 。在原始对象的两侧分布特征。

● "旋转" 。特征或实体在阵列时围绕旋转轴变更方向。

● "固定" 。特征或实体阵列后放置位置与父对象一致。

② 选择图 11-40 创建的加强筋和两个圆角特征，然后单击"旋转轴"选择器 ，在浏览器树状列表中选择"原始坐标系"的"Z 轴"，"放置"的数量为"4"，单击"确定"按钮，环形阵列结果如图 11-42 所示。

图 11-42　特征环形阵列

7. 螺纹扫掠

① 单击"管理"选项卡 ▶ "参数"面板 ▶ "参数" fx。

在弹出的"参数"对话框中，单击"添加数字" 添加数字 ▼

按钮，以添加创建梯形螺纹所需的参数，"用户参数"内容如图 11-43 所示，添加完成后单击 完毕 按钮。

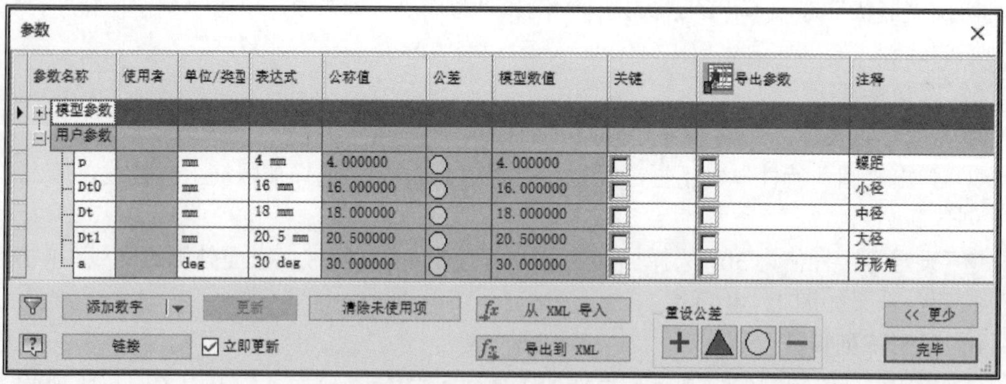

参数名称	使用者	单位/类型	表达式	公称值	公差	模型数值	关键	导出参数	注释
+ 模型参数									
- 用户参数									
p		mm	4 mm	4.000000	○	4.000000	□	□	螺距
Dt0		mm	16 mm	16.000000	○	16.000000	□	□	小径
Dt		mm	18 mm	18.000000	○	18.000000	□	□	中径
Dt1		mm	20.5 mm	20.500000	○	20.500000	□	□	大径
a		deg	30 deg	30.000000	○	30.000000	□	□	牙形角

图 11-43　梯形螺纹用户参数

② 单击"开始创建二维草图"按钮，选择 XZ 平面为草图绘制平面，按 F7 键显示草图平面。绘制图 11-44 所示的梯形刀头轮廓，刀头代表中径的线用构造线绘制。为了标注直径尺寸，用中心线绘制出底座的轴线。

③ 单击"约束"面板 ▶ "水平约束" 。分别选择表示牙底和牙顶两条竖线的中点。再单击"重合约束" ，分别选择牙顶竖线下方的点和底座上端面的曲线。

单击"约束"面板 ➤ "尺寸"，激活尺寸标注，选择左侧的竖线和中心线，单击放置位置，单击弹出的"编辑尺寸"对话框数值右侧的"扩展" ➤，选择"列出参数"，在"参数"列表中选择梯形螺纹小径参数"Dt0"，单击✓按钮，确定尺寸标注。继续标注刀头的其他尺寸，刀头中径线段的长度为"螺距"的 1/2，尺寸约束结果如图 11-45 所示。

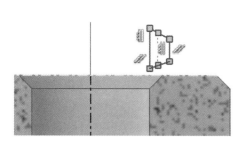

图 11-44　梯形刀头轮廓草图

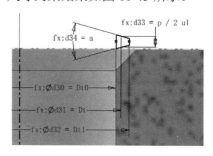

图 11-45　梯形刀头草图尺寸约束

④ 单击"三维模型"选项卡 ➤ "创建"面板 ➤ "螺纹扫掠" ，弹出图 11-46 所示"螺纹扫掠"特性面板。

系统自动选择刚建立的刀头草图封闭平面和草图中的中心线作为"螺纹扫掠"的轴线。若系统中有多个草图，将提示进行选择。

选择"螺纹扫掠"的行为"方法"为"螺距和高度"，"螺距"选择用户参数 p，单击"高度"数值框右侧"扩展"三角形图标，在弹出的下拉列表中选择"测量"，用鼠标左键分别选择底座的上端面和 φ16 螺纹底孔的下端面，系统自动计算距离并填入到"高度"数值框中，为保证螺纹末端牙形完整，将自动计算出的"高度"数值增加一个螺距，单击"确定"按钮，结果如图 11-47 所示。

图 11-46　螺纹扫掠特性面板

图 11-47　底座梯形螺纹创建

【例 11-4】　完成千斤顶零件"螺杆"的模型创建。

操作步骤

1. 旋转特征

① 新建"螺杆.ipt"文件。

② 绘制草图。执行"开始创建二维草图"命令，选择 XZ 平面为草图绘制平面，利用

绘制直线命令绘制如图 11-48 所示草图图形，并标注尺寸，单击"完成草图"按钮。

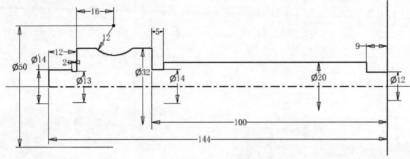

图 11-48　螺杆草图

③ 单击"三维模型"选项卡 ➤ "创建"面板 ➤ "旋转" 。弹出"旋转"特性对话框，采用默认设置，单击"确定"按钮。

2．倒角特征

单击"三维模型"选项卡 ➤ "修改"面板 ➤ "倒角" 。对照图 11-49 所示模型进行 *C*1.5 的"倒角"操作。

图 11-49　螺杆旋转建模和倒角

3．孔特征

单击"三维模型"选项卡 ➤ "修改"面板 ➤ "孔" 。弹出如图 11-50 所示"孔"特性面板。

孔位置参数：

孔位置选项"允许创建中心点" 处于禁用状态，只允许选择现有的草图点或直线端点作为孔中心位置，不能创建新的中心点。若选择的孔中心为工作点，这时需要选择定位孔轴线方向的线性边或垂直于轴线的平面。

孔位置选项"允许创建中心点" 处于启用状态，可以创建新的中心点。

选择放置孔中心的平面上的任意位置，系统将单击位置作为孔中心，然后定位孔中心的方法有三种：

● 可以拖动未约束定位的孔中心，将其放置到目标位置。

● 单击一个参考边，修改系统弹出的孔中心到参考边的距离。

● 若要创建同心孔，则单击要与孔同心的模型边线或弯曲面。

单击孔"位置"右侧的"清除选择" 按钮，可以清除已选择的孔位置。"孔"类型和"底座"类型参数：

● 简单孔 。用于创建不带螺纹的孔。

● 配合孔 。用于与特定紧固件相匹配的孔，需要选择紧固件的型号。

● 螺纹孔 。用于与创建螺纹孔，需要选择螺纹类型和螺纹规格。

- 锥螺纹孔 。用于与创建锥螺纹孔，需要选择锥螺纹参数。
- 无 。无底座的简单孔。
- 沉头孔 。要指定沉头的直径和深度。
- 沉头平面孔 。要指定锪孔直径和锪孔深度。
- 倒角孔 。要指定孔直径、孔深度、倒角孔直径和倒角孔角度。

"孔底"参数有"平底" 和"角度" 两种类型。

选择直径为$\phi14$圆柱左端面为孔中心的放置平面，再选择$\phi14$的圆柱面创建同心孔，"孔"参数设定如图11-50所示，单击"确定"按钮，完成图11-51螺杆左端螺纹孔的创建。

4．拉伸特征

① 绘制拉伸孔的草图。执行"开始创建二维草图"命令，选择XZ平面为草图绘制平面，按F7切片观察，绘制图11-52所示的圆，并标注尺寸，单击"完成草图"按钮。

② 单击"三维模型"选项卡 ➤ "创建"面板 ➤ "拉伸" 。

系统自动选择刚建立的草图，拉伸方向为"对称"，距离为"贯通"，布尔输出为"剪切"，设定完成后，单击"确定"按钮，完成孔的创建。

5．环形阵列特征

单击"三维模型"选项卡 ➤ "阵列"面板 ➤ "环形阵列" 。

阵列"特征"选择拉伸直径为$\phi11mm$的孔，"旋转轴"选择原始坐标系的Z轴，"引用数目"设定为2，"引用夹角"设定为90°，设定完成后，单击"确定"按钮。

6．螺纹扫掠

螺杆梯形螺纹的绘制参照"底座"的梯形螺纹绘制。创建完成后的螺杆如图11-53所示。

图11-50　孔特性面板

图11-51　创建螺纹孔

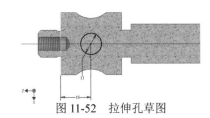
图11-52　拉伸孔草图

图11-53　螺杆

【例 11-5】　完成千斤顶零件"顶盖"的模型创建。

操作步骤

1．旋转特征

① 新建"顶盖.ipt"文件。

② 绘制草图。执行"开始创建二维草图"命令，选择 XY 平面为草图绘制平面，绘制如图 11-54 所示草图图形，并标注尺寸，单击"完成草图"按钮。

③ 单击"三维模型"选项卡 ➤ "创建"面板 ➤ "旋转" 。弹出的"旋转"特性对话框采用默认设置，单击"确定"按钮。

2．圆角特征

① 单击"三维模型"选项卡 ➤ "修改"面板 ➤ "圆角" 。

② 选用"等半径"模式，设定圆角半径为 2mm，选择图 11-55 需要圆角的边线，单击"确定"按钮，完成圆角操作。

3．孔特征

① 单击"三维模型"选项卡 ➤ "修改"面板 ➤ "孔" 。

② 选择 ϕ44 孔底面为孔中心的放置平面，再选择 ϕ64 的圆柱面定位孔的中心。孔参数的设定参照图 11-56，单击"确定"按钮，完成顶盖孔的创建。

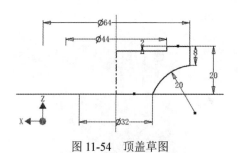

图 11-54　顶盖草图

图 11-55　顶盖圆角特征

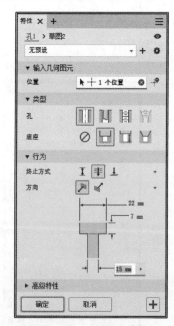

图 11-56　顶盖孔特性

4．拉伸特征

① 绘制草图。执行"开始创建二维草图"命令，选择 YZ 平面为草图绘制平面，利用"两点中心矩形"命令绘制如图 11-57 所示草图图形，并标注尺寸，单击"完成草图"按钮。

② 单击"三维模型"选项卡 ➤ "创建"面板 ➤ "拉伸" 。

选择新建草图中矩形封闭轮廓，拉伸距离值大于 32mm，布尔输出为"剪切"，设定完成后，单击"确定"按钮。完成顶部宽度为 4mm，深度为 1mm 槽的绘制。

5．环形阵列特征

单击"三维模型"选项卡 ➤ "阵列"面板 ➤ "环形阵列" 。

阵列"特征"选择顶部的槽，"旋转轴"选择原始坐标系的 Z 轴，"引用数目"设定为 24，"引用夹角"设定为 360°，设定完成后，单击"确定"按钮。结果见图 11-58 所示。

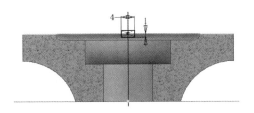

图 11-57　顶盖槽草图

图 11-58　顶盖模型

【例 11-6】　完成千斤顶零件"旋转杆"的模型创建。

操作步骤

1．拉伸特征

① 新建"旋转杆.ipt"文件。

② 绘制草图。执行"开始创建二维草图"命令，选择 XY 平面为草图绘制平面，以坐标原点为圆中心，绘制直径为 ϕ10mm 的圆，单击"完成草图"按钮。

③ 单击"三维模型"选项卡 ➤ "创建"面板 ➤ "拉伸" 。

弹出"拉伸"特性对话框，系统自动选择 ϕ10mm 的圆为拉伸面，拉伸"方向"为"对称"，拉伸距离为 150mm，单击"确定"按钮。

2．倒角特征

单击"三维模型"选项卡 ➤ "修改"面板 ➤ "倒角" 。"倒角边长"设为 1mm，选择圆柱两端的边线，单击"确定"按钮，完成旋转杆的绘制。

二、模型浏览器的相关操作

1．编辑特征

选中"编辑特征"，将弹出特性面板或对话框，更改相应的特征参数完成后，单击"确定"按钮。

2．编辑草图

对于基于草图的特征，选中"编辑草图"，进入草图绘制界面，草图修改完成，单击"完成草图"按钮。

3．删除特征

选中"删除"，可以删除基于特征的特征，如倒角、圆角等。对于有几何从属关系特征，保留的特征将会受影响。

4．抑制特征

选中"抑制特征"，是临时将模型中选中的特征进行运算关闭，也可以拖动特征到"造型终止"线以下。抑制有几何从属关系特征，保留的特征将会受影响。

5．显示尺寸

选中"显示尺寸"，在绘图区的模型上显示用于驱动该特征的尺寸。

6. 特性

选中"特性",弹出"特征特性"对话框,可以更改特征名称、外观显示等。

第三节　部件装配

Inventor 新建零件、部件、工程图等都是基于默认"Default"项目,在实际设计中,一开始就新建一个自定义"项目",可以帮助整理设计工作流。

一、进入部件装配环境

操作步骤

① 以下三种方式都可以进入 Inventor 的部件装配工作环境。

● 单击"启动"面板 ➤ "新建" ➤ "Standard.iam"模板 ➤ "创建" 。

● 单击"文件" ➤ "新建" ➤ "部件" 。

● 单击"我的主页" ➤ "新建"面板 ➤ "部件" 。

② 进入部件工作环境后,将文件进行保存。图 11-59 为部件装配工作环境。

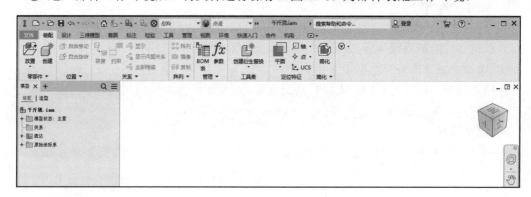

图 11-59　部件装配工作环境

二、装入零部件

操作步骤

① Inventor 可以采用下面方式选择要装入的零部件。

● 单击"装配"选项卡 ➤ "零部件"面板 ➤ "放置" 。

● 在绘图区,单击"右""选择标记菜单中的"装入零部件"。

打开图 11-60 所示"装入零部件"对话框,选中要打开的文件,单击"打开"按钮。

② 在绘图区合适位置单击,以确定放置零件的位置。可以多次单击重复装入。

打开装入的第一个零件在放置前,单击右键,选择标记菜单中的"在原点处固定放置",将零件固定在原点,工件坐标系和部件坐标系重合,继续右键单击,选择"确定"按钮,完成零件的装入。

③ 按 Esc 键结束。

Inventor 也可以在位创建一个没有的新零件,单击"装配"选项卡 ➤ "零部件"面板 ➤ "创建" 。

三、装配约束

建立"部件"约束是确定装入各零部件之间相对位置的正确。添加"运动"约束可以确定零件之间的转动关系，不会与"部件"装配约束冲突。添加"过渡"约束确定圆柱零件面和另一个零件的一系列邻近面之间的关系。

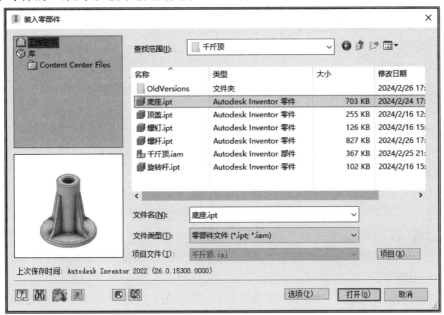

图 11-60 "装入零部件"对话框

单击"装配"选项卡 ➤ "关系"面板 ➤ "约束" 🗗。弹出图 11-61 所示的"放置约束"对话框，Inventor 提供了八种约束方式。

1. 配合约束 🗗

通过选择的平面、线或工作点，来确定两零件之间"配合"放置。

① "配合"约束方式 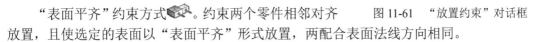。约束两个零部件选定的表面以面对面的"配合"形式放置，两配合表面的法线方向相反。

"表面平齐"约束方式 。约束两个零件相邻对齐   图 11-61 "放置约束"对话框
放置，且使选定的表面以"表面平齐"形式放置，两配合表面法线方向相同。

② 选择两零部件的"轴线"配合。

"反向" 约束方式，将反转第一个选定零部件的配合方向，以使"轴线"反向配合。

"对齐" 约束方式，将第一次选定零件"轴"与第二次选定零件"轴"方向对齐配合。

"未定向" 约束方式，使用第二次选定"轴"创建"未定向"轴约束。

2. 角度约束 🗗

通过选择的平面、线，来确定两零件之间"角度"放置。

① "定向角度" 。约束第一个选定的零件按"角度"放置，其旋转总是符合右手定则。

②"未定向角度" [图]。约束第一个选定的零件按"角度"放置，其旋转可以定向或拖动。

③"明显参考矢量" [图]。通过选择过程来定义 Z 轴矢量。

3. 相切约束 [图]

通过选择的定位面、平面、圆柱面、球面、圆锥面和规则的样条曲线，来确定两零件相切。

①"内边框" [图]。选定的两零件以"内切"形式放置。

②"外边框" [图]。选定的两零件以"外切"形式放置。

4. 插入约束 [图]

插入约束是将平面配合约束和轴配合约束合并为一个约束的复合约束方式，主要用于螺纹连接件的配合。

①"反向" [图]。约束的轴重合的同时，两配合平面的法线方向相反放置。

②"同向" [图]。约束的轴重合的同时，两配合平面的法线方向相同放置。

5. 对称约束 [图]

根据选定的对称平面对称的放置两个选定的零部件。

①"反向" [图]。选定两零件的法线方向反向放置。

②"对齐" [图]。选定两零件的法线方向同向放置。

当放置零件的对称参考为轴时，"反向"和"对齐"不能被激活。

6. 运动约束 [图]

运动约束主要用于通过一个零件的旋转运动，驱动另一个零件具有定比的直线或旋转运动，如齿轮和齿轮、齿轮和齿条间的运动。

①"转动" [图]。约束两个零件相对转动，"正向" [图] 求解方法使两零件同向转动，"反向" [图] 求解方法使两个零件转动方向相反。

②"转动-平动" [图]。约束第一个零件转动，第二个零件平动，选择不同的求解方法 "正向" [图] 或"反向" [图]，来确定第二个零件平动方向。

7. 过渡约束 [图]

主要用于约束一个圆柱面与另一个零件相邻面之间的相切关系，如凸轮。也可以约束当一个零件沿开放的自由度滑动时，保持面之间的接触。

8. 约束集合 [图]

将两个零件通过各自的 UCS 来实现三个表面的平齐约束。

四、装配示例

【例 11-7】 小型千斤顶的装配。

操作步骤

1. 新建项目

① Inventor 提供三种新建"项目"的方式。

● 单击"文件" ➤ "管理" ➤ "项目"。

● 单击"快速入门"面板 ➤ "启动" ➤ "新建" ➤ "项目…"。

● 单击"快速入门"面板 ➤ "启动" ➤ "项目"。

② 单击打开的"项目"对话框底部的"新建"按钮，弹出"Inventor 项目向导"对话框，单击"下一步"按钮，在弹出的对话框"名称"中输入项目名"千斤顶"，单击"项目

（工作空间）文件夹"的"浏览按钮…"，选择"项目"的保存位置，单击"完成"按钮，然后单击"完毕"按钮。系统在项目文件夹下创建一个"千斤顶.ipj"的文件，用于保存与项目关联的所有文件的位置。

③ 创建的"千斤顶"项目被自动激活。在创建的"千斤顶"项目下，完成所有千斤顶零部件的绘制或将在其他文件夹下绘制的千斤顶零部件，复制到该项目文件夹下。

2. 新建部件文件并装入"底座"

① 新建"千斤顶.iam"文件。

② 单击"放置" 按钮，选择"底座.ipt"文件，将底座在"原点处固定放置"，按 Esc 键。

3. 装入"螺杆"

① 单击右键，在标记菜单中选择"装入零部件"选项，选择"螺杆.ipt"文件，将螺杆放置到绘图区合适位置，按 Esc 键。

② 单击"约束"按钮，选择"配合"类型，分别选择图 11-62 中的两零件回转面，以"轴线"对齐方式装配底座和螺杆，选择不同的"求解方法"，装配预览正确后，单击"确定"按钮。此时只能上下拖动螺杆和旋转螺杆。

③ 单击"视图"选项卡 ➤ "可见性"面板 ➤ "半剖视图" ，选择"*XZ* 平面"，单击图 11-63 中小工具栏中的"确定" 图标或按 Enter 键，以方便观察内部结构和选择。

④ 然后放大并移动图形能清晰看到梯形螺纹牙齿的啮合情况，上下移动螺杆，使梯形螺纹接近啮合位置。

单击"约束"命令，选择"过渡" 类型，将光标移动到牙形的啮合处，当出现一个"绿色"箭头时单击鼠标左键，出现一个图 11-64 所示的反向"绿色"箭头时，再单击鼠标左键，梯形螺纹面接触装配到一起。若没出现第二个绿色箭头，微动鼠标至出现第二个箭头，保证两个箭头在一条线即可，单击"确定"按钮。

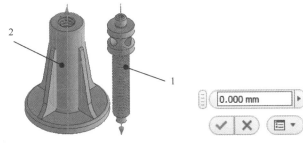

图 11-62　装配螺杆　　　图 11-63　剖切深度小工具栏

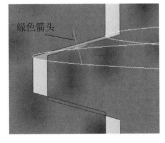

图 11-64　过渡约束的选择

⑤ 按 Home 键显示完整装配图形，单击"视图"选项卡 ➤ "可见性"面板 ➤ "退出剖视图" 。

4. 装入"顶盖"

① 单击右键，在标记菜单中选择"装入零部件"选项，选择"顶盖.ipt"文件，将顶盖放置到绘图区合适位置，按 Esc 键。

② 单击"约束"按钮，选择"插入" 类型，分别选择图 11-65 中螺杆和顶盖两零件圆柱端面的圆形边线，单击"确定"按钮。

5. 装入"旋转杆"

① 单击右键，在标记菜单中选择"装入零部件"选项，选择"旋转杆.ipt"文件，将旋

转杆放置到平面合适位置，按 Esc 键。

② 单击"约束"按钮，选择"配合"类型，求解方法为"未定向"，分别选择旋转杆圆柱面和螺杆上要插入旋转杆的内孔表面，单击"应用"按钮。

③ 约束旋转杆在孔中的位置。选择"配合"约束，约束旋转杆的 X 轴线与螺杆未插入旋转杆的孔轴线重合。

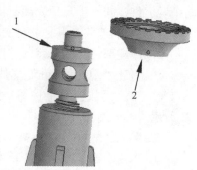

图 11-65　顶盖装配

6. 装入"螺钉"

① 单击"装配"选项卡 ► "零部件"面板 ► "从资源中心放置" 。此命令与"放置"命令重叠在"创建"面板的一个按钮中。

弹出的"从资源中心放置"对话框，在对话框中，单击"搜索" 按钮，在搜索栏中输入"833"，选择螺钉 GB/T 833—1988，单击"确定"按钮，在绘图区空白处单击左键，系统弹出图 11-66 所示对话框，选择 M8×10 的螺钉，勾选"作为自定义"选项，单击"确定"按钮，按系统提示选择螺钉模型文件的保存目录，螺钉保存后，单击绘图区，插入螺钉。

② 单击"约束"按钮，选择"插入" 类型，分别选择图 11-67 中螺钉大圆柱的下边线和和螺杆顶部的圆边线，单击"放置约束"对话框中的"应用"按钮。

③ 选择"角度" 类型，约束螺钉开口槽边线和螺杆 X 轴线夹角为 0°，求解方式为"未定向角度"，单击对话框中的"确定"按钮。

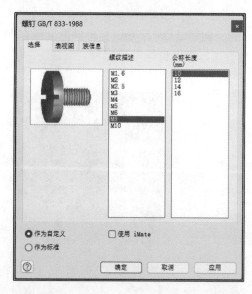

图 11-66　"螺钉 GB/T 833—1988"对话框

图 11-67　螺钉装配

7. 装配约束验证

① 为了给"螺杆"一个"角度"驱动，先在螺杆坐标系和底座坐标间建立"角度"约束。单击"约束"按钮，选择"角度"类型，"求解方法"为"未定向角度"，分别单击"模型浏览器"中的"底座"和"螺杆"下"原始坐标系"中的"XZ 平面"，单击"确定"按钮，如图 11-68 所示。

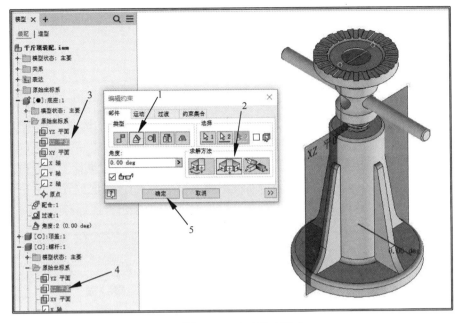

图 11-68　角度约束设定

② 右键单击"螺杆"零件下已经建立的"角度约束"，在弹出的右键快捷菜单中选择"驱动"，弹出的图 11-69 所示"驱动（角度）"参数设定对话框，在"结束"参数框中输入"10*360"的旋转角度范围，单击对话框右下角的"展开" 按钮，设定"增量值"为"20"，单击"正向" ▶ 或"反向" ◀ 运行按钮，千斤顶会按预定的方式运行，说明装配约束正确。

图 11-69　"驱动（角度）"参数设定对话框

8. 保存文件

● 单击"快速访问工具栏" ➤ "保存" 🖫 按钮，保存文件。

● 按快捷键 Ctrl+s 进行文件保存。

第四节　工程图绘制

Inventor 提供了由三维图按比例生成二维工程图的功能，包括创建图纸格式、基本视图、斜视图、局部视图、剖视图、断面图、断开图等。

一、建立工程图

【例 11-8】　创建主视图全剖的"底座.ipt"零件二维工程图。

操作步骤

1. 创建工程图

① 以下三种方式都可以进入 Inventor 工程图工作环境。

● 单击"启动"面板 ➤"新建" ▯ ➤"Standard.dwg"模板或"Standard.idw"模板 ➤ "创建"。

● 单击"文件" ➤"新建" ➤"工程图" ▯。

● 单击"我的主页" ➤"新建"面板 ➤"工程图" ▯。

② 右键单击图 11-70 所示的 Inventor 工程图界面左侧浏览器的"图纸：1"，在右键快捷菜单中选择"编辑图纸…"，或者在绘图区图纸边框处单击右键，选择"编辑图纸…"。

在"编辑图纸"对话框中，可以编辑图纸的"名称"，在"大小"参数中可以选择图纸的大小，如 A2、A3 图纸等，也可以自定义图纸的幅面数据，可以根据绘图需要设定图纸的摆放形式为"纵向"或"横向"。本示例将图纸幅面设定为 A4，纵向放置。

图纸参数设定完成后单击"确定"按钮，再按键盘 Ctrl+S 组合键保存图形。

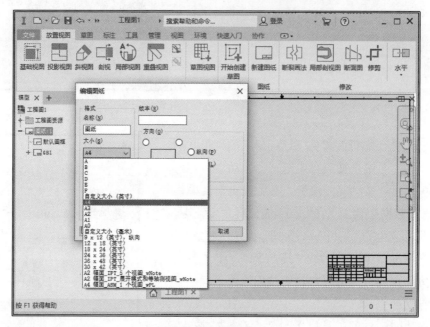

图 11-70 编辑图纸

2. 创建模型视图

① 单击"放置视图"选项卡 ➤"创建"面板 ➤"基础视图" ▯。

打开图 11-71 所示"工程视图"对话框，在对话框的"零部件"选项卡中，单击"文件选择" ▯ 按钮，打开已经创建的三维零件图"底座.ipt"，视图"样式"选择"不显示隐藏线" ▯，绘图"比例"选择 1:2。

在绘图区，调整"View cube"导航器，将底座视图调整为俯视图，并拖动俯视图到图纸的合适位置，单击"工程视图"对话框中的"确定"按钮。

② 单击"放置视图"选项卡 ➤"创建"面板 ➤"剖视" ▯。

光标移动到俯视图，周围出现点围成的矩形框后，单击左键选中视图，将光标移动到底座外圆左侧的象限点附近，出现象限点圆点标记后，向左移动鼠标到剖切线的起点单击左键，向右移动鼠标到剖切线的终点单击，然后单击右键选择"继续"，向上移动鼠标确定投影方向，将主视图放到图中合适位置，视图创建结果如图 11-72 所示。

图 11-71　"工程视图"对话框

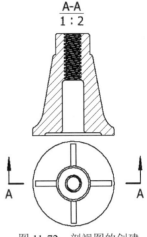

图 11-72　剖视图的创建

3.编辑视图

① 编辑主视图中的肋板，符合国标要求。

选中主视图点击右键，选择"编辑视图…"，在弹出"工程视图"对话框中，关闭"零部件"选项卡中的"标签"  显示，清除"显示选项"卡中的"在基础视图中显示投影线"和"填充"复选框，单击"确定"按钮，关闭剖切符号和剖面填充。

另一种隐藏剖面线的方式是选中剖面线单击右键，在弹出的快捷菜单中选择"隐藏"来关闭剖面填充。

② 在主视图中绘制填充区域的封闭轮廓线。

选中主视图，单击"草图"选项卡 ▶ "草图"面板 ▶ "开始创建草图" ⬛，进入草图绘制环境，单击"投影几何图元" ⬛ 按钮，选择填充剖面线边界线所对应的几何图元，单击"右键"选择"确定"按钮。再利用草图的绘图和修剪命令，全肋板的轮廓线以及重合断面图的轮廓线，圆角半径为 3mm。

选择绘制的肋板轮廓草图线，然后单击右键，在弹出的快捷菜单中选择"特性"，在弹出的"草图特性"对话框中，将线宽改为 0.5mm，单击"确定"按钮。

③ 单击"草图"选项卡 ▶ "创建"面板 ▶ "用剖面线填充区域"。

在弹出图 11-73（a）"剖面线"对话框中，按填充要求修改剖面线的"图案""角度""比例"和"偏移"以及"颜色"等，用鼠标单击图案填充封闭边界的内部，预览剖面线符合填充要求后，单击"确定"按钮，单击"完成草图"，填充结果如图 11-73（b）所示。

在草图中若围成填充区域的轮廓线不封闭，不能执行填充命令。选中草图中组成封闭轮廓线的任一条线，右键单击，在溢出菜单中选择"闭合回路"选项，单击弹出的"闭合回路"提示条中的"确定"按钮，然后选择组成闭合回路的线，当检测到曲线相交处有多个草图点时，会提示将多个草图点合并，以形成一个封闭的草图轮廓。使用"闭合回路"可以减少复杂图形每个相交点处的手动检查。

④ 选择俯视图中梯形螺纹的牙底线，然后单击右键，在快捷菜单中将"可见性"关闭，隐藏梯形螺纹的牙底线。

选择俯视图，单击"草图"选项卡 ▶ "草图"面板 ▶ "开始创建草图" ⬛，进入草图绘制环境，利用"圆心圆弧"命令重新绘制梯形螺纹的牙底线。

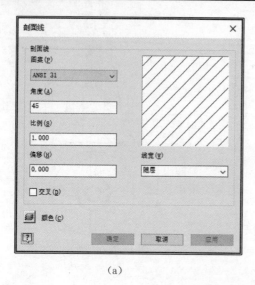

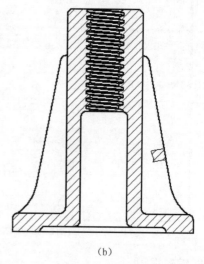

（a）

（b）

图 11-73　图案填充

⑤ 单击"标注"选项卡 ➤ "符号"面板 "对分中心线" ⫽⫽，选择主视图内孔的两条线，绘制中心线，按 Esc 键退出命令，再拖动中心线两端的绿色"圆点"标记至合适的长度。同样的方式绘制重合断面图的剖切线。

单击"中心标记" ┼ 按钮，选择俯视图圆中心，指定大圆的边界，绘制圆的定位中心线，结果如图 11-74 所示。

4. 保存文件

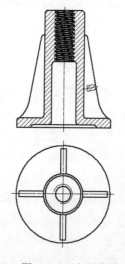

图 11-74　点画线绘制

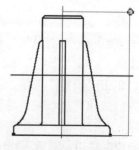

图 11-75　半剖草图

【例 11-9】　创建主视图半剖的"底座.ipt"零件二维工程图。

操作步骤

1. 创建基础视图

① 单击"放置视图"选项卡 ➤ "图纸"面板 ➤ "新建图纸" ▱。设定图纸格式，完成图纸的创建。

② 在图纸区内单击右键，在"标记菜单"选择"基础视图…"，打开"底座.ipt"文件，在图纸中拖动底座的俯视图到放置的位置，然后向上移动鼠标，系统以虚方框的形式显示主视图的边界范围，在放置主视图的位置单击左键，单击"工程视图"对话框中的"确定"按钮，完成底座基本视图的创建。

2. 创建半剖视图

① 选中主视图，并创建主视图草图，绘制一个如图 11-75 所示的矩形框作为剖切边界，矩形框左边线与底座的左右对称面重合，主视图的右半部分完全落在矩形框内部，单击"完成草图"。

② 单击"放置视图"选项卡 ➤ "修改"面板 ➤ "局部剖视图" ⬚。

打开图 11-76（a）所示"局部剖视图"对话框，选择底座的主视图，因为在主视图中只存在一个封闭的草图轮廓，因此系统自动完成了"截面轮廓"的选择，若有多个封闭草图轮廓，要指定草图轮廓作为局部剖视图的分界线。单击"深度"选择器，"自点"进行剖切，选择俯视图轮廓线与前后对称面的任一交点为剖切面经过点，单击"确定"按钮，半剖视结果如图 11-76（b）所示。

（a）

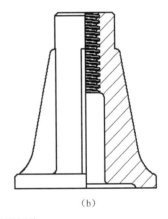

（b）

图 11-76　局部剖视图创建

③ 窗选图 11-76（b）左右对称面上半剖形成的分界线粗实线，单击右键，在弹出的快捷菜单中关闭其"可见性"，再绘制点画线作为视图和剖视图分界线。

④ 参照底座全剖二维工程图，编辑肋板剖切结构符合国标要求，并绘制重合断面图。

3. 创建局部放大图

① 单击"放置视图"选项卡 ➤ "创建"面板 ➤ "局部视图" 。

选择主视图后，打开图 11-77（a）"局部视图"对话框，将"视图标识符"改为"Ⅰ"、"缩放比例"设定为 5∶1、"镂空形状"设定为"将剖切边设为平滑" ⬚、选中"显示完整局部边界"，选择主视图要放大范围，然后单击放置局部放大图的位置。

② 编辑局部放大图的填充图案比例，使剖面线间隔与主视图一致。结果如图 11-77（b）所示。

4. 保存文件

【例 11-10】　创建"螺杆.ipt"零件的二维工程图。

操作步骤

1. 创建基础视图

① 创建 A4 幅面纵向放置的工程图。

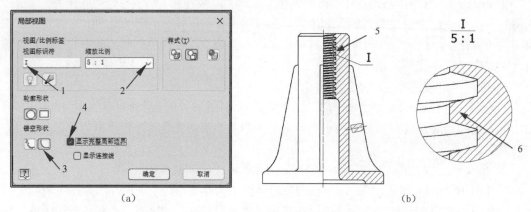

（a）　　　　　　　　　　　　　　　　　　　　（b）

图 11-77　局部放大图创建

② 创建螺杆轴线水平放置，梯形螺纹在右侧的"基础视图"，"视图样式"选择"不显示隐藏线" 🔧。

③ 利用"对分中心线" ⁄⁄命令，完成如图 11-78 所示螺杆轴线和中间竖直孔轴线的绘制。

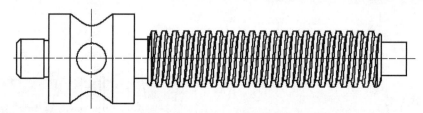

图 11-78　螺杆的基础视图

2. 创建局部剖视图

① 选择主视图，执行"开始创建草图"命令，用"样条曲线"命令，绘制图 11-79 所示的封闭草图曲线，作为左端的螺纹孔和竖直孔的局部剖视图的分界线，单击"完成草图"。

② 单击"局部剖视图"按钮，选择主视图，系统自动选择封闭的草图曲线为截面轮廓，"深度"选项为"自点"，选择螺杆左端面边线的中点，单击"确定"按钮，完成螺纹孔和竖直孔的局部剖切。将局部剖视图分界线的线宽设定为细线线宽。结果如图 11-80 所示。

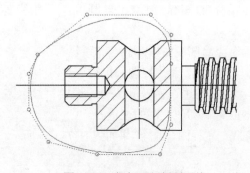

图 11-79　螺杆局部剖断开线

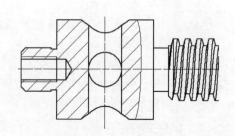

图 11-80　螺杆的局部剖切

3. 视图的断开画法

单击"放置视图"选项卡 ➤ "修改"面板 ➤ "断裂画法"。

　　当长机件超出了图纸边框时，可将形状一致或均匀变化的部分断开绘制。选择要打断的主视图，打开图 11-81 所示"断开"对话框，参数选择默认，点击螺杆要断开的起始和终止位置，完成螺杆的断开绘制，结果如图 11-82 所示。

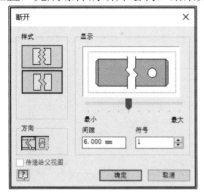

图 11-81　"断开"对话框

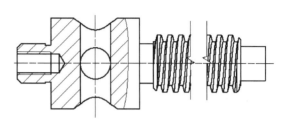

图 11-82　螺杆断开画法

4. 创建移出断面图

　　① 单击"剖视"按钮，选择螺杆主视图中竖直孔的轴线为剖切平面位置，完成图 11-83 全剖的右视图的创建。

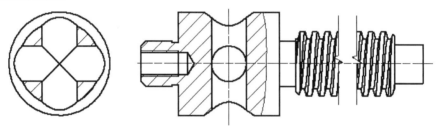

图 11-83　螺杆全剖右视图

　　② 单击"中心标记"十字按钮，为全剖的右视图添加十字中心线。选择全剖右视图的最外圆，点击右键，清除"可见性"选择，隐藏最大圆边线，形成移出断面图。

　　③ 选中右视图，点击右键，在快捷菜单中选择"对齐视图"▶"打断"，移动断面图到主视图的下方，竖直点画线对齐，完成图 11-84 所示的移出断面图的绘制。

5. 保存文件

二、工程视图尺寸标注

　　【例 11-11】　完成"底座.ipt"零件二维工程图的尺寸标注。

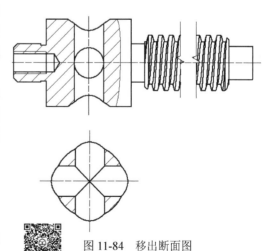

图 11-84　移出断面图

　　操作步骤

1. 编辑标注样式

　　① 打开半剖的"底座.dwg"二维工程图。调整各视图的位置，留出标注尺寸空间。

② 单击"管理"选项卡 ➤ "样式和标准"面板 ➤ "样式编辑器" 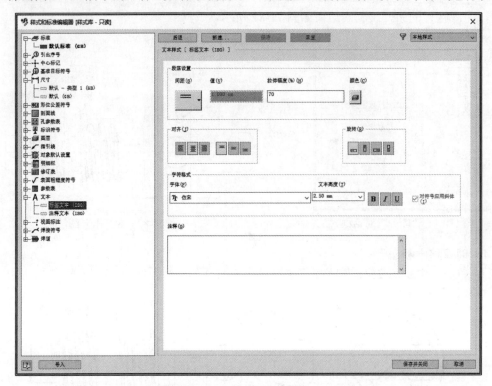。

弹出图 11-85 所示的"样式和标准编辑器"对话框，对标注样式和文字样式进行设定。

图 11-85 "样式和标准编辑器"对话框

● 在对话框左侧的树状列表中选择"标签文本（ISO）"，在右侧框中将"字体"设定为"仿宋"，"文本高度"设定为"2.5mm"，将"拉伸幅度"设定为"70"，将标签文本样式设定为长仿宋，单击对话框顶部的"保存"按钮。

● 在对话框左侧的树状列表中选择"注释文本（ISO）"，同样改动字体样式为长仿宋，单击对话框顶部的"保存"按钮。

● 展开树状列表中的"尺寸"，选择"默认（GB）"，单击右侧框中的"单位"选项卡，将"角度"精度设定为"DD"。单击"显示"选项卡，在"终止方式"框中将箭头大小设定为"2.5mm"。单击"文本"选项卡，在"公差文本样式"框中，将公差文本大小设定为"2.5mm"，在"角度尺寸"框中，将角度样式改为"嵌入-水平"，单击对话框底部的"保存并关闭"按钮，完成标注样式的设定。

2. 尺寸标注

① 单击"标注"选项卡 ➤ "尺寸"面板 ➤ "尺寸" ⊢⊣。

● 标注直线的长度，可以依次选择直线的两个端点，也可以直接选择直线。

● 标注角度尺寸，依次选择角度的两个边线。

● 标注圆弧尺寸，选择圆或圆弧。

选择完尺寸边界线后，移动光标会出现标注的尺寸，未确定尺寸放置位置前单击右键，在快捷菜单中选择"尺寸类型"下的标注样式，在放置尺寸位置单击左键，弹出"尺寸编辑"

对话框，单击"确定"按钮，完成单个尺寸标注。

标注 $\phi 70$ 和 $\phi 26$ 的尺寸时，依次选择尺寸标注的轮廓线和零件的轴线，选择"尺寸类型"下的"线性直径"。

标注梯形螺纹的尺寸，"尺寸类型"为"线性直径"，在弹出图 11-86 所示的"编辑尺寸"对话框中，勾选"隐藏尺寸值"选项，在文本框中输入"Tr20×4"，单击"确定"按钮。

图 11-86　"编辑尺寸"对话框

② 单击"标注"选项卡 ➤ "尺寸"面板 ➤ "连续尺寸"。

先选择基准尺寸，再选择标注尺寸的轮廓线，然后单击右键，选择"继续"，出现连续尺寸后，单击右键选择"创建"，完成连续尺寸的标注。

③ 单击"标注"选项卡 ➤ "特征注释"面板 ➤ "倒角"。

先选择倒角边线，再选择倒角的引用边线，在倒角尺寸放置位置单击左键。

④ 局部放大图中梯形螺纹大径和小径尺寸标注方法。

选中局部放大图，执行"开始创建草图"命令，在图形的左侧绘制一条竖线作为尺寸标注辅助线，退出草图。

先选择螺纹的牙顶或牙底线，再选择草图竖线，在放置尺寸前点击右键，选择"尺寸类型"下的"线性直径"，在尺寸放置位置单击左键，打开 "编辑尺寸"对话框，勾选"隐藏尺寸值"，输入要显示的尺寸值，单击"确定"按钮，完成标注。

编辑尺寸标注辅助线的草图，选中竖线，激活"格式"面板上的"仅草图"，单击"完成草图"按钮，隐藏辅助线。完成的尺寸标注如图 11-87 所示。

3. 标注表面粗糙度

单击"标注"选项卡 ➤ "符号"面板 ➤ "粗糙度"。

执行"粗糙度"命令，可以标注二维图中零件的表面结构，根据标注样式执行下面操作。

● 若要创建与图形元素无关的粗糙度符号，在放置位置双击。如标注标题栏附近的大多数表面相同粗糙度符号。

● 若要创建与图形元素有关、不带指引线的粗糙度符号，单击高亮显示的边，移动光标指定粗糙度标注方向，单击鼠标右键，选择"继续"。

● 若要创建与图形元素有关、带指引线的粗糙度符号，单击高亮显示的边，移动光标到粗糙度符号放置位置左键单击，然后单击右键，选择"继续"。

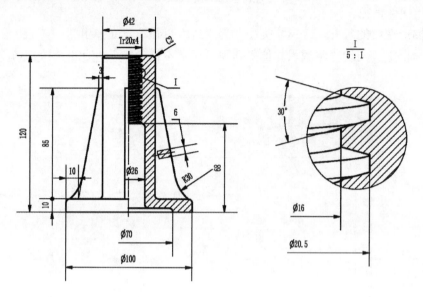

图 11-87　底座二维图尺寸标注

在图 11-88 所示的"表面粗糙度"对话框中，根据需要选择"表面类型"样式、"其他"样式，在"A"编辑框中输入如"$Ra\,3.2$"的表面粗糙度值等，完成零件图的表面粗糙度的标注。

选中已标注完成的粗糙度符号，可以拖动符号上出现的绿色圆圈，用来改变粗糙度的标注位置。

4. 绘制文本

单击"标注"选项卡 ➤ "文本"面板 ➤ "文本" **A**。

在放置文本的位置单击左键，打开图 11-89 的 "文本格式"对话框，设定文字样式、大小、字宽比例以及段落样式等，在文本框输入要显示的文本内容，完成后单击"确定"按钮，完成文字书写。

图 11-88　"表面粗糙度"对话框

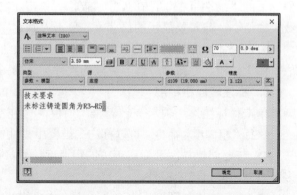

图 11-89　"文本格式"对话框

5. 编辑标题栏项目

单击"文件"选项卡 ➤ "iProperty"。

打开图 11-90 "千斤顶装配 iProperty"对话框，修改"概要"和"项目"选项卡中的内容，完成标题栏内容的编辑。最终结果如图 11-91 所示。

6. 保存文件

调整图中各图形元素的位置，检查无误后，保存文件。

（a）

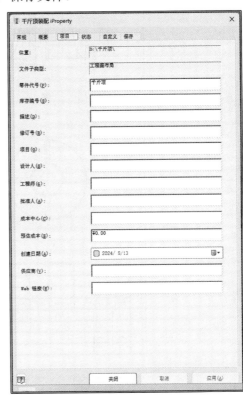
（b）

图 11-90　"千斤顶装配 iProperty"对话框

【例 11-12】　完成"千斤顶.iam"的二维装配工程图。

操作步骤

1. 创建二维装配图

① 新建工程图，打开源文件"千斤顶.iam"，并生成图 11-92 所示二维装配图。

② 对于装配图中标准件，实心的轴、手柄、连杆、键等，剖切面通过其轴线，规定按不剖处理，如千斤顶装配图中的螺钉、旋转杆等。

如图 11-93 所示，在"模型浏览器"中找到全剖主视图下的旋转杆，右键单击旋转杆，在关联菜单中选择"剖切参与件"的选项"无"，在主视图中旋转杆以"视图"形式绘制。

③ 在全剖的主视图中，肋板不剖，螺杆应采用局部剖视，梯形螺纹画法不符合螺纹规定画法，可以对主视图进行编辑，隐藏要修正的剖面线和轮廓线，利用草图补画完整。在俯视图中，利用绘制草图的方式将螺钉开口方向绘制成倾斜的 45°，隐藏原来的螺钉开口轮廓线。绘图结果如图 11-94 所示。

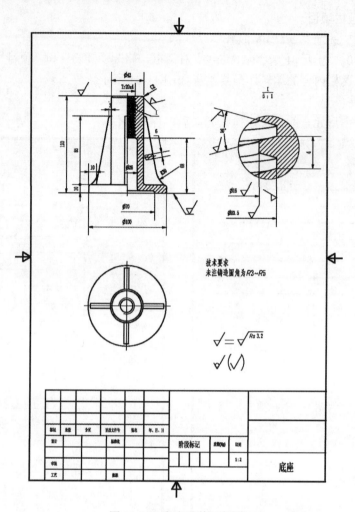

图 11-91　底座零件工程图

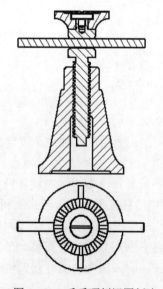

图 11-92　千斤顶剖视图创建

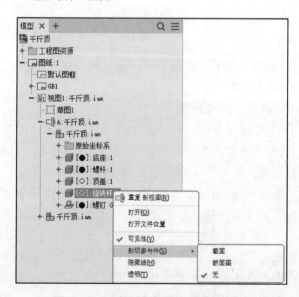

图 11-93　零件不参与剖切的设定

2. BOM 表"结构化"启用

装配图的 BOM 表是零部件序号和明细栏创建的基础，BOM
表编辑在装配模型文件中。

打开部件装配"千斤顶.iam"文件，单击"装配"选项卡 ➤
"管理"面板 ➤ "BOM 表" 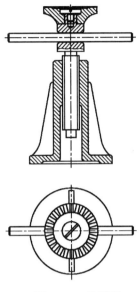，打开图 11-95 的"BOM 表"对
话框，在"结构化"选项卡上右键单击，"启用 BOM 表视图"，
它显示了在明细栏中所列出的实际内容，如果装配模型中含有子
部件，启用"仅零件"BOM 表视图，可以确保所有零件均在明
显表中列出，需要注意的是零件名称一列的"特性"为"零件代
号"，设定完成后保存文件。

3. 标注样式和明细栏样式设定

单击"管理"选项卡 ➤ "样式和标准"面板 ➤ "样式和标
准编辑器"。

① 打开"样式和标准编辑器"对话框，将"注释文本"和
"标签文本"设定成字高为 2.5mm 的长仿宋字体，设定"尺寸"
标注样式符合要求。

图 11-94　装配图

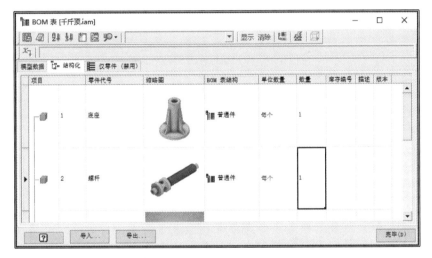

图 11-95　"BOM 表"对话框

② 展开对话框左侧树状列表中"明细栏"，选择"明细栏（GB）"样式。清除图 11-96
中右侧"明细栏样式［明细栏（GB）］"的"表头和表设置"框中"标题"□蒸類（T）复选框，
在明细栏中不会显示带有"标题栏"的一行，"方向"↑↑设定明细栏自下而上建立。

单击"默认列设置"框中的"列选择器"田按钮，打开图 11-97 的"明细栏列选择器"
对话框，在对话框中可以设定明细栏中每列的显示内容。千斤顶装配模型文件的 BOM 表对话
框中，零件名称特性为"零件代号"，因此，选中右侧"所选特性"框中的"名称"，单击
← 删除(R) 按钮，选中左侧"可用的特性"框中的"零件代号"，单击 添加(A) → 按钮，将零部
件名称显示在明细栏中，通过下方的"下移"和"上移"按钮，排列"所选特性"在"明细
栏"中的显示顺序，单击"确定"按钮。

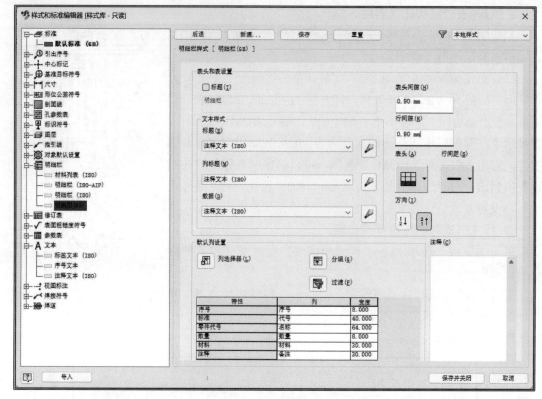

图 11-96　样式和标注编辑器对话框

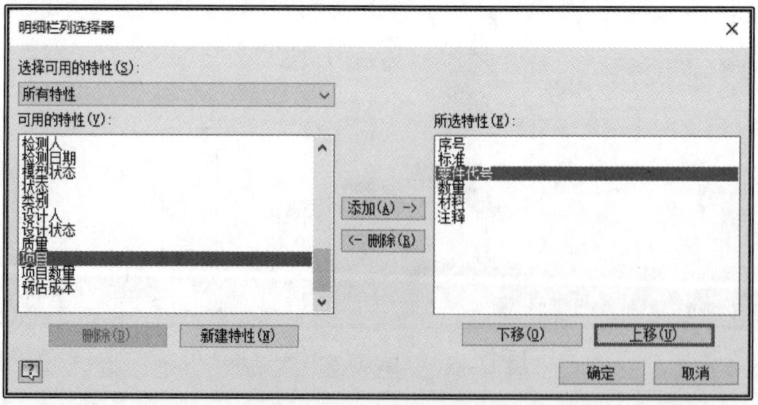

图 11-97　明细栏内容设定

　　光标移动到"明细栏样式[明细栏（GB）]"的"默认列设置"框下方表"特性"的"零件代号"上单击，打开图 11-98 的"设置列格式:零件代号"对话框，更改"表头"的显示为"名称"，"对齐"框中设定"值"设为"中心"，单击"确定"按钮。

　　同样的方式将明细栏中"标准"列的"表头"改名为"代号"，"注释"列的"表头"改名为"备注"。各列"对齐"框中"值"设为"中心"。

　　在"明细栏样式[明细栏（GB）]的"默认列设置"框的下方表"宽度"的数值上单击，按要求设定各列的宽度值。设定明细栏样式后，单击"样式和标准编辑器"顶部的"保存"按钮。

图 11-98　明细栏列格式设定

③ 国标规定在水平基准上的序号，序号字号比该装配图中所注尺寸数字的字号大一号或两号。在"样式和标准编辑器"对话框中，选中"注释文本（ISO）"，单击对话框顶部的"新建…"按钮，名称设定为"序号文本"，将文本高度设定为"3.5mm"，单击对话框顶部的"保存"按钮。选中"引出序号（GB）"，在右侧的"子样式"框中，在"文字样式"列表下选择"序号文本"，单击 保存并关闭 。

4. 创建零部件序号

① 单击"标注"选项卡 ➤ "表格"面板 ➤ "自动引出序号" 。

打开图 11-99 的"自动引出序号"对话框，单击创建引出序号的主视图，选择主视图中要创建序号的所有零部件，然后单击右键，在快捷菜单中选择"继续"，再选择对话框"放置"框中的"竖直"方式，在"偏移间距"中设定序号的间隔距离，在图纸上放置序号的位置单击，点击"确定"按钮，完成零部件序号的自动创建。

激活对话框中的"引出序号形状"可以设定引出序号横线类型。

② 当序号引线出现交叉或引出位置不合适时，选中要编辑的引线，拖动引线绿色控制点到目标位置。当引线起点箭头被拖离零件轮廓线后，再拖到零件轮廓内时箭头自动变为黑点，引出序号样式由"指引线样式"的"常规（GB）"转为"替换指引线样式"的"替代（GB）"，"指引线"的样式在"样式和标准编辑器"对话框中进行设定。

选中要重新布置位置的多个序号，单击右键，在图 11-100 的快捷菜单中选中"对齐"方式，可以重新组织引出序号的放置方式。

● 竖直。将引出序号竖直对齐，并保留引出序号间的距离。
● 水平。将引出序号水平对齐，并保留引出序号间的距离。
● 竖直偏移。将引出序号竖直对齐并使其间距相等。
● 水平偏移。将引出序号水平对齐并使其间距相等。

● 至边：将引出序号对齐并使其平行于选定的模型边。

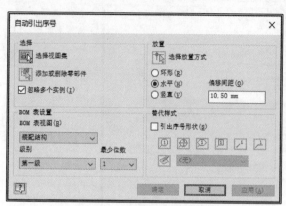

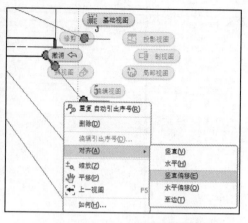

图 11-99　"自动引出序号"对话框　　　　图 11-100　引出序号编辑快捷菜单

③ 为了使引出序号按顺时针或逆时针方向连续编号，选中不连续编号的引出序号，单击右键，选择"编辑引出序号…"，打开图 11-101 的"编辑引出序号"对话框，修改"引出序号值"框中"序号"数值为连续序号值。修改"替代"数值，明细栏中零件序号不会同步改变。千斤顶装配工程图引出序号创建结果如图 11-102 所示。

Inventor 还提供了手动创建引出序号的方法，执行"引出序号" ⑪命令，单击引出序号的零件，再在序号放置位置单击。

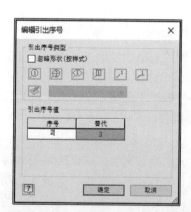

图 11-101　"编辑引出序号"对话框

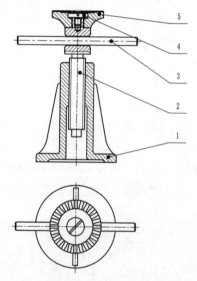

图 11-102　引出序号的创建

5. 标注装配图尺寸

利用尺寸标注命令，标注装配图必要的尺寸。

6. 创建明细栏

① 单击"标注"选项卡 ➤ "表格"面板 ➤ "明细栏" ▦。

单击弹出 "明细栏"对话框，选择千斤顶的主视图中的"确定"按钮，选择"标题栏"的右上角放置明细栏，系统自动生成明细栏。

② 光标移动到明细栏上出现可编辑的绿点时，双击鼠标左键，弹出图 11-103 "明细栏"内容编辑对话框，单击对话框中的 "排序" 按钮，将 "序号" 作为 "第一关键字" 升序排列。在 "材料"一列中，输入各零件的材料名称，完成后单击 "确定"按钮。

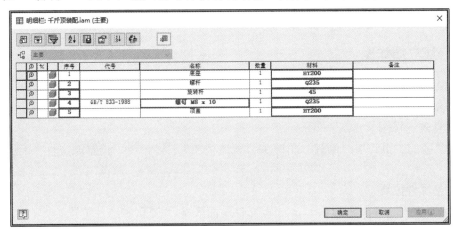

图 11-103　明细栏内容编辑图

7. 保存文件

编辑标题栏项目内容，完成图 11-104 所示的千斤顶装配工程图。

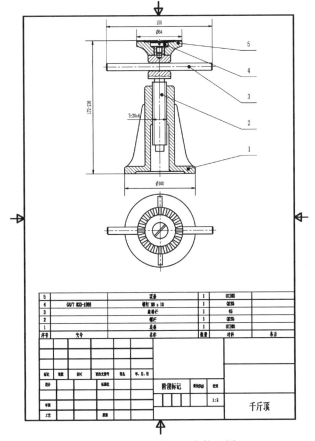

图 11-104　千斤顶二维装配图

第五节　表达视图

Inventor 表达视图用来创建装配爆炸图，来表达装配体各部件的相邻和位置关系，也可以利用动画形式表达部件的装配或拆卸过程。

一、建立爆炸图

【例 11-13】　完成"千斤顶.iam"的装配爆炸图。

操作步骤

1. 建立表达视图

单击"我的主页" ▶ "新建"面板 ▶ "表达视图"  表达视图，选择源文件"千斤顶.iam"并打开。

2. 调整零件位置

① 单击"表达视图"选项卡 ▶ "零部件"面板 ▶ "调整零部件位置" 。

弹出图 11-105 所示的"位置参数"小工具栏。

● 移动/旋转。创建移动/旋转参数。选择零件后被激活，可以拖动零件上的坐标轴箭头、平面、扇区或原点，改变零件的相对位置，要精确指定调整距离或角度，在编辑框中输入数值。

● 零件/零部件。更改参与位置调整的零部件类型。

图 11-105　"位置参数"小工具栏

当拖动选定的零部件后，"添加/删除零部件" 才被激活，单击该按钮，可以选择更多的零部件按当前的位置调整参数进行相对位置调整，按住 `Ctrl` 键可以从选择集中删除选中的零部件。

● 局部/世界坐标系。"世界坐标系"选项将位置参数坐标轴的坐标方向与世界坐标系方向一致。使用"局部坐标系"选项将位置参数坐标轴的坐标方向与选中零件局部坐标系方向一致。"定位" 是选择一个面或一条边来定义位置参数坐标轴方向，"对齐" 将位置参数坐标轴方向与选定的边对齐。

● 无轨迹/所有零部件/所有零件/单个。无轨迹设定有轨迹线的零部件无轨迹线显示。"单个"选项是将第一个选定零部件的轨迹线应用于所有参与位置调整的零部件，"添加轨迹" 选择轨迹原点增加轨迹线显示，"删除轨迹" 删除选中的轨迹线。

● 持续时间 。以指定的时间进行位置调整。

② 选中螺杆、顶盖、螺钉和旋转杆，出现如图 11-106 所示的位置参数坐标轴，拖动位置参数坐标轴向上箭头，将螺杆拖出底座。按 `Ctrl` 键点击从选择集中要删除的螺杆和旋转杆和顶盖，继续拖动位置参数坐标轴向上箭头使螺钉脱离顶盖，按下 `Ctrl` 键选择增加顶盖到选择集，继续往上拖动使顶盖脱离螺杆为止，再拖动位置参数坐标轴水平方向的箭头到适当位置，单击"位置参数"小工具栏中的"确定"按钮。

③ 单击右键，选择标记菜单中的"调整零部件位置"，单击旋转杆，将旋转杆拖到合适位置，单击"位置参数"小工具栏中的"确定"按钮，完成位置参数的调整。千斤顶爆炸图结果如图 11-107 所示。

要隐藏轨迹线，可以选中要隐藏其轨迹线的零部件，在右键关联菜单中选择"隐藏全轨迹"。要显示其轨迹线，在右键关联菜单中选择"显示全轨迹"。

图 11-106　平移位置参数坐标轴

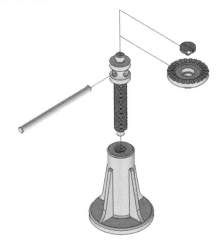

图 11-107　千斤顶爆炸图

3. 生成图片

单击"文件"选项卡 ➤ "导出" ➤ "图像"。可以将爆炸图生成不同格式的图像文件。

4. 保存文件

二、创建动画

【例11-14】　创建"千斤顶"的拆装动画图。

操作步骤

1. 创建动画

① 打开已创建的千斤顶爆炸图文件。

② 单击"视图"选项卡 ➤ "窗口"面板 ➤ "用户界面"，将"故事板面板"前的复选框选中，在屏幕底部显示图 11-108 所示的"故事板面板"。

单击"时间播放控件"可以正向或反向预览已定义的动画。

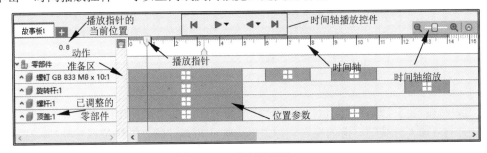

图 11-108　故事板面板

在时间轴中选择"位置参数"的方法：

● 单击某一个位置参数可以进行单选,按下 Ctrl 键再选择可以增加到选择集或从选择集中删除。

● 在"播放指针"或"位置参数"上右键单击，然后单击关联菜单中"选择" ➤ "该时间之前的所有项"，选择与选择基准相匹配的之前所有操作动作。

247

● 在"播放指针"或"位置参数"上右键单击，然后单击关联菜单中"选择" ➤ "该时间之后的所有项"，选择包含选择基准以及与选择基准相匹配的之后所有操作动作。

● 在"播放指针"或"位置参数"上右键单击，然后单击关联菜单中"选择" ➤ "分组"，选择参与选择基准所有零部件的操作动作。

右键单击"时间轴"上的"移动/旋转位置参数"矩形框，在关联菜单中显示"编辑时间""编辑位置参数""选择""删除"等信息用于位置参数的编辑。

拖动位置参数矩形框来改变其在时间轴上的起始播放位置，拖动矩形框的左侧和右侧边可以改变持续播放时间。

③ 选择"螺钉"的第二个"移动位置参数"以及其后的所有零部件的动作，然后往后拖动到时间轴 5s 以后。

右键单击"时间轴"上的第一个"移动位置参数"，选择"分组"选项，选择所有参与该动作的零部件"移动位置参数"，再单击右键，选择"编辑时间"，将"持续时间"设定为 4s。

④ 将播放指针拖动到动作准备区，选中模型的螺杆、顶盖、螺钉和旋转杆，单击右键，在"标记菜单"中选择"调整 零部件 位置"，设定位置参数类型为"旋转"，逆时针拖动代表水平转动的"扇形"标记，如图 11-109 所示"角度"编辑框中输入螺杆旋转出底座的需要的角度，如"80.46/4*360"，单击"位置参数"小工具栏中的"确定"按钮。

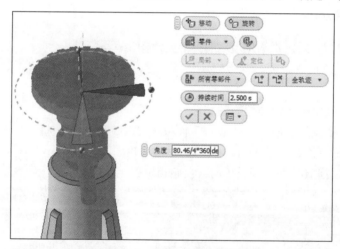

图 11-109　零部件旋转

⑤ 向右拖动"故事板面板"中的"播放指针"，观察螺杆移出底座时停止拖动。全部选中图 11-110"时间轴"上的螺杆、顶盖、旋转杆和螺钉的"旋转位置参数"，拖动矩形框的右侧边线到"播放指针位置"。从开始播放动画，螺旋杆开始旋转并向上移动，脱离底座时停止旋转，继续平移到指定位置。

⑥ 选中螺钉第二个"移动位置参数"及其后面的所有动作，拖动到 4s 位置秒。然后参照步骤④、⑤增加螺钉旋出的"旋转位置参数"。

⑦ 单击"回到故事板开头" ◄ 按钮，使"播放指针"回到开始位置，单击"播放当前故事板" ► 按钮，观看千斤顶的拆卸过程。单击"按相反顺序播放当前故事板" ◄ 按钮，观看千斤顶的装配过程。

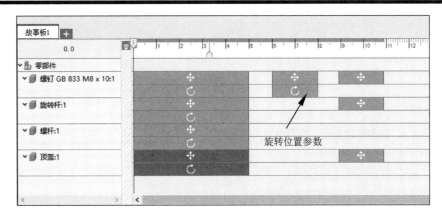

图 11-110 旋转位置参数调整

2. 动画发布

单击"表达视图"选项卡 ➤ "发布"面板 ➤ "视频" ，将创建的动画生成视频文件。

3. 创建快照视图

单击"视图"选项卡 ➤ "窗口"面板 ➤ "用户界面"，勾选"快照视图"复选框，在屏幕中显示"快照视图"窗口。

拖动播放指针，观察千斤顶的拆装动作过程，在需要的位置停止拖动，单击"表达视图"选项卡 ➤ "专题演习"面板 ➤ "新建快照视图" ，系统将创建一个关联时间轴的快照视图，在创建的快照视图上单击右键，选择"发布为光栅"，保存快照视图为图片格式。

4. 保存文件

附　录

一、螺纹

附表 1　普通螺纹直径、螺距与公差带（摘自 GB/T 193—2003、GB/T 197—2018）　　mm

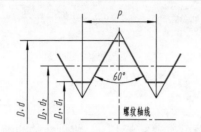

D——内螺纹大径（公称直径）
d——外螺纹大径（公称直径）
D_2——内螺纹中径
d_2——外螺纹中径
D_1——内螺纹小径
d_1——外螺纹小径
P——螺距

标记示例：

M16-6e（粗牙普通外螺纹、公称直径 d=16mm、螺距 P=2mm、中径及大径公差带均为 6e、中等旋合长度、右旋）

M20×2-6G-LH（细牙普通内螺纹、公称直径 D=20mm、螺距 P=2mm、中径及小径公差带均为 6G、中等旋合长度、左旋）

公称直径（D、d）			螺　距（P）	
第一系列	第二系列	第三系列	粗　牙	细　牙
4	—	—	0.7	0.5
5	—	—	0.8	
6	—	—	1	0.75
—	7	—		
8	—	—	1.25	1、0.75
10	—	—	1.5	1.25、1、0.75
12	—	—	1.75	1.25、1
—	14	—	2	1.5、1.25、1
—	—	15	—	1.5、1
16	—	—	2	
—	18	—	2.5	2、1.5、1
20	—	—		
—	22	—		
24	—	—	3	
—	—	25	—	
—	27	—	3	
30	—	—	3.5	(3)、2、1.5、1
—	33	—		(3)、2、1.5
—	—	35	—	1.5
36	—	—	4	3、2、1.5
—	39	—		

螺纹种类	精度	外螺纹的推荐公差带			内螺纹的推荐公差带		
		S	N	L	S	N	L
普通螺纹	精密	(3h4h)	(4g) *4h	(5g4g) (5h4h)	4H	5H	6H
	中等	(5g6g) (5h6h)	*6e *6f |6g| 6h	(7e6e) (7g6g) (7h6h)	(5G) *5H	*6G |6H|	(7G) *7H

注：1. 优先选用第一系列直径，其次选择第二系列直径，最后选择第三系列直径。尽可能地避免选用括号内的螺距。

2. 公差带优先选用顺序为：带*的公差带、一般字体公差带、括号内公差带。紧固件螺纹采用方框内的公差带。

3. 精度选用原则：精密——用于精密螺纹，中等——用于一般用途螺纹。

附表2　管螺纹

55º 密封管螺纹(摘自 GB/T 7306.1、7306.2－2000)　　　　55° 非密封管螺纹(摘自 GB/T 7307－2001)

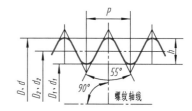

标记示例:

R₁1/2(尺寸代号为1/2,与圆柱内螺纹相配合的右旋圆锥外螺纹)　　**G1/2LH**(尺寸代号为1/2,左旋内螺纹)

Rc1/2LH(尺寸代号为1/2,左旋圆锥内螺纹)　　**G1/2A**(尺寸代号为1/2,A级右旋外螺纹)

尺寸代号	大径 d、D /mm	中径 d_2、D_2 /mm	小径 d_1、D_1 /mm	螺距 P /mm	牙高 h /mm	每25.4 mm 内的牙数 n
1/4	13.157	12.301	11.445	1.337	0.856	19
3/8	16.662	15.806	14.950			
1/2	20.955	19.793	18.631	1.814	1.162	14
3/4	26.441	25.279	24.117			
1	33.249	31.770	30.291	2.309	1.479	11
1¼	41.910	40.431	38.952			
1½	47.803	46.324	44.845			
2	59.614	58.135	56.656			
2½	75.184	73.705	72.226			
3	87.884	86.405	84.926			

二、常用的标准件

附表3　六角头螺栓　　　　　　　　　　　　　　　　　　　mm

六角头螺栓　C 级(摘自 GB/T 5780－2016)　　　　六角头螺栓　全螺纹　C 级(摘自 GB/T 5781－2016)

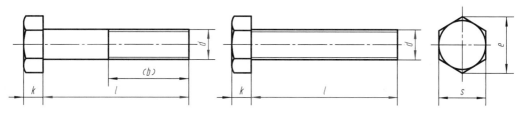

标记示例:

螺栓　GB/T 5780　M20×100(螺纹规格为 M20、公称长度 l=100mm、性能等级为 4.8 级、表面不经处理、产品等级为 C 级的六角头螺栓)

螺纹规格 d		M5	M6	M8	M10	M12	M16	M20	M24	M30	M36	M42
b 参考	$l_{公称}$≤125	16	18	22	26	30	38	46	54	66	—	—
	125<$l_{公称}$≤200	22	24	28	32	36	44	52	60	72	84	96
	$l_{公称}$>200	35	37	41	45	49	57	65	73	85	97	109
$k_{公称}$		3.5	4.0	5.3	6.4	7.5	10	12.5	15	18.7	22.5	26
s_{max}		8	10	13	16	18	24	30	36	46	55	65
e_{min}		8.63	10.89	14.2	17.59	19.85	26.17	32.95	39.55	50.85	60.79	71.3
l 范围	GB/T 5780	25~50	30~60	40~80	45~100	55~120	65~160	80~200	100~240	120~300	140~360	180~420
	GB/T 5781	10~50	12~60	16~80	20~100	25~120	30~160	40~200	50~240	60~300	70~360	80~420
$l_{公称}$		10、12、16、20~65（5 进位）、70~160（10 进位）、180~420（20 进位）										

附表 4　双头螺柱

mm

$b_m=1d$（GB/T 897－1988）　　$b_m=1.25d$（GB/T 898－1988）　　$b_m=1.5d$（GB/T 899－1988）　　$b_m=2d$（GB/T 900－1988）

A 型　　　　　　　　　　　　　　　　　　　　　　　B 型

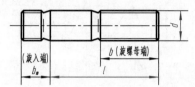　　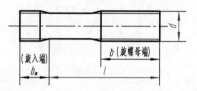

标记示例：

螺柱　**GB/T 900　M10×50**（两端均为粗牙普通螺纹、d=10mm、l=50mm、性能等级为 4.8 级、不经表面处理、B 型、$b_m=2d$ 的双头螺柱）

螺柱　**GB/T 900　AM10-M10×1×50**（旋入机体一端为粗牙普通螺纹、旋螺母一端为螺距 P=1mm 的细牙普通螺纹、d=10mm、l=50 mm、性能等级为 4.8 级、不经表面处理、A 型、$b_m=2d$ 的双头螺柱）

螺纹规格 (d)	b_m（旋入机体端长度）				l（螺柱长度）b（旋螺母端长度）				
	GB/T 897	GB/T 898	GB/T 899	GB/T 900					
M4	—	—	6	8	$\dfrac{16\sim22}{8}$	$\dfrac{25\sim40}{14}$			
M5	5	6	8	10	$\dfrac{16\sim22}{10}$	$\dfrac{25\sim50}{16}$			
M6	6	8	10	12	$\dfrac{20\sim22}{10}$	$\dfrac{25\sim30}{14}$	$\dfrac{32\sim75}{18}$		
M8	8	10	12	16	$\dfrac{20\sim22}{12}$	$\dfrac{25\sim30}{16}$	$\dfrac{32\sim90}{22}$		
M10	10	12	15	20	$\dfrac{25\sim28}{14}$	$\dfrac{30\sim38}{16}$	$\dfrac{40\sim120}{26}$	$\dfrac{130}{32}$	
M12	12	15	18	24	$\dfrac{25\sim30}{16}$	$\dfrac{32\sim40}{20}$	$\dfrac{45\sim120}{30}$	$\dfrac{130\sim180}{36}$	
M16	16	20	24	32	$\dfrac{30\sim38}{20}$	$\dfrac{40\sim55}{30}$	$\dfrac{60\sim120}{38}$	$\dfrac{130\sim200}{44}$	
M20	20	25	30	40	$\dfrac{35\sim40}{25}$	$\dfrac{45\sim65}{35}$	$\dfrac{70\sim120}{46}$	$\dfrac{130\sim200}{52}$	
M24	24	30	36	48	$\dfrac{45\sim50}{30}$	$\dfrac{55\sim75}{45}$	$\dfrac{80\sim120}{54}$	$\dfrac{130\sim200}{60}$	
M30	30	38	45	60	$\dfrac{60\sim65}{40}$	$\dfrac{70\sim90}{50}$	$\dfrac{95\sim120}{66}$	$\dfrac{130\sim200}{72}$	$\dfrac{210\sim250}{85}$
M36	36	45	54	72	$\dfrac{65\sim75}{45}$	$\dfrac{80\sim110}{60}$	$\dfrac{120}{78}$	$\dfrac{130\sim200}{84}$	$\dfrac{210\sim300}{97}$
M42	42	52	63	84	$\dfrac{70\sim80}{50}$	$\dfrac{85\sim110}{70}$	$\dfrac{120}{90}$	$\dfrac{130\sim200}{96}$	$\dfrac{210\sim300}{109}$
M48	48	60	72	96	$\dfrac{80\sim90}{60}$	$\dfrac{95\sim110}{80}$	$\dfrac{120}{102}$	$\dfrac{130\sim200}{108}$	$\dfrac{210\sim300}{121}$
$l_{公称}$	12、(14)、16、(18)、20、(22)、25、(28)、30、(32)、35、(38)、40、45、50、(55)、60、(65)、70、(75)、80、(85)、90、(95)、100～260（10 进位）、280、300								

注：1. 尽可能不采用括号内的规格。末端按 GB/T 2－2016 规定。

2. $b_m=1d$，一般用于钢对钢；$b_m=(1.25\sim1.5)d$，一般用于钢对铸铁；$b_m=2d$，一般用于钢对铝合金。

3. $l_{公称}$中的 12、14 只适用于 GB/T 899－1988 和 GB/T 900－1988。

附表5　螺钉（一）

mm

开槽圆柱头螺钉（GB/T 65－2016）

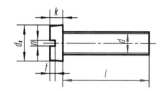

开槽盘头螺钉（GB/T 67－2016）

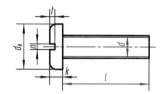

开槽沉头螺钉（GB/T 68－2016）

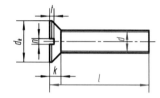

开槽平端紧定螺钉（GBT 73－2017）

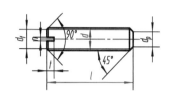

标记示例：

螺钉　**GB/T 65　M5×20**（螺纹规格为 M5、公称长度 l=20mm、性能等级为 4.8 级、表面不经处理的 A 级开槽圆柱头螺钉）

螺钉　**GB/T 73　M5×12**（螺纹规格为 M5、公称长度 l=12mm、硬度等级为 14H 级、表面不经处理、产品等级 A 级的开槽平端紧定螺钉）

螺纹规格 d		M1.6	M2	M2.5	M3	（M3.5）	M4	M5	M6	M8	M10
n 公称		0.4	0.5	0.6	0.8	1	1.2	1.2	1.6	2	2.5
GB/T 65	d_{kmax}	3	3.8	4.5	5.5	6	7	8.5	10	13	16
	k_{max}	1.1	1.4	1.8	2	2.4	2.6	3.3	3.9	5	6
	t_{min}	0.45	0.6	0.7	0.85	1	1.1	1.3	1.6	2	2.4
	l 范围	2～16	3～20	3～25	4～30	5～35	5～40	6～50	8～60	10～80	12～80
GB/T 67	d_{kmax}	3.2	4	5	5.6	7	8	9.5	12	16	20
	k_{max}	1	1.3	1.5	1.8	2.1	2.4	3	3.6	4.8	6
	t_{min}	0.35	0.5	0.6	0.7	0.8	1	1.2	1.4	1.9	2.4
	l 范围	2～16	2.5～20	3～25	4～30	5～35	5～40	6～50	8～60	10～80	12～80
GB/T 68	d_{kmax}	3	3.8	4.7	5.5	7.3	8.4	9.3	11.3	15.8	18.3
	k_{max}	1	1.2	1.5	1.65	2.35	2.7	2.7	3.3	4.65	5
	t_{min}	0.32	0.4	0.5	0.6	0.9	1	1.1	1.2	1.8	2
	l 范围	2.5～16	3～20	4～25	5～30	6～35	6～40	8～50	8～60	10～80	12～80
l 系列		2、2.5、3、4、5、6、8、10、12、（14）、16、20、25、30、35、40、45、50、（55）、60、（65）、70、（75）、80									

开槽平端紧定螺钉

螺纹规格 d		M1.6	M2	M2.5	M3	M4	M5	M6	M8	M10	M12
GB/T 73	d_f	螺纹小径									
	d_{pmax}	0.8	1.0	1.5	2.0	2.5	3.5	4.0	5.5	7.0	8.5
	n 公称	0.25	0.25	0.4	0.4	0.6	0.8	1.0	1.2	1.6	2.0
	t_{max}	0.74	0.84	0.95	1.05	1.42	1.63	2.0	2.5	3.0	3.6
	l 范围	2～8	2～10	2.5～12	3～16	4～20	5～25	6～30	8～40	10～50	12～60
l 系列		2、2.5、3、4、5、6、8、10、12、（14）、16、20、25、30、35、40、45、50、55、60、65、70、80、90、100、110、120									

注：1. 尽可能不采用括号内的规格。

2. 末端按 GB/T 2－2016 规定。

附表6 螺钉（二） mm

内六角圆柱头螺钉（GBT 70.1－2008）

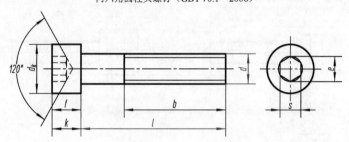

标记示例：

螺钉　**GB/T 70.1　M5×20**（螺纹规格为 M5、公称长度 *l*=20mm、性能等级为 8.8 级、表面氧化的 A 级内六角圆柱头螺钉）

螺纹规格 *d*		M1.6	M2	M2.5	M3	M4	M5	M6	M8	M10	M12
GB/T 70.1	*b* 参考	15	16	17	18	20	22	24	28	32	36
	d_{kmax}	3.0	3.8	4.5	5.5	7.0	8.5	10	13	16	18
	k_{max}	1.6	2.0	2.5	3.0	4.0	5.0	6.0	8.0	10.0	12.0
	t_{min}	0.7	1.0	1.1	1.3	2.0	2.5	3.0	4.0	5.0	6.0
	s 公称	1.5	1.5	2.0	2.5	3.0	4.0	5.0	6.0	8.0	10.0
	e_{min}	1.733	1.733	2.303	2.873	3.443	4.583	5.723	6.683	9.149	11.429
	l 范围	2.5～16	3～20	4～25	5～30	6～40	8～50	10～60	12～80	16～100	20～120
l 系列											

l 系列：2、2.5、3、4、5、6、8、10、12、（14）、16、20、25、30、35、40、45、50、55、60、65、70、80、90、100、110、120

注：1. 尽可能不采用括号内的规格。末端按 GB/T 2－2016 规定。

2. GBT 70.1－2008 商品规格 M1.6～M64。

附表7　紧固件通孔及沉孔尺寸 mm

螺　纹　规　格 *d*			M4	M5	M6	M8	M10	M12	M16	M18	M20	M24	M30	M36
通　孔　尺　寸 d_1			4.5	5.5	6.6	9	11	13.5	17.5	20	22	26	33	39
GB/T 152.3－1988	用于内六角圆柱头螺钉	d_2	8	10	11	15	18	20	26	—	33	40	48	57
		t	4.6	5.7	6.8	9	11	13	17.5	—	21.5	25.5	32	38
		d_3						16	20	—	24	28	36	42
	用于开槽圆柱头螺钉	d_2	8	10	11	15	18	20	26	—	33	—	—	—
		t	3.2	4	4.7	6	7.0	8.0	10.5	—	12.5	—	—	—
		d_3	—	—	—	—	—		16	20	—	24	—	—

螺　纹　规　格 *d*			M1.6	M2	M2.5	M3	M3.5	M4	M5	M6	M8	M10	—	—
GB/T 152.2－2014	用于沉头及半沉头螺钉	d_h min	1.8	2.4	2.9	3.4	3.9	4.5	5.5	6.6	9	11	—	—
		D_c min	3.6	4.4	5.5	6.3	8.2	9.4	10.4	12.6	17.3	20	—	—
		$t≈$	0.95	1.05	1.35	1.55	2.25	2.55	2.58	3.13	4.28	4.65	—	—

附表 8　1 型六角螺母　C 级（摘自 GB/T 41—2016）　　　　mm

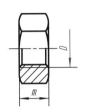 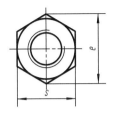

标记示例：

螺母 **GB/T 41　M10**

（螺纹规格为 M10、性能等级为 5 级、表面不经处理、产品等级为 C 级的 1 型六角螺母）

螺纹规格 D	M5	M6	M8	M10	M12	M16	M20	M24	M30	M36	M42	M48	M56
s_{max}	8	10	13	16	18	24	30	36	46	55	65	75	85
e_{min}	8.63	10.89	14.20	17.59	19.85	26.17	32.95	39.55	50.85	60.79	71.3	82.6	93.56
m_{max}	5.6	6.4	7.9	9.5	12.2	15.9	19	22.3	26.4	31.9	34.9	38.9	45.9

附表 9　垫圈　　　　mm

平垫圈　A 级（摘自 GB/T 97.1—2002）　　　　平垫圈　C 级（摘自 GB/T 95—2002）

平垫圈　倒角型　A 级（摘自 GB/T 97.2—2002）　　　标准型弹簧垫圈（摘自 GB/T 93—1987）

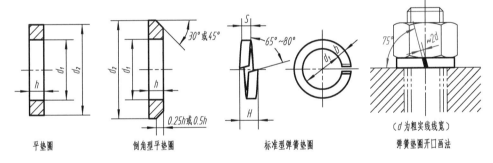

平垫圈　　　　倒角型平垫圈　　　　标准型弹簧垫圈　　　　弹簧垫圈开口画法

标记示例：

垫圈　**GB/T 95　8**（标准系列、公称规格 8mm、硬度等级为 100HV 级、不经表面处理，产品等级为 C 级的平垫圈）

垫圈　**GB/T 93　10**（规格 10mm、材料为 65Mn、表面氧化的标准型弹簧垫圈）

公称尺寸 d（螺纹规格）		4	5	6	8	10	12	16	20	24	30	36	42	48
GB/T 97.1—2002 （A 级）	d_1	4.3	5.3	6.4	8.4	10.5	13	17	21	25	31	37	45	52
	d_2	9	10	12	16	20	24	30	37	44	56	66	78	92
	h	0.8	1	1.6	1.6	2	2.5	3	3	4	4	5	8	8
GB/T 97.2—2002 （A 级）	d_1	—	5.3	6.4	8.4	10.5	13	17	21	25	31	37	45	52
	d_2	—	10	12	16	20	24	30	37	44	56	66	78	92
	h	—	1	1.6	1.6	2	2.5	3	3	4	4	5	8	8
GB/T 95—2002 （C 级）	d_1	4.5	5.5	6.6	9	11	13.5	17.5	22	26	33	39	45	52
	d_2	9	10	12	16	20	24	30	37	44	56	66	78	92
	h	0.8	1	1.6	1.6	2	2.5	3	3	4	4	5	8	8
GB/T 93—1987	d_{1min}	4.1	5.1	6.1	8.1	10.2	12.2	16.2	20.2	24.5	30.5	36.5	42.5	48.5
	$S=b$	1.1	1.3	1.6	2.1	2.6	3.1	4.1	5	6	7.5	9	10.5	12
	H_{max}	2.75	3.25	4	5.25	6.5	7.75	10.25	12.5	15	18.75	22.5	26.25	30

注：1. A 级适用于精装配系列，C 级适用于中等精度装配系列。

2. C 级垫圈没有 $Ra3.2\mu m$ 和去毛刺的要求。

附表 10 平键及键槽各部分尺寸（摘自 GB/T 1095、1096—2003） mm

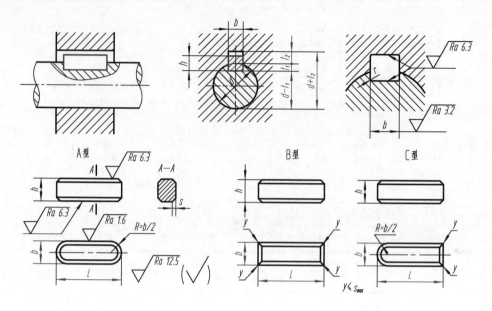

标记示例：

GB/T 1096 键 16×10×100（普通 A 型平键、宽度 b=16mm、高度 h=10mm、长度 L=100mm）

GB/T 1096 键 B16×10×100（普通 B 型平键、宽度 b=16mm、高度 h=10mm、长度 L=100mm）

GB/T 1096 键 C16×10×100（普通 C 型平键、宽度 b=16mm、高度 h=10mm、长度 L=100mm）

键			键　　槽									
键尺寸 $b \times h$	标准长度范围 L	宽　度 b						深　度				半径 r
		基本尺寸 b	极　限　偏　差					轴 t_1		毂 t_2		
			正常联结		紧密联结	松联结		基本尺寸	极限偏差	基本尺寸	极限偏差	最小 最大
			轴 N9	毂 JS9	轴和毂 P9	轴 H9	毂 D10					
4×4	8～45	4	0 −0.030	±0.015	−0.012 −0.042	+0.030 0	+0.078 +0.030	2.5	+0.1 0	1.8	+0.1 0	0.08　0.16
5×5	10～56	5						3.0		2.3		
6×6	14～70	6						3.5		2.8		0.16　0.25
8×7	18～90	8	0 −0.036	±0.018	−0.015 −0.051	+0.036 0	+0.098 +0.040	4.0		3.3		
10×8	22～110	10						5.0		3.3		
12×8	28～140	12	0 −0.043	±0.0215	−0.018 −0.061	+0.043 0	+0.120 +0.050	5.0		3.3		
14×9	36～160	14						5.5		3.8		0.25　0.40
16×10	45～180	16						6.0	+0.2 0	4.3	+0.2 0	
18×11	50～200	18						7.0		4.4		
20×12	56～220	20	0 −0.052	±0.026	−0.022 −0.074	+0.052 0	+0.149 +0.065	7.5		4.9		
22×14	63～250	22						9.0		5.4		0.40　0.60
25×14	70～280	25						9.0		5.4		
28×16	80～320	28						10		6.4		
$L_{系列}$	8～22（2 进位）、25、28、32、36、40、45、50、56、63、70～110（10 进位）、125、140～220（20 进位）、250、280、320											

附表 11　圆柱销　不淬硬钢和奥氏体不锈钢（摘自 GB/T 119.1—2000）　　mm

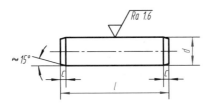

标记示例：

　销　**GB/T 119.1　10m6×50**（公称直径 d=10mm、公差为 m6、公称长度 l=50mm、材料为钢、不经淬火、不经表面处理的圆柱销）

　销　**GB/T 119.1　6m6×30-A1**（公称直径 d=6mm、公差为 m6、公称长度 l=30mm、材料为 A1 组奥氏体不锈钢、表面简单处理的圆柱销）

d公称	2	2.5	3	4	5	6	8	10	12	16	20	25
$c\approx$	0.35	0.4	0.5	0.63	0.8	1.2	1.6	2.0	2.5	3.0	3.5	4.0
l范围	6～20	6～24	8～30	8～40	10～50	12～60	14～80	18～95	22～140	26～180	35～200	50～200
l公称	6～32（2 进位）、35～100（5 进位）、120～200（20 进位）（公称长度大于 200，按 20 递增）											

附表 12　圆锥销（摘自 GB/T 117—2000）　　mm

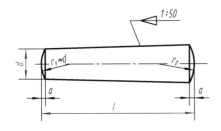

A 型（磨削）：锥面表面粗糙度 Ra=0.8μm

B 型（切削或冷镦）：锥面表面粗糙度 Ra=3.2μm

$$r_2 \approx \frac{a}{2} + d + \frac{(0.021)^2}{8a}$$

标记示例：

　销　**GB/T 117　6×30**（公称直径 d=6mm、公称长度 l=30mm、材料为 35 钢、热处理硬度 28～38HRC、表面氧化处理的 A 型圆锥销）

d公称	2	2.5	3	4	5	6	8	10	12	16	20	25
$a\approx$	0.25	0.3	0.4	0.5	0.63	0.8	1.0	1.2	1.6	2.0	2.5	3.0
l范围	10～35	10～35	12～45	14～55	18～60	22～90	22～120	26～160	32～180	40～200	45～200	50～200
l公称	10～32（2 进位）、35～100（5 进位）、120～200（20 进位）（公称长度大于 200，按 20 递增）											

附表 13　滚动轴承

深沟球轴承(摘自 GB/T 276—2013)

圆锥滚子轴承(摘自 GB/T 297—2015)

推力球轴承(摘自 GB/T 301—2015)

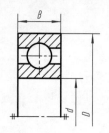

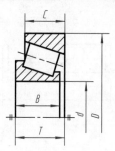

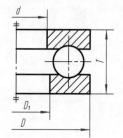

标记示例:

滚动轴承　6310　GB/T 276—2013

(深沟球轴承、内径 d=50 mm、直径系列代号为 3)

标记示例:

滚动轴承　30212　GB/T 297—2015

(圆锥滚子轴承、内径 d=60 mm、宽度系列代号为 0，直径系列代号为 2)

标记示例:

滚动轴承　51305　GB/T 301—2015

(推力球轴承、内径 d=25 mm、高度系列代号为 1，直径系列代号为 3)

轴承型号	尺　寸/mm			轴承型号	尺　寸/mm					轴承型号	尺　寸/mm			
	d	D	B		d	D	B	C	T		d	D	T	D_1
尺寸系列〔(0)2〕				尺寸系列〔02〕						尺寸系列〔12〕				
6202	15	35	11	30203	17	40	12	11	13.25	51202	15	32	12	17
6203	17	40	12	30204	20	47	14	12	15.25	51203	17	35	12	19
6204	20	47	14	30205	25	52	15	13	16.25	51204	20	40	14	22
6205	25	52	15	30206	30	62	16	14	17.25	51205	25	47	15	27
6206	30	62	16	30207	35	72	17	15	18.25	51206	30	52	16	32
6207	35	72	17	30208	40	80	18	16	19.75	51207	35	62	18	37
6208	40	80	18	30209	45	85	19	16	20.75	51208	40	68	19	42
6209	45	85	19	30210	50	90	20	17	21.75	51209	45	73	20	47
6210	50	90	20	30211	55	100	21	18	22.75	51210	50	78	22	52
6211	55	100	21	30212	60	110	22	19	23.75	51211	55	90	25	57
6212	60	110	22	30213	65	120	23	20	24.75	51212	60	95	26	62
尺寸系列〔(0)3〕				尺寸系列〔03〕						尺寸系列〔13〕				
6302	15	42	13	30302	15	42	13	11	14.25	51304	20	47	18	22
6303	17	47	14	30303	17	47	14	12	15.25	51305	25	52	18	27
6304	20	52	15	30304	20	52	15	13	16.25	51306	30	60	21	32
6305	25	62	17	30305	25	62	17	15	18.25	51307	35	68	24	37
6306	30	72	19	30306	30	72	19	16	20.75	51308	40	78	26	42
6307	35	80	21	30307	35	80	21	18	22.75	51309	45	85	28	47
6308	40	90	23	30308	40	90	23	20	25.25	51310	50	95	31	52
6309	45	100	25	30309	45	100	25	22	27.25	51311	55	105	35	57
6310	50	110	27	30310	50	110	27	23	29.25	51312	60	110	35	62
6311	55	120	29	30311	55	120	29	25	31.50	51313	65	115	36	67
6312	60	130	31	30312	60	130	31	26	33.50	51314	70	125	40	72
尺寸系列〔(0)4〕				尺寸系列〔13〕						尺寸系列〔14〕				
6403	17	62	17	31305	25	62	17	13	18.25	51405	25	60	24	27
6404	20	72	19	31306	30	72	19	14	20.75	51406	30	70	28	32
6405	25	80	21	31307	35	80	21	15	22.75	51407	35	80	32	37
6406	30	90	23	31308	40	90	23	17	25.25	51408	40	90	36	42
6407	35	100	25	31309	45	100	25	18	27.25	51409	45	100	39	47
6408	40	110	27	31310	50	110	27	19	29.25	51410	50	110	43	52
6409	45	120	29	31311	55	120	29	21	31.50	51411	55	120	48	57
6410	50	130	31	31312	60	130	31	22	33.50	51412	60	130	51	62
6411	55	140	33	31313	65	140	33	23	36.00	51413	65	140	56	68
6412	60	150	35	31314	70	150	35	25	38.00	51414	70	150	60	73
6413	65	160	37	31315	75	160	37	26	40.00	51415	75	160	65	78

注: 圆括号中的尺寸系列代号在轴承型号中省略。

三、极限与配合

附表 14　标准公差数值（摘自 GB/T 1800.1—2020）

公称尺寸 /mm		标 准 公 差 等 级																	
		IT1	IT2	IT3	IT4	IT5	IT6	IT7	IT8	IT9	IT10	IT11	IT12	IT13	IT14	IT15	IT16	IT17	IT18
大于	至	标 准 公 差 数 值																	
		μm											mm						
—	3	0.8	1.2	2	3	4	6	10	14	25	40	60	0.1	0.14	0.25	0.4	0.6	1	1.4
3	6	1	1.5	2.5	4	5	8	12	18	30	48	75	0.12	0.18	0.3	0.48	0.75	1.2	1.8
6	10	1	1.5	2.5	4	6	9	15	22	36	58	90	0.15	0.22	0.36	0.58	0.9	1.5	2.2
10	18	1.2	2	3	5	8	11	18	27	43	70	110	0.18	0.27	0.43	0.7	1.1	1.8	2.7
18	30	1.5	2.5	4	6	9	13	21	33	52	84	130	0.21	0.33	0.52	0.84	1.3	2.1	3.3
30	50	1.5	2.5	4	7	11	16	25	39	62	100	160	0.25	0.39	0.62	1	1.6	2.5	3.9
50	80	2	3	5	8	13	19	30	46	74	120	190	0.3	0.46	0.74	1.2	1.9	3	4.6
80	120	2.5	4	6	10	15	22	35	54	87	140	220	0.35	0.54	0.87	1.4	2.2	3.5	5.4
120	180	3.5	5	8	12	18	25	40	63	100	160	250	0.4	0.63	1	1.6	2.5	4	6.3
180	250	4.5	7	10	14	20	29	46	72	115	185	290	0.46	0.72	1.15	1.85	2.9	4.6	7.2
250	315	6	8	12	16	23	32	52	81	130	210	320	0.52	0.81	1.3	2.1	3.2	5.2	8.1
315	400	7	9	13	18	25	36	57	89	140	230	360	0.57	0.89	1.4	2.3	3.6	5.7	8.9
400	500	8	10	15	20	27	40	63	97	155	250	400	0.63	0.97	1.55	2.5	4	6.3	9.7
500	630	9	11	16	22	32	44	70	110	175	280	440	0.7	1.1	1.75	2.8	4.4	7	11
630	800	10	13	18	25	36	50	80	125	200	320	500	0.8	1.25	2	3.2	5	8	12.5
800	1000	11	15	21	28	40	56	90	140	230	360	560	0.9	1.4	2.3	3.6	5.6	9	14
1000	1250	13	18	24	33	47	66	105	165	260	420	660	1.05	1.65	2.6	4.2	6.6	10.5	16.5
1250	1600	15	21	29	39	55	78	125	195	310	500	780	1.25	1.95	3.1	5	7.8	12.5	19.5
1600	2000	18	25	35	46	65	92	150	230	370	600	920	1.5	2.3	3.7	6	9.2	15	23
2000	2500	22	30	41	55	78	110	175	280	440	700	1100	1.75	2.8	4.4	7	11	17.5	28
2500	3150	26	36	50	68	96	135	210	330	540	860	1350	2.1	3.3	5.4	8.6	13.5	21	33

附表 15　轴的基本偏差

公称尺寸/mm		上极限偏差，es 所有标准公差等级												基　本　偏		
														IT5和IT6	IT7	IT8
大于	至	a①	b①	c	cd	d	e	ef	f	fg	g	h	js	j		
—	3	-270	-140	-60	-34	-20	-14	-10	-6	-4	-2	0	偏差=±ITn/2，式中，n是标准公差等级数	-2	-4	-6
3	6	-270	-140	-70	-46	-30	-20	-14	-10	-6	-4	0		-2	-4	
6	10	-280	-150	-80	-56	-40	-25	-18	-13	-8	-5	0		-2	-5	
10	14	-290	-150	-95	-70	-50	-32	-23	-16	-10	-6	0		-3	-6	
14	18															
18	24	-300	-160	-110	-85	-65	-40	-25	-20	-12	-7	0		-4	-8	
24	30															
30	40	-310	-170	-120	-100	-80	-50	-35	-25	-15	-9	0		-5	-10	
40	50	-320	-180	-130												
50	65	-340	-190	-140		-100	-60		-30		-10	0		-7	-12	
65	80	-360	-200	-150												
80	100	-380	-220	-170		-120	-72		-36		-12	0		-9	-15	
100	120	-410	-240	-180												
120	140	-460	-260	-200		-145	-85		-43		-14	0		-11	-18	
140	160	-520	-280	-210												
160	180	-580	-310	-230												
180	200	-660	-340	-240		-170	-100		-50		-15	0		-13	-21	
200	225	-740	-380	-260												
225	250	-820	-420	-280												
250	280	-920	-480	-300		-190	-110		-56		-17	0		-16	-26	
280	315	-1050	-540	-330												
315	355	-1200	-600	-360		-210	-125		-62		-18	0		-18	-28	
355	400	-1350	-680	-400												
400	450	-1500	-760	-440		-230	-135		-68		-20	0		-20	-32	
450	500	-1650	-840	-480												

① 公称尺寸≤1mm 时，不使用基本偏差 a 和 b。

数值（摘自 GB/T 1800.1—2020）　　　　　　　　　　　　（基本偏差单位为 μm）

差　　数　　值

下　极　限　偏　差，ei

IT4至IT7	≤IT3 / >IT7	所有标准公差等级													
k		m	n	p	r	s	t	u	v	x	y	z	za	zb	zc
0	0	+2	+4	+6	+10	+14		+18		+20		+26	+32	+40	+60
+1	0	+4	+8	+12	+15	+19		+23		+28		+35	+42	+50	+80
+1	0	+6	+10	+15	+19	+23		+28		+34		+42	+52	+67	+97
+1	0	+7	+12	+18	+23	+28		+33		+40		+50	+64	+90	+130
									+39	+45		+60	+77	+108	+150
+2	0	+8	+15	+22	+28	+35		+41	+47	+54	+63	+73	+98	+136	+188
							+41	+48	+55	+64	+75	+88	+118	+160	+218
+2	0	+9	+17	+26	+34	+43	+48	+60	+68	+80	+94	+112	+148	+200	+274
							+54	+70	+81	+97	+114	+136	+180	+242	+325
+2	0	+11	+20	+32	+41	+53	+66	+87	+102	+122	+144	+172	+226	+300	+405
					+43	+59	+75	+102	+120	+146	+174	+210	+274	+360	+480
+3	0	+13	+23	+37	+51	+71	+91	+124	+146	+178	+214	+258	+335	+445	+585
					+54	+79	+104	+144	+172	+210	+254	+310	+400	+525	+690
+3	0	+15	+27	+43	+63	+92	+122	+170	+202	+248	+300	+365	+470	+620	+800
					+65	+100	+134	+190	+228	+280	+340	+415	+535	+700	+900
					+68	+108	+146	+210	+252	+310	+380	+465	+600	+780	+1000
+4	0	+17	+31	+50	+77	+122	+166	+236	+284	+350	+425	+520	+670	+880	+1150
					+80	+130	+180	+258	+310	+385	+470	+575	+740	+960	+1250
					+84	+140	+196	+284	+340	+425	+520	+640	+820	+1050	+1350
+4	0	+20	+34	+56	+94	+158	+218	+315	+385	+475	+580	+710	+920	+1200	+1550
					+98	+170	+240	+350	+425	+525	+650	+790	+1000	+1300	+1700
+4	0	+21	+37	+62	+108	+190	+268	+390	+475	+590	+730	+900	+1150	+1500	+1900
					+114	+208	+294	+435	+530	+660	+820	+1000	+1300	+1650	+2100
+5	0	+23	+40	+68	+126	+232	+330	+490	+595	+740	+920	+1100	+1450	+1850	+2400
					+132	+252	+360	+540	+660	+820	+1000	+1250	+1600	+2100	+2600

附表16　孔的基本偏差

公称尺寸/mm		下极限偏差, EI												基　本　偏					
		所　有　标　准　公　差　等　级												IT6	IT7	IT8	≤IT8	>IT8	≤IT8	>IT8
大于	至	A[①]	B[①]	C	CD	D	E	EF	F	FG	G	H	JS	J			K[③④]		M[②③④]	
—	3	+270	+140	+60	+34	+20	+14	+10	+6	+4	+2	0		+2	+4	+6	0	0	-2	-2
3	6	+270	+140	+70	+46	+30	+20	+14	+10	+6	+4	0		+5	+6	+10	-1+Δ		-4+Δ	-4
6	10	+280	+150	+80	+56	+40	+25	+18	+13	+8	+5	0		+5	+8	+12	-1+Δ		-6+Δ	-6
10	14	+290	+150	+95	+70	+50	+32	+23	+16	+10	+6	0		+6	+10	+15	-1+Δ		-7+Δ	-7
14	18																			
18	24	+300	+160	+110	+85	+65	+40	+28	+20	+12	+7	0		+8	+12	+20	-2+Δ		-8+Δ	-8
24	30																			
30	40	+310	+170	+120	+100	+80	+50	+35	+25	+15	+9	0		+10	+14	+24	-2+Δ		-9+Δ	-9
40	50	+320	+180	+130																
50	65	+340	+190	+140		+100	+60		+30		+10	0		+13	+18	+28	-2+Δ		-11+Δ	-11
65	80	+360	+200	+150																
80	100	+380	+220	+170		+120	+72		+36		+12	0		+16	+22	+34	-3+Δ		-13+Δ	-13
100	120	+410	+240	+180																
120	140	+460	+260	+200		+145	+85		+43		+14	0		+18	+26	+41	-3+Δ		-15+Δ	-15
140	160	+520	+280	+210																
160	180	+580	+310	+230																
180	200	+660	+340	+240		+170	+100		+50		+15	0		+22	+30	+47	-4+Δ		-17+Δ	-17
200	225	+740	+380	+260																
225	250	+820	+420	+280																
250	280	+920	+480	+300		+190	+110		+56		+17	0		+25	+36	+55	-4+Δ		-20+Δ	-20
280	315	+1050	+540	+330																
315	355	+1200	+600	+360		+210	+125		+62		+18	0		+29	+39	+60	-4+Δ		-21+Δ	-21
355	400	+1350	+680	+400																
400	450	+1500	+760	+440		+230	+135		+68		+20	0		+33	+43	+66	-5+Δ		-23+Δ	-23
450	500	+1650	+840	+480																

注（JS列）：偏差=±ITn/2，式中 n 为标准公差等级数

① 公称尺寸≤1mm 时，不适用基本偏差 A 和 B，不适用标准公差等级大于 IT8 的基本偏差 N。

② 特例：对于公称尺寸大于 250mm～315mm 的公差带代号 M6，ES=-9μm（计算结果不是-11μm）。

③ 为确定 K、M、N 和 P~ZC 的值，见 GB/T 1800.1—2020 中的 4.3.2.5。

④ 对于 Δ 值，见本表右边的最后六列。

数值（摘自 GB/T 1800.1—2020）　　　　　　　　　　　　　　　（基本偏差和 Δ 值的单位为 μm）

差　　数　　值															Δ值					
上　极　限　偏　差，ES															标准公差等级					
≤IT8	>IT8	≤IT7	>IT7 的标准公差等级												标准公差等级					
N①③	P至ZC③		P	R	S	T	U	V	X	Y	Z	ZA	ZB	ZC	IT3	IT4	IT5	IT6	IT7	IT8
-4	-4		-6	-10	-14		-18		-20		-26	-32	-40	-60	0	0	0	0	0	0
-8+Δ	0	在 >IT7 的标准公差等级的基本偏差数值上增加一个 Δ值	-12	-15	-19		-23		-28		-35	-42	-50	-80	1	1.5	1	3	4	6
-10+Δ	0		-15	-19	-23		-28		-34		-42	-52	-67	-97	1	1.5	2	3	6	7
-12+Δ	0		-18	-23	-28		-33		-40		-50	-64	-90	-130	1	2	3	3	7	9
								-39	-45		-60	-77	-108	-150						
-15+Δ	0		-22	-28	-35	-41	-47	-54	-63		-73	-98	-136	-188	1.5	2	3	4	8	12
						-41	-48	-55	-64	-75	-88	-118	-160	-218						
-17+Δ	0		-26	-34	-43	-48	-60	-68	-80	-94	-112	-148	-200	-274	1.5	3	4	5	9	14
						-54	-70	-81	-97	-114	-136	-180	-242	-325						
-20+Δ	0		-32	-41	-53	-66	-87	-102	-122	-144	-172	-226	-300	-405	2	3	5	6	11	16
				-43	-59	-75	-102	-120	-146	-174	-210	-274	-360	-480						
-23+Δ	0		-37	-51	-71	-91	-124	-146	-178	-214	-258	-335	-445	-585	2	4	5	7	13	19
				-54	-79	-104	-144	-172	-210	-254	-310	-400	-525	-690						
-27+Δ	0		-43	-63	-92	-122	-170	-202	-248	-300	-365	-470	-620	-800	3	4	6	7	15	23
				-65	-100	-134	-190	-228	-280	-340	-415	-535	-700	-900						
				-68	-108	-146	-210	-252	-310	-380	-465	-600	-780	-1000						
-31+Δ	0		-50	-77	-122	-166	-236	-284	-350	-425	-520	-670	-880	-1150	3	4	6	9	17	26
				-80	-130	-180	-258	-310	-385	-470	-575	-740	-960	-1250						
				-84	-140	-196	-284	-340	-425	-520	-640	-820	-1050	-1350						
-34+Δ	0		-56	-94	-158	-218	-315	-385	-475	-580	-710	-920	-1200	-1550	4	4	7	9	20	29
				-98	-170	-240	-350	-425	-525	-650	-790	-1000	-1300	-1700						
-37+Δ	0		-62	-108	-190	-268	-390	-475	-590	-730	-900	-1150	-1500	-1900	4	5	7	11	21	32
				-114	-208	-294	-435	-530	-660	-820	-1000	-1300	-1650	-2100						
-40+Δ	0		-68	-126	-232	-330	-490	-595	-740	-920	-1100	-1450	-1850	-2400	5	5	7	13	23	34
				-132	-252	-360	-540	-660	-820	-1000	-1250	-1600	-2100	-2600						

附表17　优先选用的轴的公差带（摘自 GB/T 1800.2—2020）　　　　（偏差单位为 μm）

代　号		a	b	c	d	e	f	g	h				js	k	n	p	r	s
公称尺寸/mm							公　差　等　级											
大于	至	11	11	11	9	8	7	6	6	7	9	11	6	6	6	6	6	6
—	3	−270 −330	−140 −200	−60 −120	−20 −45	−14 −28	−6 −16	−2 −8	0 −6	0 −10	0 −25	0 −60	±3	+6 0	+10 +4	+12 +6	+16 +10	+20 +14
3	6	−270 −345	−140 −215	−70 −145	−30 −60	−20 −38	−10 −22	−4 −12	0 −8	0 −12	0 −30	0 −75	±4	+9 +1	+16 +8	+20 +12	+23 +15	+27 +19
6	10	−280 −370	−150 −240	−80 −170	−40 −76	−25 −47	−13 −28	−5 −14	0 −9	0 −15	0 −36	0 −90	±4.5	+10 +1	+19 +10	+24 +15	+28 +19	+32 +23
10	18	−290 −400	−150 −260	−95 −205	−50 −93	−32 −59	−16 −34	−6 −17	0 −11	0 −18	0 −43	0 −110	±5.5	+12 +1	+23 +12	+29 +18	+34 +23	+39 +28
18	30	−300 −430	−160 −290	−110 −240	−65 −117	−40 −73	−20 −41	−7 −20	0 −13	0 −21	0 −52	0 −130	±6.5	+15 +2	+28 +15	+35 +22	+41 +28	+48 +35
30	40	−310 −470	−170 −330	−120 −280	−80 −142	−50 −89	−25 −50	−9 −25	0 −16	0 −25	0 −62	0 −160	±8	+18 +2	+33 +17	+42 +26	+50 +34	+59 +43
40	50	−320 −480	−180 −340	−130 −290														
50	65	−340 −530	−190 −380	−140 −330	−100 −174	−60 −106	−30 −60	−10 −29	0 −19	0 −30	0 −74	0 −190	±9.5	+21 +2	+39 +20	+51 +32	+60 +41	+72 +53
65	80	−360 −550	−200 −390	−150 −340													+62 +43	+78 +59
80	100	−380 −600	−220 −440	−170 −390	−120 −207	−72 −126	−36 −71	−12 −34	0 −22	0 −35	0 −87	0 −220	±11	+25 +3	+45 +23	+59 +37	+73 +51	+93 +71
100	120	−410 −630	−240 −460	−180 −400													+76 +54	+101 +79
120	140	−460 −710	−260 −510	−200 −450	−145 −245	−85 −148	−43 −83	−14 −39	0 −25	0 −40	0 −100	0 −250	±12.5	+28 +3	+52 +27	+68 +43	+88 +63	+117 +92
140	160	−520 −770	−280 −530	−210 −460													+90 +65	+125 +100
160	180	−580 −830	−310 −560	−230 −480													+93 +68	+133 +108
180	200	−660 −950	−340 −630	−240 −530	−170 −285	−100 −172	−50 −96	−15 −44	0 −29	0 −46	0 −115	0 −290	±14.5	+33 +4	+60 +31	+79 +50	+106 +77	+151 +122
200	225	−740 −1030	−380 −670	−260 −550													+109 +80	+159 +130
225	250	−820 −1110	−420 −710	−280 −570													+113 +84	+169 +140
250	280	−920 −1240	−480 −800	−300 −620	−190 −320	−110 −191	−56 −108	−17 −49	0 −32	0 −52	0 −130	0 −320	±16	+36 +4	+66 +34	+88 +56	+126 +94	+190 +158
280	315	−1050 −1370	−540 −860	−330 −650													+130 +98	+202 +170
315	355	−1200 −1560	−600 −960	−360 −720	−210 −350	−125 −214	−62 −119	−18 −54	0 −36	0 −57	0 −140	0 −360	±18	+40 +4	+73 +37	+98 +62	+144 +108	+226 +190
355	400	−1350 −1710	−680 −1040	−400 −760													+150 +114	+244 +208
400	450	−1500 −1900	−760 −1160	−440 −840	−230 −385	−135 −232	−68 −131	−20 −60	0 −40	0 −63	0 −155	0 −400	±20	+45 +5	+80 +40	+108 +68	+166 +126	+272 +232
450	500	−1650 −2050	−840 −1240	−480 −880													+172 +132	+292 +252

附表 18　优先选用的孔的公差带（摘自 GB/T 1800.2—2020）　　（偏差单位为 μm）

代号		A	B	C	D	E	F	G	H				JS	K	N	P	R	S
公称尺寸 /mm		公 差 等 级																
大于	至	11	11	11	10	9	8	7	7	8	9	11	7	7	7	7	7	7
—	3	+330 +270	+200 +140	+120 +60	+60 +20	+39 +14	+20 +6	+12 +2	+10 0	+14 0	+25 0	+60 0	±5	0 -10	-4 -14	-6 -16	-10 -20	-14 -24
3	6	+345 +270	+215 +140	+145 +70	+78 +30	+50 +20	+28 +10	+16 +4	+12 0	+18 0	+30 0	+75 0	±6	+3 -9	-4 -16	-8 -20	-11 -23	-15 -27
6	10	+370 +280	+240 +150	+170 +80	+98 +40	+61 +25	+35 +13	+20 +5	+15 0	+22 0	+36 0	+90 0	±7.5	+5 -10	-4 -19	-9 -24	-13 -28	-17 -32
10	18	+400 +290	+260 +150	+205 +95	+120 +50	+75 +32	+43 +16	+24 +6	+18 0	+27 0	+43 0	+110 0	±9	+6 -12	-5 -23	-11 -29	-16 -34	-21 -39
18	30	+430 +300	+290 +160	+240 +110	+149 +65	+92 +40	+53 +20	+28 +7	+21 0	+33 0	+52 0	+130 0	±10.5	+6 -15	-7 -28	-14 -35	-20 -41	-27 -48
30	40	+470 +310	+330 +170	+280 +120	+180 +80	+112 +50	+64 +25	+34 +9	+25 0	+39 0	+62 0	+160 0	±12.5	+7 -18	-8 -33	-17 -42	-25 -50	-34 -59
40	50	+480 +320	+340 +180	+290 +130														
50	65	+530 +340	+380 +190	+330 +140	+220 +100	+134 +60	+76 +30	+40 +10	+30 0	+46 0	+74 0	+190 0	±15	+9 -21	-9 -39	-21 -51	-30 -60	-42 -72
65	80	+550 +360	+390 +200	+340 +150													-32 -62	-48 -78
80	100	+600 +380	+440 +220	+390 +170	+260 +120	+159 +72	+90 +36	+47 +12	+35 0	+54 0	+87 0	+220 0	±17.5	+10 -25	-10 -45	-24 -59	-38 -73	-58 -93
100	120	+630 +410	+460 +240	+400 +180													-41 -76	-66 -101
120	140	+710 +460	+510 +260	+450 +200	+305 +145	+185 +85	+106 +43	+54 +14	+40 0	+63 0	+100 0	+250 0	±20	+12 -28	-12 -52	-28 -68	-48 -88	-77 -117
140	160	+770 +520	+530 +280	+460 +210													-50 -90	-85 -125
160	180	+830 +580	+560 +310	+480 +230													-53 -93	-93 -133
180	200	+950 +660	+630 +340	+530 +240	+355 +170	+215 +100	+122 +50	+61 +15	+46 0	+72 0	+115 0	+290 0	±23	+13 -33	-14 -60	-33 -79	-60 -106	-105 -151
200	225	+1030 +740	+670 +380	+550 +260													-63 -109	-113 -159
225	250	+1110 +820	+710 +420	+570 +280													-67 -113	-123 -169
250	280	+1240 +920	+800 +480	+620 +300	+400 +190	+240 +110	+137 +56	+69 +17	+52 0	+81 0	+130 0	+320 0	±26	+16 -36	-14 -66	-36 -88	-74 -126	-138 -190
280	315	+1370 +1050	+860 +540	+650 +330													-78 -130	-150 -202
315	355	+1560 +1200	+960 +600	+720 +360	+440 +210	+265 +125	+151 +62	+75 +18	+57 0	+89 0	+140 0	+360 0	±28.5	+17 -40	-16 -73	-41 -98	-87 -144	-169 -226
355	400	+1710 +1350	+1040 +680	+760 +400													-93 -150	-187 -244
400	450	+1900 +1500	+1160 +760	+840 +440	+480 +230	+290 +135	+165 +68	+83 +20	+63 0	+97 0	+155 0	+400 0	±31.5	+18 -45	-17 -80	-45 -108	-103 -166	-209 -272
450	500	+2050 +1650	+1240 +840	+880 +480													-109 -172	-229 -292

参 考 文 献

［1］ 成大先. 机械设计手册［M］. 6 版. 北京：化学工业出版社，2017.

［2］ 王槐德. 机械制图新旧标准代换教程［M］. 3 版. 北京：中国标准出版社，2017.

［3］ 胡建生. 机械制图［M］. 3 版. 北京：机械工业出版社，2024.

［4］ 胡建生. 工程制图与 AutoCAD［M］. 3 版. 北京：机械工业出版社，2024.

［5］ 单春阳，魏杰，胡仁喜. Autodesk Inventor Professional2022 中文版标准实例教程［M］.

北京：机械工业出版社，2023.

郑 重 声 明